자바프로그래밍
Step by Step

권기현, 반종오 지음

JAVA
Programing

ITC
INFO-TECH COREA

머리말
preface

자바는 1991년 가전제품에 적용할 목적으로 개발하기 시작한 언어로 월드 와이드 웹 서비스가 널리 사용되면서 인터넷과 분산 환경에 적합하게 발전하였다. 따라서 자바에 대한 관심과 배움에 대한 열정이 시간이 지날수록 점점 높아지고 있는 추세이다. 최근 자바는 단순한 프로그래밍 언어의 영역을 넘어 금융, 사무자동화, 게임, 홈쇼핑, 군사, 모바일 등 광범위한 분야의 개발 솔루션으로 자리 잡고 있다.

1990년대에는 국내에 자바 관련 서적은 물론 자바 프로그래밍을 경험해 본 프로그래머도 별로 없었지만 현재는 국내에서 출간된 자바 관련 서적만 수백 여 권에 달하여 어떤 책을 입문서로 삼고 다음은 또 어떤 책을 보아야 할 지 혼란스러운 실정이다. 이 책은 프로그래밍의 기본 지식을 습득한 초보자를 대상으로 대학의 자바 커리큘럼에서 한 학기동안 강의할 수 있도록 구성하였다.

이 책에서는 자바의 개요, 기본 문법, 제어문과 예외처리, 객체지향, 기본 패키지, 스레드, 입출력 스트림, 그래픽 유저 인터페이스, 이벤트, 그래픽과 멀티미디어, 네트워크 프로그래밍, JDBC 프로그래밍 등 자바의 전반적인 부분을 다루고 있다. 또한 각 장마다 풍부하고 적절한 예제를 사용하여 이해를 돕도록 하였으며 요약과 연습문제를 실어 습득한 내용을 정리해 볼 수 있도록 하였다.

자바 프로그래밍은 프로그래머가 넘어야할 필수 코스로 인식되고 있다. 이 책을 통하여 여러분 모두 자바 프로그래밍의 전체적인 시야를 확보하여 업그레이드 된 자바 프로그래머로 거듭나기를 바란다.

저자 **권기현, 반종오**

차례

contents

01

자바의 개요

학습 목표

- 자바가상기계와 바이트 코드의 개념을 이해한다.

- 자바의 주요 특징을 이해한다.

- 자바 개발도구인 JDK(Java Development Kit)를 설치하는 방법을 익힌다.

- 프로그램을 작성할 때 API(Application Programming Interface) 문서를 이용하는 방법을 배운다.

- 이클립스를 설치하는 방법과 사용 방법을 배운다.

- main() 메소드의 역할을 이해한다.

- 프로젝트 개발과정과 에러의 원인을 배운다.

1.1 자바의 역사

인터넷 사용자의 폭발적인 증가와 더불어 보다 동적이고 상호작용이 가능한 환경을 요구하는 사용자들로 인해 '자바(JAVA)'라 불리는 새로운 언어가 등장하였다. 자바는 원래 1991년부터 선마이크로시스템즈(Sun Microsystems)사의 그린 프로젝트팀에서 개발하기 시작한 언어이다. 이 팀은 가전제품에 적용 가능한 일종의 대화형 제어 프로그램을 개발하는 중이었는데, 처음에는 C++로 작성하였으나 클래스의 다중 상속으로 인한 복잡함이나 메모리 할당 등 여러 가지 문제로 개발 목적에 맞지 않다는 사실을 발견하고, 좀 더 간편한 프로그램 언어를 만들게 되었다. 이것이 자바의 모체인 오크(Oak)라는 언어인데 월드와이드웹(world wide web) 서비스가 활발하게 사용되면서 선마이크로시스템즈사의 창업자 중 한 명인 빌 조이(Bill Joy)는 오크 언어가 인터넷과 월드와이드웹에 사용될 수 있다는 가능성을 발견하게 되었고, 빌 조이의 판단에 따라 제임스 고슬링(James Gosling)과 패트릭 녹턴(Patrick Naughton)이 오크 언어를 인터넷 환경에 적합하게 발전시키기 시작하였다.

1993년 제임스 고슬링은 애플릿을 지원하는 최초의 웹브라우저인 핫자바(Hot Java)를 개발하여 발표하였다. 그 당시에 애플릿은 정적인 홈페이지에 멀티미디어를 활용할 수 있는 유일한 기술이었으나, 플래시(Flash)와 같은 멀티미디어 기술의 등장으로 사용범위가 많이 줄어들었다. 그 후 오크라는 이름도 자바로 변경하고 1995년에 인터넷과 분산 환경에서 적합한 응용프로그램을 개발할 수 있는 자바 언어가 공식적으로 발표되기에 이르렀다.

현재 자바 언어는 데이터베이스 연동을 위한 JDBC, 웹 환경에서 실행되는 프로그램 개발을 위한 서블릿(Servlet)과 JSP, 하드웨어의 포팅을 위한 임베디드 자바(Embeded JAVA), 퍼스널 자바(Personal JAVA), 자바 가상공간(Java Virtual Space) 등 수많은 응용 프로그램 개발 환경을 제공하고 있으며 다양한 분야에서 널리 사용되고 있다.

▲ **그림 1-1** 제임스 고슬링 그리고 자바의 마스코트인 커피 잔과 듀크(Duke)

자바의 실행환경

▌자바가상기계

자바가상기계(JVM: java virtual machine)는 하드웨어가 아니라 자바 컴파일러가 생성한 바이트 코드를 실행시키기 위한 소프트웨어로 가상의 운영체제라고 할 수 있다.

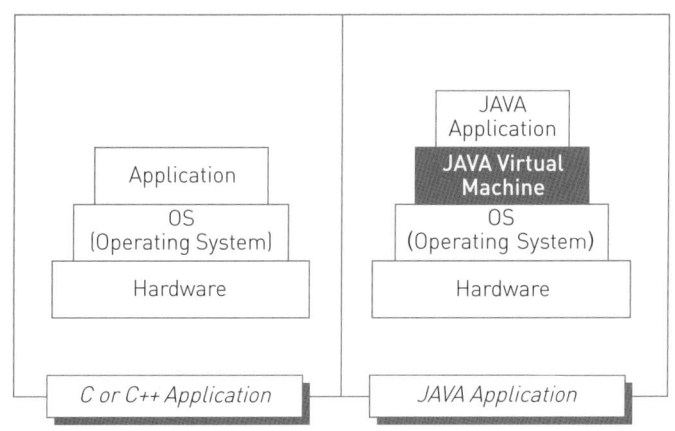

▲ 그림 1-2   자바 실행 환경

그림 1-2를 살펴보면 프로그램 실행 환경의 차이점을 발견할 수 있다. C나 C++ 프로그램은 운영체제 기반에서 실행되는 데 비해서 자바 프로그램은 운영체제가 아닌 자바 가상기계기반에서 실행된다. 그림을 통해서 알 수 있듯이 자바 프로그램은 자바 가상기계를 한번 더 거쳐서 실행되기 때문에 C나 C++ 프로그램보다 실행 속도가 느리다. 하지만 바이트 코드를 기계어로 바로 변환하는 JIT 컴파일러와 최적화 기술의 발전으로 속도의 차이가 많이 줄어들었다.

▌바이트 코드

일반적으로 C 언어나 C++ 언어의 경우, 개발자는 소스 코드(source code)를 코딩(coding)한 후 컴파일(compile)과 링크(link) 과정을 통해 기계어로 작성된 *.exe나 *.com과 같은 실행 파일(executable file)을 생성하게 된다. 그러나 자바 언어의 경우 그림 1-3처럼 기존의 언어와는 다르게 소스 코드를 작성한 후 컴파일하면 바이트 코드(Byte Code)인 *.class 파일이 생성된다. 바이트 코드는 일종의 자바용 기계어라고 할 수 있으며, 특정한 운영체제가 설치된 컴퓨터를 의미하는 컴퓨터 플랫폼과 독립적으로 동작한다. 바이트 코드는 'WORA(write once, run anywhere)' 즉, 자바 가상기계가 설치된 플랫폼이라면 다시 컴파일하지 않아도 바로 실행이 가능하다.

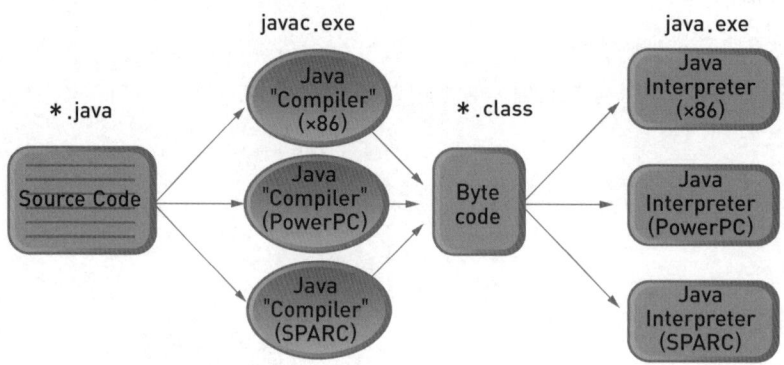

▲ 그림 1-3   Write once, run anywhere

1.3 자바의 주요 특징

프로그램 개발자들은 마이크로소프트(Microsoft)사가 개발한 윈도우(windows)라는 운영체제에서 사용할 수 있는 프로그램을 개발하기 위해 오랫동안 노력해왔다. 과거에는 어렵게 개발된 프로그램을 다른 운영체제에서도 사용할 수 있도록 이식하는 과정에서 많은 시간을 투자해왔지만 플랫폼 독립적인 자바 언어의 등장으로 다양한 운영체제를 지원하는 프로그램 개발을 위해 별도의 시간을 투자할 필요가 없어졌다.

자바 언어의 주요 특징을 살펴보면 다음과 같다.

▎플랫폼 독립

자바로 작성된 프로그램은 네트워크 환경에서 윈도우, 매킨토시, 유닉스 등이 설치된 다양한 플랫폼에서 소소 코드를 수정해야 하는 이식과정 없이 실행할 수 있다. 즉, 그림 1-4와 같이 자바 실행환경이 설치되어 있는 컴퓨터라면 플랫폼과 상관없이 자바 프로그램을 곧바로 실행시킬 수 있다.

자바 컴파일러는 바이트 코드라는 중립적인 구조의 실행 코드를 생성하는데, 이 바이트 코드는 각 플랫폼에 설치된 자바 가상기계를 통해 인터프리터, 즉 해석되고 실행된다.

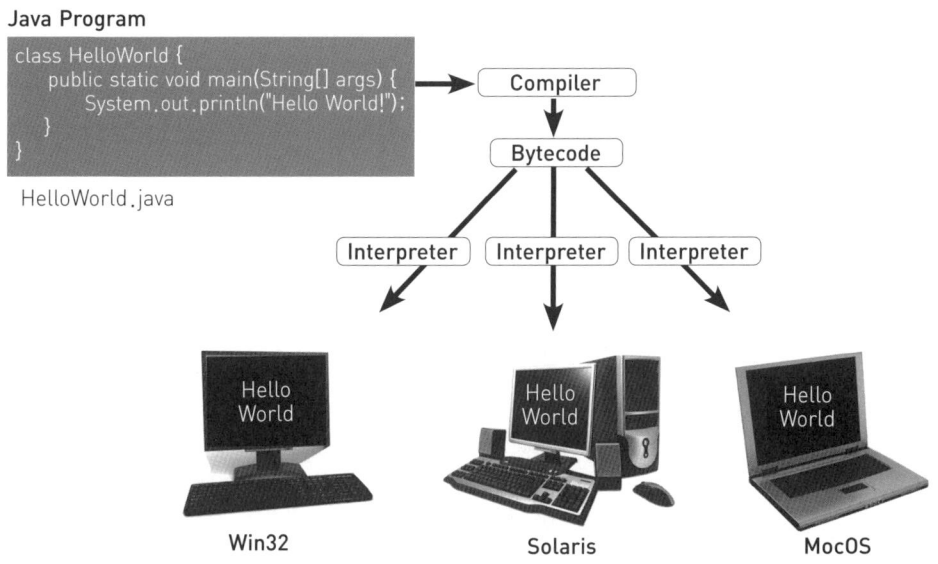

Java Program
```
class HelloWorld {
    public static void main(String[] args) {
        System.out.println("Hello World!");
    }
}
```
HelloWorld.java

▲ 그림 1-4   플랫폼 독립적인 바이트 코드

객체지향 언어

자바는 프로그래밍의 패러다임으로 인정받는 객체지향 언어 중 하나이다. 따라서 자바 역시 캡슐화, 상속, 다형성 등의 객체지향적 요소를 가진다. 자바 프로그램은 그림 1-5처럼 객체로만 구현되며, 객체는 그림 1-6과 같이 속성(Attributes)을 의미하는 변수(Variables)와 행위(Behavior)를 의미하는 메소드(Method)로 구성된다.

단순한 구조

자바는 C와 C++ 그리고 스몰 톡(small talk)에 기초를 두고 있지만 잘 사용되지 않는 기능을 제외시켜 보다 단순한 구조로 만들어졌다. 선마이크로시스템즈사의 부사장 빌 조이가 "java = C++ ++ --"라고 한 것처럼 C++ 언어에서 잘 사용되지 않는 부분은 제외시키고 쓰레기 수집(garbage collection) 등의 기능을 추가해서 만든 언어이다. 자바 언어가 C 또는 C++ 언어와 다른 주요 차이점은 다음과 같다.

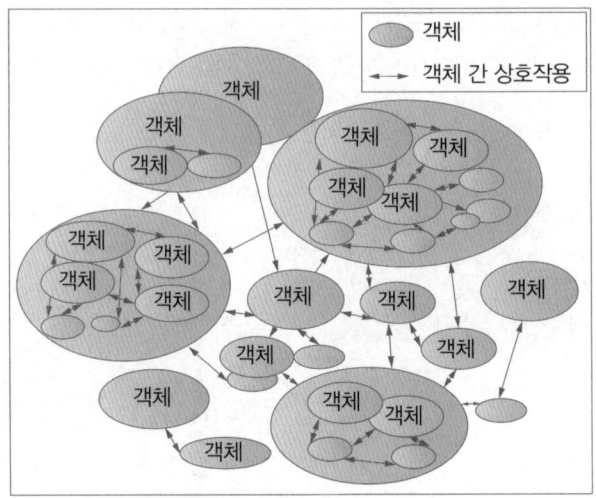

▲ 그림 1-5　객체지향 프로그램

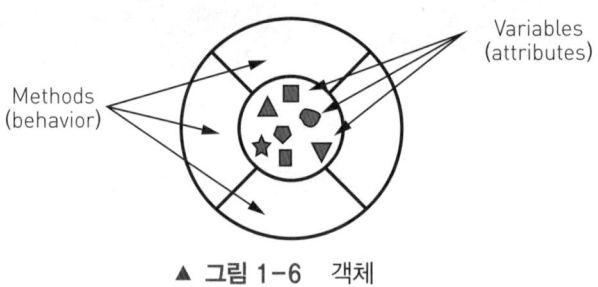

▲ 그림 1-6　객체

1 포인터 연산이 없다.

자바 프로그램이 네트워크상에서 수행될 경우 포인터 연산을 허용하면 애플릿과 같은 프로그램이 특정 시스템에 있는 메모리를 추적할 수 있기 때문에 해당 시스템의 안전을 보장할 수 없다. 자바는 포인터 연산을 허용하지 않음으로써 이러한 문제점을 방지한다.

2 Struct문을 사용하지 않는다

Struct문은 C++언어가 개발될 때 절차지향적인 C언어와의 호환성을 유지하기 위해 남겨 놓은 것으로 객체지향적인 자바에서는 더 이상 필요하지 않다.

3 Typedef문을 사용하지 않는다.

Typedef문은 struct나 class를 자료형으로 작성할 때 사용하는 키워드로 자바에서는 class 자체가 자료형이기 때문에 더 이상 필요하지 않다.

4 전처리 기능이 없다.

전처리는 간단한 경우에는 유용하지만 잘못 사용하면 오류가 발생해서 디버깅 작업에 많은 시간을 소모해야 하는 경우가 발생할 수 있다. 자바는 전처리 기능을 제외하여 이러한 문제점을 사전에 방지한다.

5 예외처리를 제공한다.

자바는 프로그래머나 사용자에 의해 발생할 수 있는 오류를 예외 처리라는 방식을 이용하여 간결하고 고급스럽게 처리할 수 있다.

▎ 메모리 자동관리

자바에서는 쓰레기 수집기라는 스레드가 메모리를 관리한다. 만약 더 이상 사용하지 않는 자원이 있으면 쓰레기 수집기가 자동으로 메모리를 해제한다. 따라서 프로그래머는 자신이 사용할 자원의 메모리 할당에만 집중하면 된다.

▎ 네트워크와 분산처리

자바 언어는 TCP/IP 네트워킹 기능을 포함하고 있어서 프로세스 간이나 애플릿과 프로세스 간의 네트워크 프로그램을 쉽게 개발할 수 있다. 또한 HTTP(Hyper-Text Transfer Protocol)와 FTP(File Transfer Protocol) 같은 프로토콜에 대한 라이브러리를 제공하고 있어서 분산 처리도 쉽게 구현할 수 있다.

▎ 멀티스레드 지원

스레드는 하나의 프로그램 안에서 실행되는 독립적인 실행단위를 의미한다. 멀티스레드가 지원되지 않는 언어는 하나의 스레드가 종료되어야만 다음 스레드가 수행되지만, 멀티스레드가 지원되면 하나의 스레드가 종료되기 전에 다른 스레드를 시작할 수 있고 메모리 공유도 가능하므로 빠르고 효율적인 프로그램 개발이 가능하다.

▎ 신뢰성과 안정성

자바는 프로그램을 컴파일할 때에 자료형을 엄격하게 검사함으로써, 프로그램 실행 시에 발생할 수 있는 비정상적인 예외 상황 등을 사전에 방지할 수 있다. 또한 힙(Heap)이나 스택(Stack) 등의 메모리 접근을 차단하여 바이러스로부터 시스템을 안전하게 보호할 수 있고 공용키 암호화 방법으로 사용자를 식별하기 때문에 해커들로부터 중요한 정보들을 보호할 수 있다.

자바 개발도구

자바 개발도구라는 의미인 JDK^(Java Development Kit)는 자바 프로그램을 개발하기 위한 기본적인 도구로 오라클사의 홈페이지에서 최신버전을 무료로 제공한다. JDK는 자바 컴파일러, 자바 인터프리터, 자바 API 문서와 같이 자바 개발자에게 유용한 도구들을 제공한다.

▌JDK 설치

① http://www.oracle.com/technetwork/java/index.html로 접속한 후 그림 1-7 처럼 오른쪽 Top Downloads 바로 아래에 있는 Java SE를 클릭한다.

▲ 그림 1-7   오라클사의 자바 홈페이지

② Java SE Downloads 페이지가 나오면, 그림 1-8처럼 화면 중간에 보이는 Java Platform, Standard Edition 아래의 JDK Download 버튼을 클릭한다.

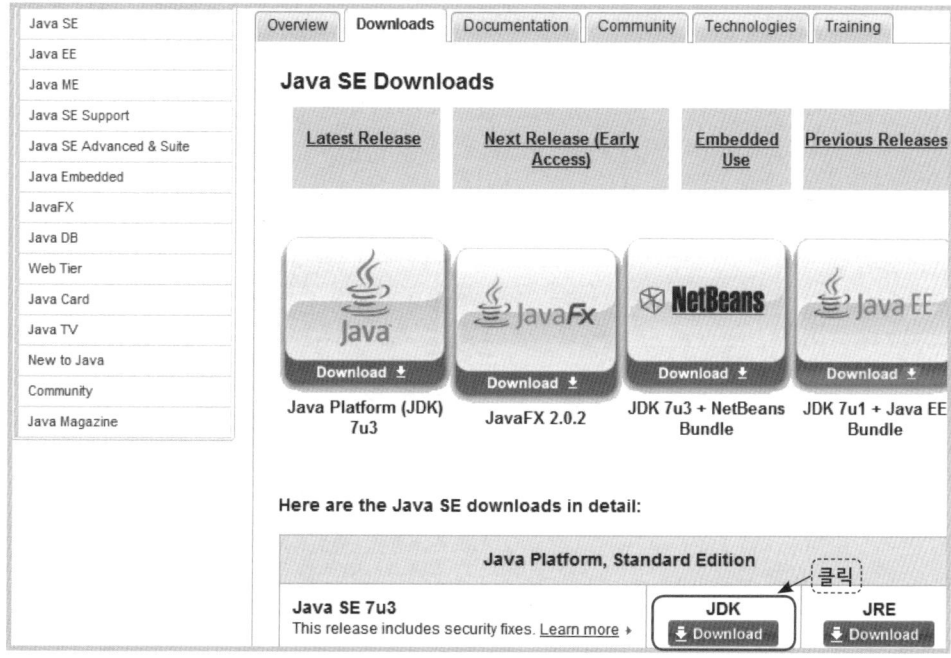

▲ 그림 1-8 Java SE Downloads 페이지

③ 그림 1-9처럼 Java SE Development Kit 7 Downloads 페이지 아래에 있는 라이선스 동의 버튼을 누르고 운영체제에 맞는 JDK를 다운로드한다. 그림 1-10에서 윈도우XP 와 32비트 운영체제는 Windows x86을, 64비트 운영체제는 Windows x64를 다운로드 한다.

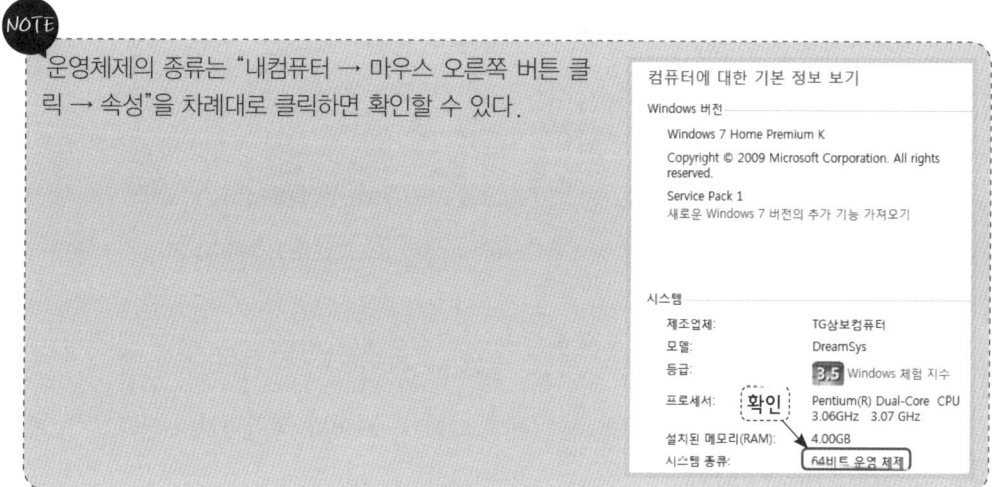

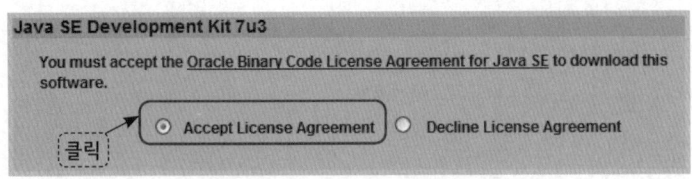

▲ 그림 1-9 　라이센스 동의 페이지

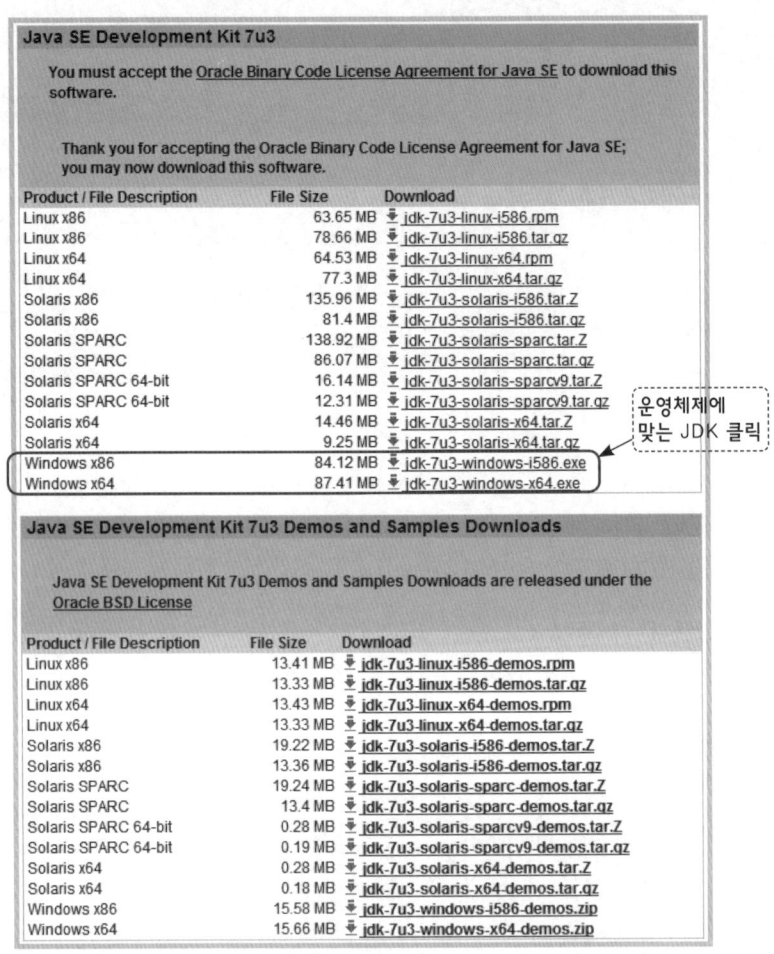

▲ 그림 1-10 　Java SE Development Kit 다운로드 페이지

④ 다운로드가 완료되면 JDK 파일을 실행하여 설치과정을 진행한다. 자바 개발도구인
JDK와 자바 실행환경인 JRE는 기본적으로 'C:\Program Files\Java\' 폴더에 설치된
다. 마지막으로 Continue 버튼을 클릭하면 그림 1-11처럼 설치과정이 완료된다. 만
약 JavaFX SDK Setup 화면이 나오면 Cancel을 선택한다.

NOTE

JavaFX는 화려하고 상호작용이 가능한 사용자 인터페이스를 스윙보다 쉽게 개발할 수 있도록 개발된 기술로 이 교재의 범위를 벗어나므로 다루지 않는다.

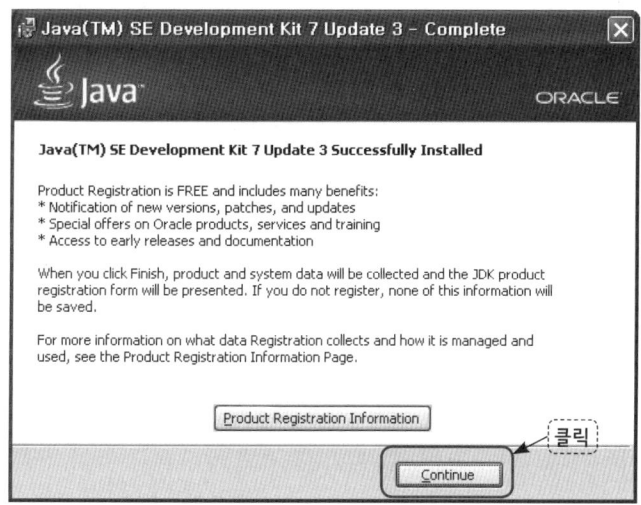

▲ 그림 1-11   JDK 설치 완료 화면

⑤ JDK 설치가 완료되면 기본적으로 그림 1-12처럼 'C:\Program Files\Java\' 폴더에 JDK가 설치된 것을 확인할 수 있다.

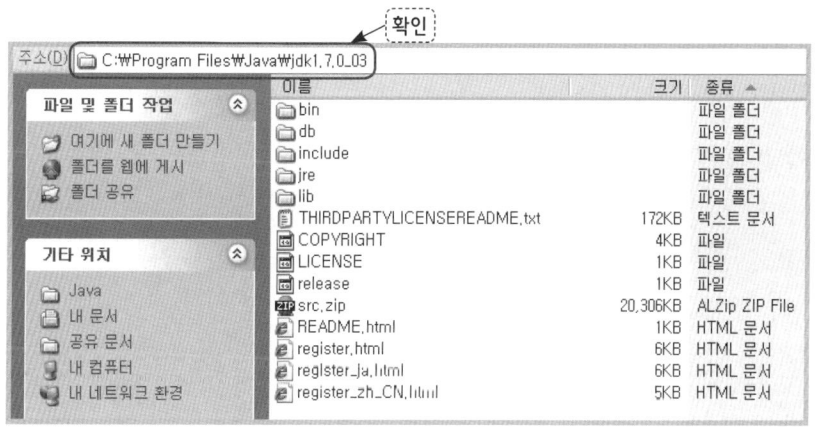

▲ 그림 1-12   JDK 설치 확인

▎환경변수 설정

JDK가 설치된 경로로 이동하지 않고 자바 컴파일러, 자바 인터프리터 등을 사용하려면 환경변수인 Path의 값을 수정해야 한다. 이클립스와 연동하는 경우에는 생략할 수 있지만 톰캣 등을 설정할 때 필요하므로 미리 설정하도록 한다.

① 윈도우 2000/xp/vista/7의 바탕화면에서 '내 컴퓨터 → 마우스 오른쪽 버튼 클릭 → 속성'을 클릭한다. 그림 1-13처럼 시스템 등록 정보 화면이 보이면 '고급 → 환경변수'를 차례대로 클릭한다.

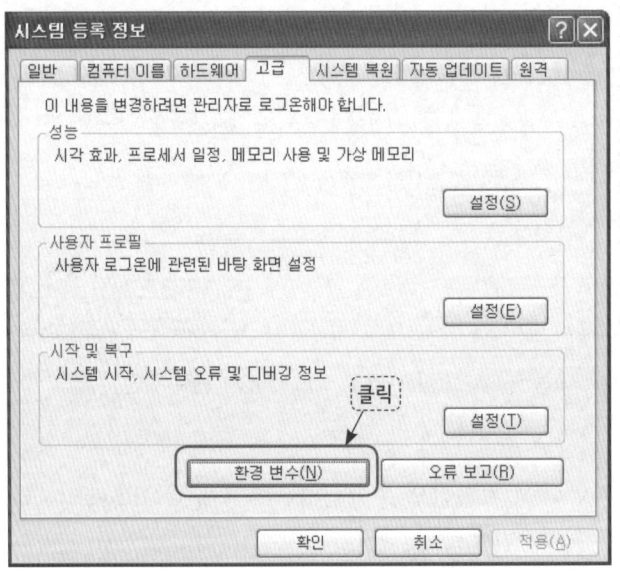

▲ 그림 1-13 시스템 등록 정보화면

② 그림 1-14처럼 환경변수 화면이 보이면 시스템 변수(S)에서 Path를 선택한다. Path를 선택한 후 편집 버튼을 클릭하면 시스템 변수 편집 화면이 보인다. 변수 이름이 Path가 맞는지 확인한 후에 변수 값의 맨 뒤에 JDK 설치경로를 아래와 같이 입력한다.

```
;C:\Program Files\Java\jdk1.7.0_03\bin;
```

NOTE

JDK 설치경로는 JDK 버전별로 다르므로 주의해야 하며 경로의 앞뒤로 반드시 세미콜론을 입력해야 한다.

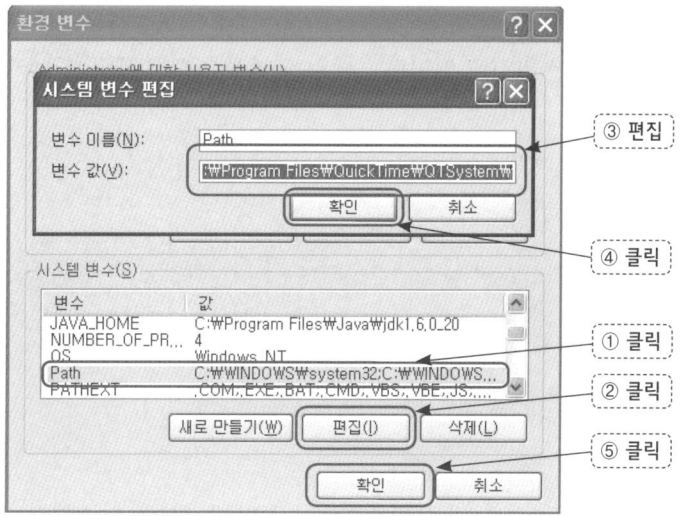

▲ 그림 1-14　시스템 변수 편집

JDK 설치 확인

JDK가 정상적으로 설치되었는지를 확인하려면 그림 1-15와 같이 명령 프롬프트 창에서 javac를 입력한 후에 엔터키를 누른다. 아래와 같이 javac의 사용방법에 대한 설명이 보

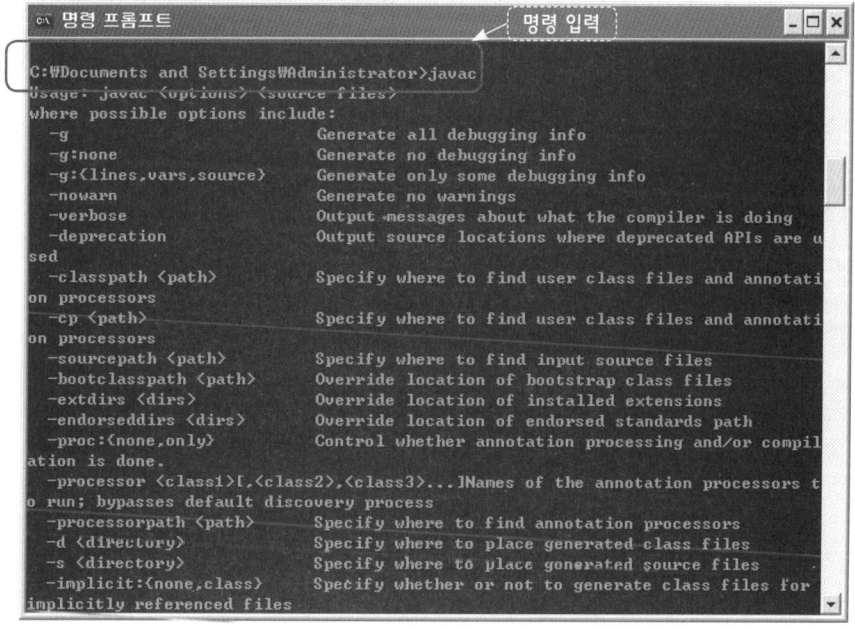

▲ 그림 1-15　JDK 설치 확인

이면 다음 단계로 넘어가도 되지만 만약 "'javac'은(는) 내부 또는 외부 명령, 실행할 수 있는 프로그램, 또는 배치 파일이 아닙니다.' 등의 화면이 보이면 JDK 환경변수 설정과정을 다시 확인하도록 한다.

NOTE

환경변수의 값을 변경한 경우에 명령 프롬프트 화면을 종료한 후에 다시 실행해야 변경된 환경변수의 값이 적용된다.

API 문서

JDK를 이용하여 자바 프로그램을 작성할 때 API(Application Programming Interface) 문서를 이용할 수 있다. 그림 1-6처럼 API 문서를 이용하면 클래스, 멤버변수, 메소드 등의 사용법을 확인할 수 있어 프로그램을 작성할 때 많은 도움을 받을 수 있다. JDK 7의 API 문서는 아래 주소에서 확인해 볼 수 있다.

http://docs.oracle.com/javase/7/docs/api/

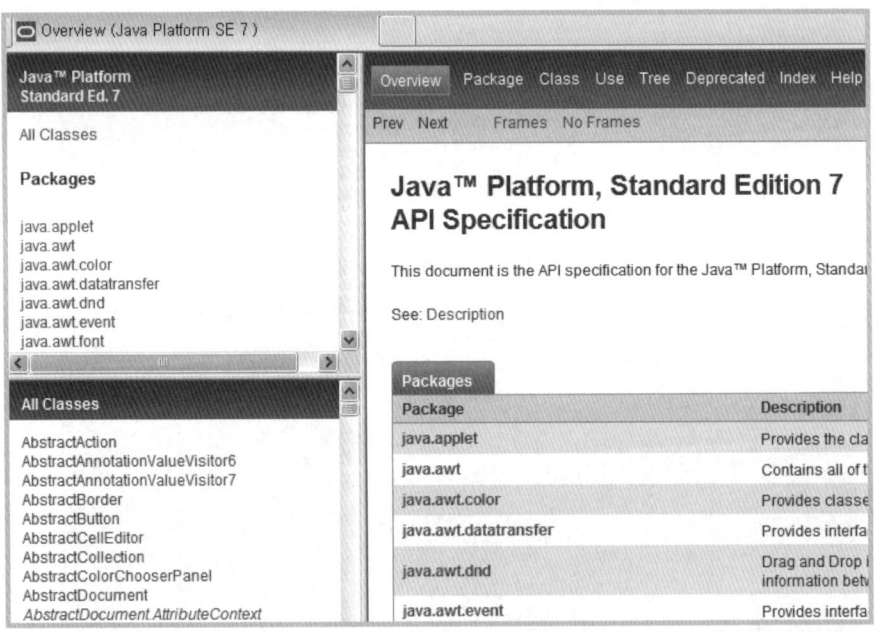

▲ 그림 1-16 자바 API 문서

자바 통합개발환경

JDK만 사용하여 자바 프로그램을 개발하기보다 자바 통합개발환경^(Java IDE)을 이용하면 소스 프로그램 작성, 컴파일, 실행, 디버깅까지 통합적으로 편리하게 처리할 수 있다. 대표적인 자바 IDE에는 이클립스^(eclipse), Visual J++, J Builder, Cafe 등이 있다. 그 중에서 이클립스는 자바 기술을 기반으로 작성된 자바 IDE로 우수한 성능과 플러그인을 통한 기능 확장 그리고 무료로 사용할 수 있다는 장점 때문에 많은 자바 프로그래머가 사용하고 있다. 이 책에서는 예제 프로그램 실습에 이클립스를 사용한다.

█ 이클립스 설치

① 'http://www.eclipse.org/downloads/'로 접속한 후 그림 1-17처럼 Eclipse IDE for JAVA EE Developers를 찾는다. 이클립스를 설치할 컴퓨터의 운영체제를 확인한 후 화면 오른쪽에서 Windows 32 Bit와 Windows 64 Bit 중 하나를 선택하면 그림 1-18과 같이 이클립스를 다운로드할 수 있는 미러사이트로 연결된다.

▲ 그림 1-17 이클립스 다운로드 사이트

▲ 그림 1-18 이클립스 미러 사이트

② 이클립스를 사용하기 적당한 곳에 다운로드 한 후 압축파일을 풀어준다. 예를 들어 C 드라이브에 압축을 풀면 'C:\eclipse-jee-indigo-SR2-win32\eclipse'와 같은 이클립스 경로가 생성되는데, 이 책에서는 복잡한 이클립스 경로를 간소화하여 그림 1-19와 같이 'c:\eclipse'로 변경하였다. 이제 이클립스 폴더 안에 있는 eclipse.exe를 더블클릭하여 이클립스를 실행한다.

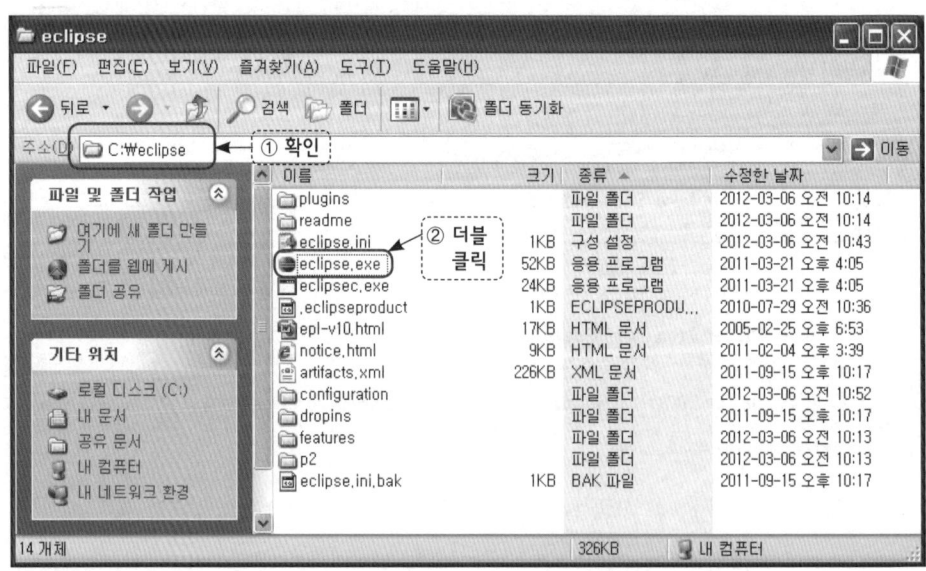

▲ 그림 1-19 이클립스 폴더

만약, 이클립스 실행 시 그림 1-20과 같이 'Failed to create the Java Virtual Machine' 창이 보인다면 JDK 설치 경로를 찾지 못하는 것이므로 그림 1-21처럼 eclipse.ini 파일에 JDK 경로를 설정해주면 된다.

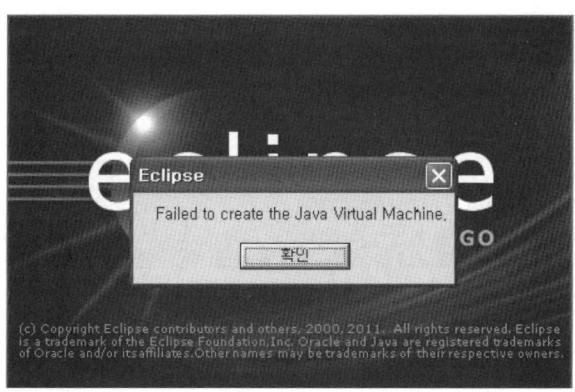

▲ 그림 1-20   이클립스 실행 에러

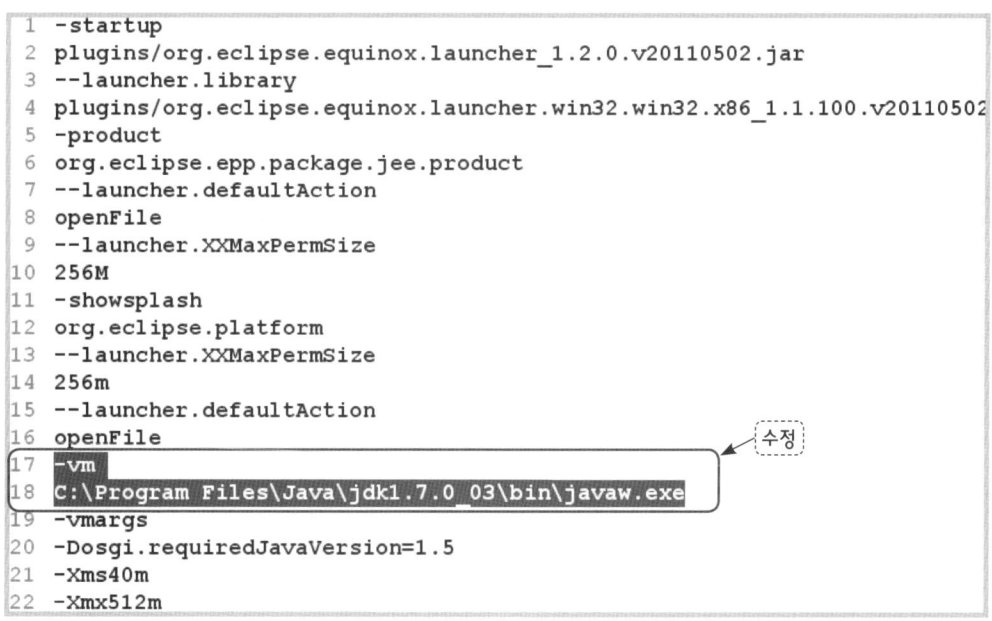

```
 1  -startup
 2  plugins/org.eclipse.equinox.launcher_1.2.0.v20110502.jar
 3  --launcher.library
 4  plugins/org.eclipse.equinox.launcher.win32.win32.x86_1.1.100.v20110502
 5  -product
 6  org.eclipse.epp.package.jee.product
 7  --launcher.defaultAction
 8  openFile
 9  --launcher.XXMaxPermSize
10  256M
11  -showsplash
12  org.eclipse.platform
13  --launcher.XXMaxPermSize
14  256m
15  --launcher.defaultAction
16  openFile
17  -vm
18  C:\Program Files\Java\jdk1.7.0_03\bin\javaw.exe
19  -vmargs
20  -Dosgi.requiredJavaVersion=1.5
21  -Xms40m
22  -Xmx512m
```

수정

▲ 그림 1-21   eclipse.ini 파일 수정

만약 eclipse.ini 파일을 수정한 후에도 'java was started but returned exit code=13' 에러가 발생한다면 윈도우가 32비트 시스템인지 64비트 시스템인지 확인한 후 시스템에 맞는 JDK와 이클립스를 다시 설치하도록 한다.

이클립스 로고와 함께 그림 1-22와 같이 워크스페이스 설정 화면이 보이면 앞으로 실습할 프로그램과 결과물 그리고 설정정보가 저장될 폴더를 설정한다. 만약, 워크스페이스를 다시 변경하면 설정정보, 소스파일, 결과물 등을 모두 이동시켜야 한다.

이클립스가 시작할 때마다 워크스페이스 설정 화면이 나오지 않게 하려면 'Use this as the default and do not ask again'에 체크한 후 'OK' 버튼을 클릭한다.

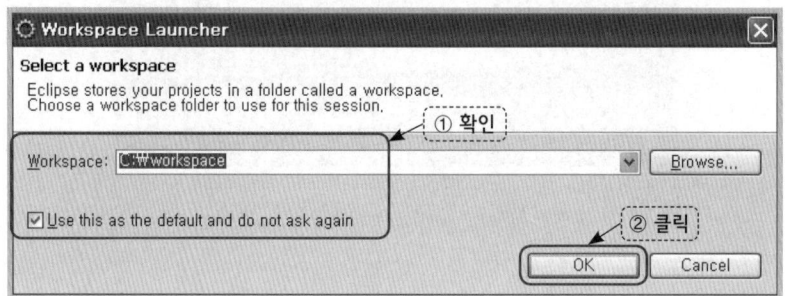

▲ 그림 1-22   워크스페이스 설정 화면

그림 1-23처럼 이클립스가 시작되면 나타나는 welcome 창에서는 이클립스에 대한 개요, 새로운 기능, 샘플 보기, 튜토리얼 등을 살펴볼 수 있다. 특히 튜토리얼은 자바 프로그래밍을 시작하는 개발자를 위해 따라하기 식으로 제공되는 문서이다.

welcome 창을 종료하면 그림 1-24와 같이 자바 프로그래밍을 할 수 있는 자바 워크벤치 화면이 보인다. 워크벤치는 화면 중앙의 편집창과 다양한 뷰$^{(View)}$로 구성되어 있다.

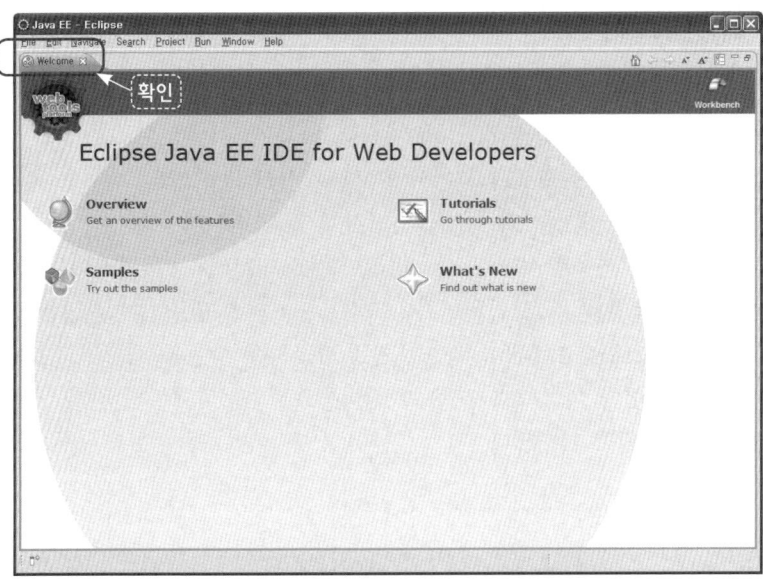

▲ 그림 1-23   welcome 화면

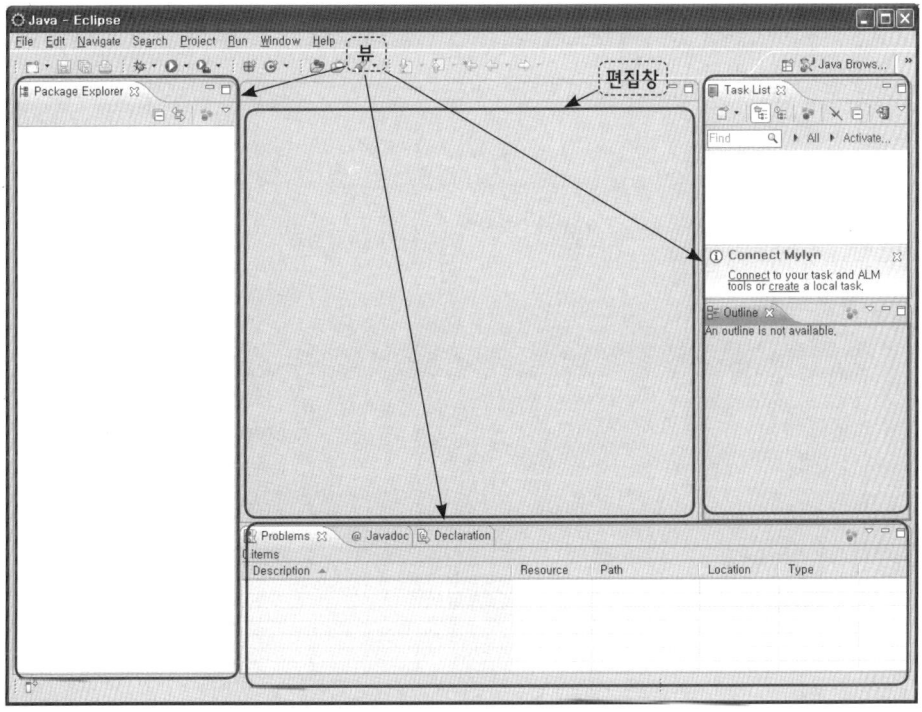

▲ 그림 1-24   워크벤치 화면

19

▌ JDK와 이클립스 연동

이클립스를 이용하여 자바 프로그램을 작성하려면 이클립스의 환경설정을 통하여 JDK
와 연동해야 한다. 이클립스의 환경은 대부분 'Window → Preferences'에서 설정할 수 있
다. 우선 그림 1-25의 Preferences 창에서 'JAVA → Installed JREs' 버튼을 차례대로 선택
한다. 그림 1-25는 JDK가 정상적으로 설치되어 있는 화면이다.

JDK와 이클립스를 연동할려면 Preferences 창에서 'JAVA → Installed JREs → Execu-
tion Environments'를 차례대로 클릭한다. 그림 1-26의 화면 중앙에서 JavaSE-1.7 항목
을 선택하면 jdk 리스트가 출력된다. 'jdk1.7'로 시작하는 항목을 체크하고 OK 버튼을 누
르면 창이 닫히고 JDK와 이클립스 연동 과정은 종료된다. 이제부터 자바 프로그램은 jdk
1.7 버전으로 컴파일되고 실행된다.

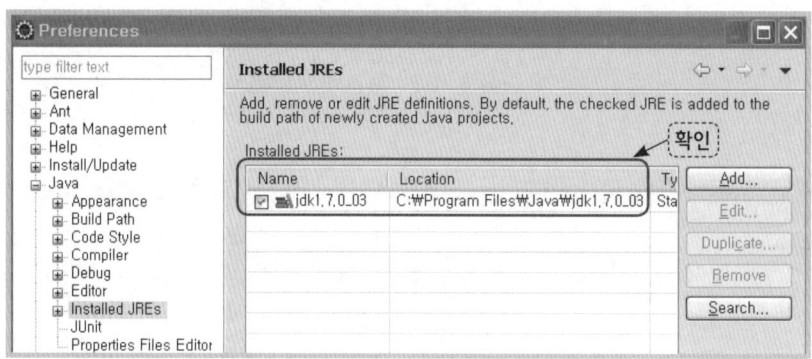

▲ 그림 1-25   Preferences 화면

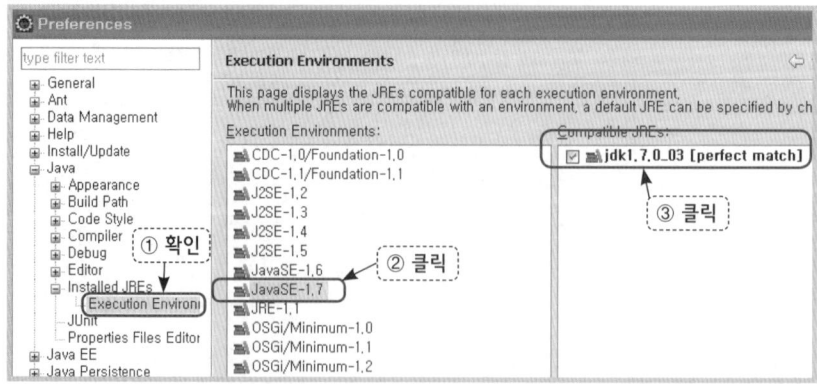

▲ 그림 1-26   자바 실행환경 설정

만약 jdk가 등록되어 있지 않으면 그림 1-27처럼 'Add' 버튼을 누른 후 'Add JRE' 화면에서 'Standard VM'을 선택하고 next 버튼을 누른다.

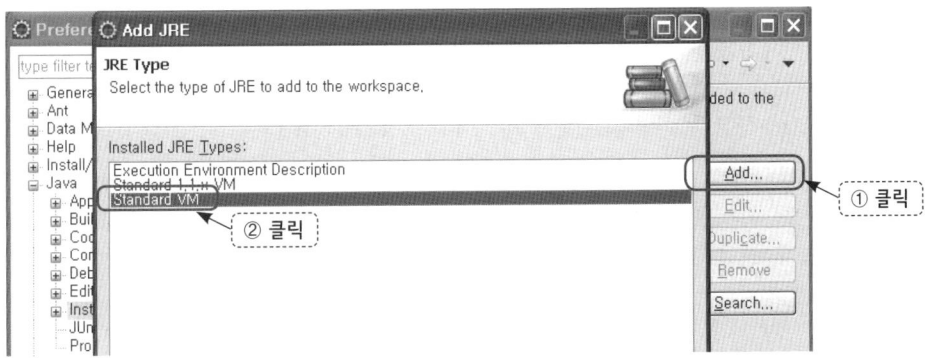

▲ 그림 1-27   Add JRE 화면

그림 1-28처럼 'JRE home:' 항목의 오른쪽에 있는 Directory 버튼을 클릭하여 JDK가 설치된 폴더를 지정한다. 이 책에서는 'C:\Program Files\Java\jdk1.7.0_03'를 지정하였는데 이 경로는 JDK 버전에 따라 다르므로 반드시 경로를 확인해야 한다. 경로를 지정한 후 jar 파일들이 add 되면 finish 버튼을 누른다.

▲ 그림 1-28   JRE home 설정 화면

글꼴과 줄번호

이클립스의 소스 프로그램 편집창의 글꼴을 숫자 0과 영문자 O, 숫자 1, 영문자 l, I 등이 구별되는 글꼴로 변경하고 소스 프로그램에 줄번호가 표시되도록 설정하면 프로그램을 작성하고 편집하기 편리하다. 먼저 이클립스 메뉴에서 'Window → Preferences'를 차례대로 선택한 후 다시 그림 1-29처럼 Preferences 창의 'General → Appearance → Colors and Fonts' 항목을 차례대로 선택하고 나서 'Text Font'를 두 번 클릭하면 글꼴과 스타일, 크기를 변경할 수 있다.

마찬가지로 그림 1-30과 같이 Preferences 창에서 'General → Editors → Text Editors'를 차례대로 선택한 후 우측의 'Show line numbers'를 선택하면 소스 프로그램 왼쪽에 줄번호가 표시된다.

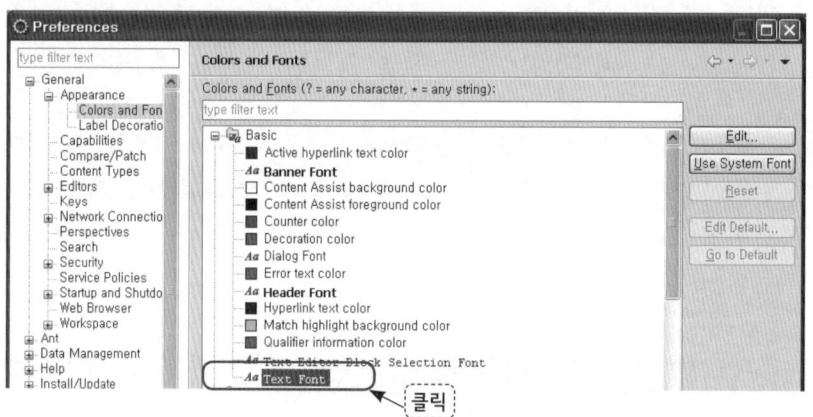

▲ 그림 1-29   글꼴 설정

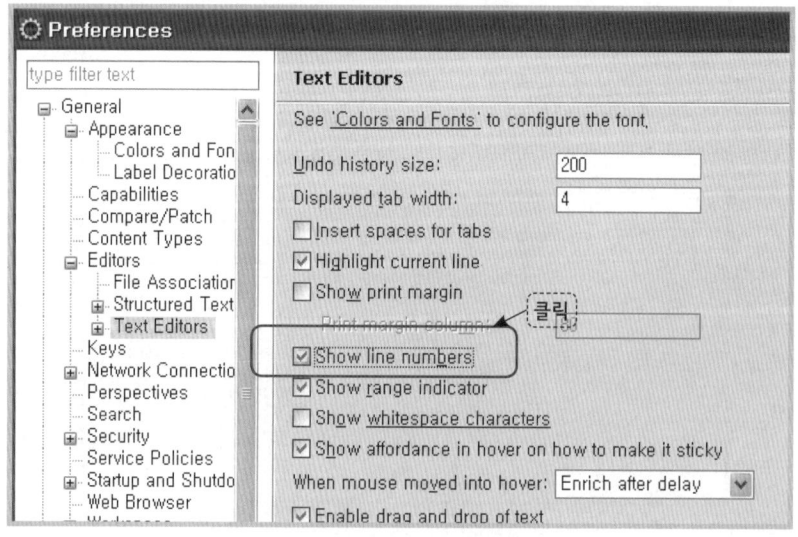

▲ 그림 1-30   줄 번호 설정

1.6 HelloWorld 프로젝트

콘솔 창으로 "Hello World!"라는 문장을 출력하는 프로그램을 작성해보자. 프로그램 작성은 프로젝트 생성, 클래스 생성, 소스 프로그램 작성, 저장 및 실행의 단계로 진행된다. 만약 에러가 발생하면 소스 프로그램을 수정하고 저장한 후 다시 실행해본다.

▌프로젝트 생성

먼저 이클립스 화면에서 그림 1-31과 같이 'File → New → Java Project'를 차례대로 선택한다. 그림 1-32처럼 'New Java Project' 창이 보이면 'Project name'에 '1장'이라고 입력한 후 'Finish'를 누른다. 이 책에서는 각 장별로 프로젝트를 생성하여 관리한다.

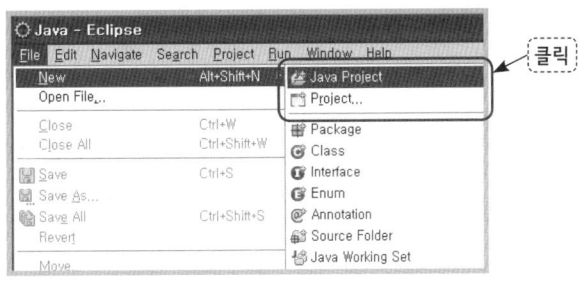

▲ 그림 1-31   Java Project 선택

▌클래스 생성

이클립스의 왼쪽에 있는 'Package Explorer' 뷰에 보이는 '1장'에서 마우스 오른쪽 버튼을 누른 후 그림 1-33처럼 'New → Class'를 차례대로 누른다. 그림 1-34와 같이 'New Java Class'창이 보이면 'Name'에 'HelloWorld'라고 입력하고 메소드를 'public static void main(String[] args)'로 선택한 후 'Finish'를 누른다.

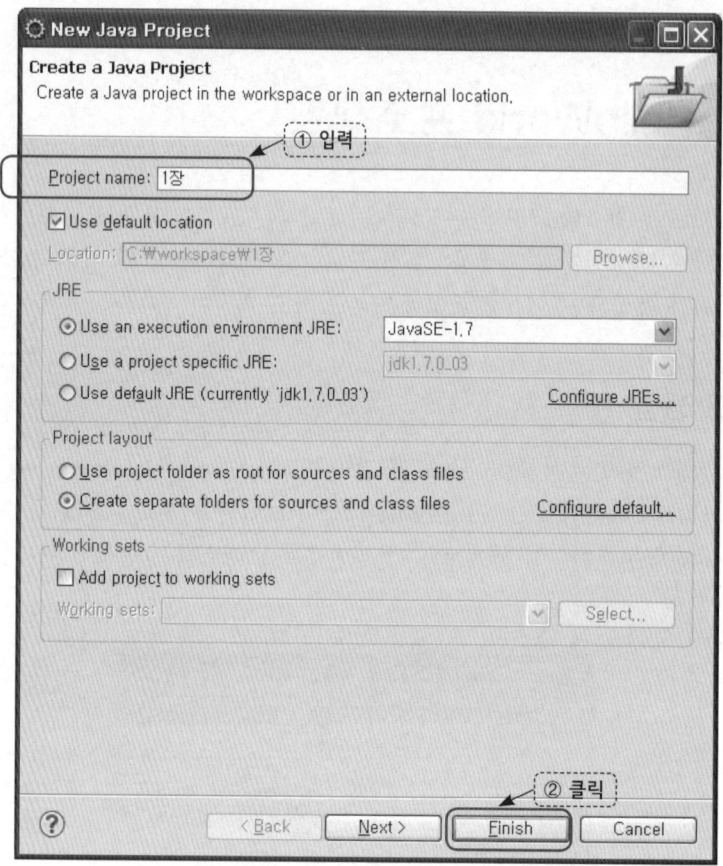

▲ 그림 1-32　'1장' 자바 프로젝트 생성

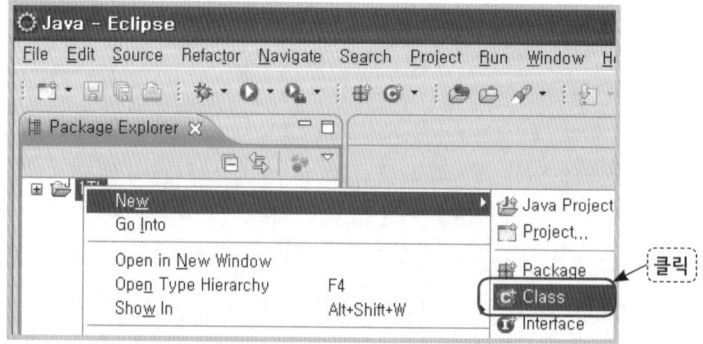

▲ 그림 1-33　Class 선택

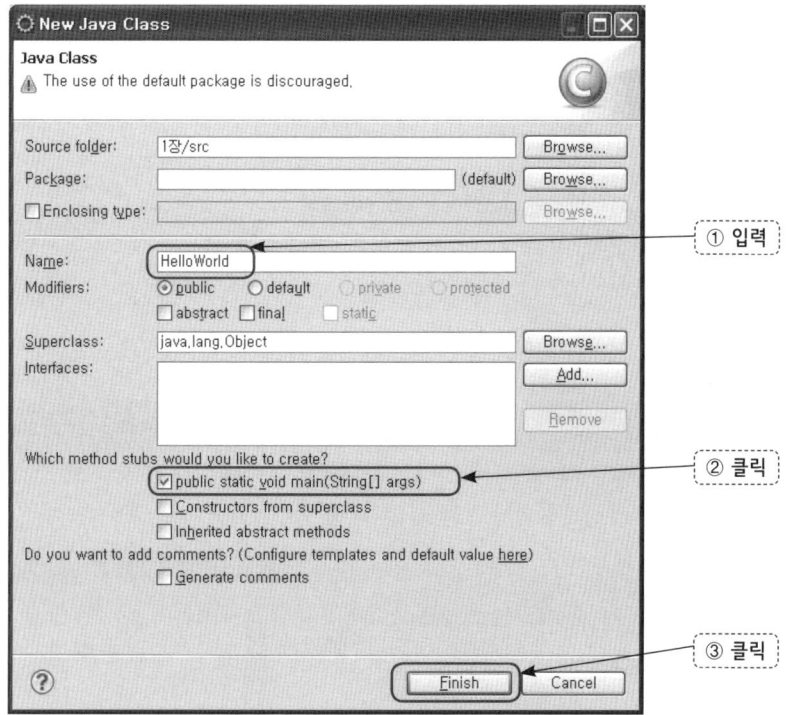

▲ 그림 1-34　'HelloWorld' 클래스 생성

소스 프로그램 작성

이클립스 화면 가운데에 있는 편집창에서 예제 1-1의 소스 프로그램을 작성한 후 그림 1-35처럼 툴바 메뉴에서 실행 아이콘을 누른다. 실행결과는 그림 1-36와 같이 화면 아래에 있는 콘솔에서 확인할 수 있다.

예제 1-1 · HelloWorld.java

```
1  /* HelloWorld.java
2   * _____년 __월 __일
3   * 홍길동 작성
4   */
5
6  public class HelloWorld {
7      public static void main(String[] agrs) {
8          System.out.println("Hello World!");
9      }
10 }
```

1-4번	• 주석으로 소스 프로그램에 대한 내용이나 설명을 적는다.
6번	• 클래스의 이름을 지정하는 부분이다. 하나의 소스 프로그램 안에는 여러 개의 클래스가 포함될 수 있지만 public으로 선언된 클래스는 하나 이하여야 한다. 그리고 소스 프로그램의 이름은 public으로 선언된 클래스의 이름과 대소문자까지 일치해야 한다. 여기서는 'HelloWorld'로 지정한다.
7번	• 프로그램이 실행되기 시작하는 진입점인 main() 메소드 블록을 시작한다. 이 부분은 'args'라는 매개변수의 이름만 변경할 수 있고 나머지는 변경할 수 없다.
8번	• 콘솔에 "Hello World!"라고 출력하는 명령문으로 세미콜론(;)으로 끝난다.
9-10번	• main() 메소드 블록과 HelloWorld 클래스 블록을 마치고 프로그램을 종료한다.

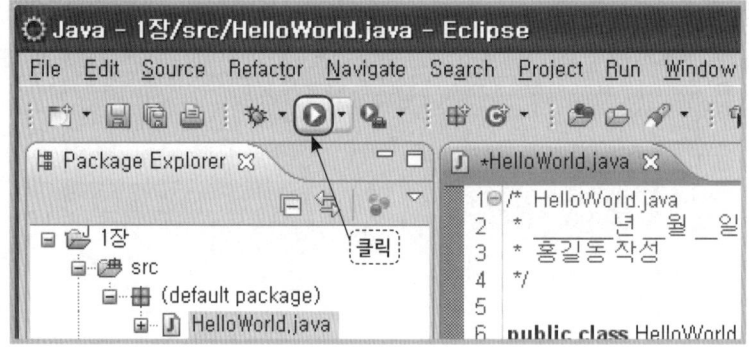

▲ 그림 1-35   소스 프로그램 저장과 실행

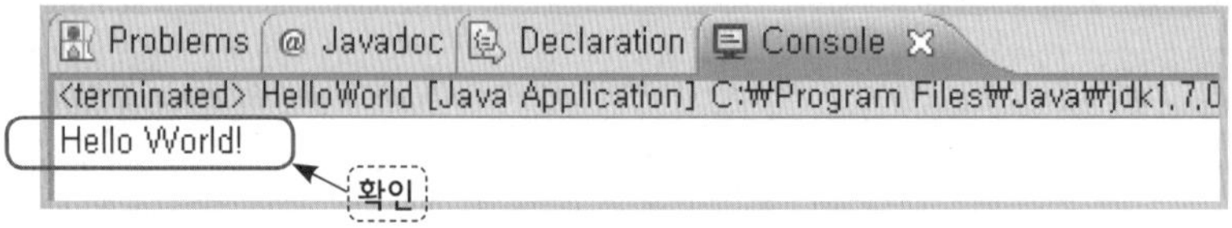

▲ 그림 1-36   콘솔의 실행결과

주석

소스 프로그램에 대한 주요 내용이나 설명을 적는 부분으로 '//'는 그 줄의 끝까지 주석이 되고 '/*'와 '*/'는 그 범위 안의 모든 내용이 주석이 된다.

컴파일 단계의 에러

이클립스를 이용하여 자바 프로그램을 작성해보면 컴파일과정에서 에러가 발생하는 부분에 그림 1-37과 같이 줄번호 왼쪽에 붉은색의 둥근 아이콘과 줄번호 오른쪽에 붉은색 '^' 문자가 표시된다. 이때 둥근 아이콘에 마우스 포인터를 올려보면 그림 1-38처럼 에러의 종류와 원인을 알 수 있다.

▲ 그림 1-37 문법 에러 표시

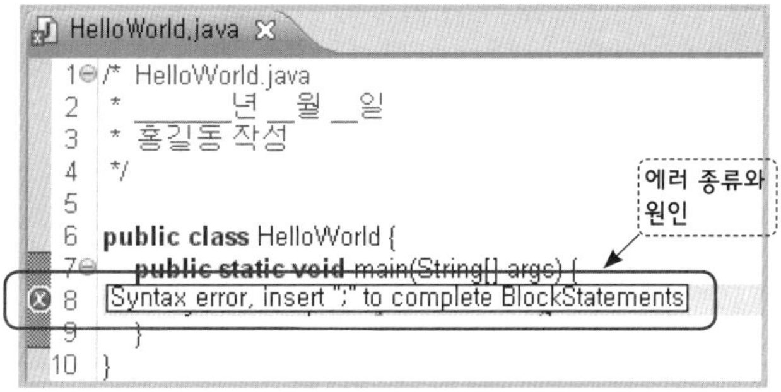

▲ 그림 1-38 문법 에러의 종류와 원인

그림 1-38의 에러는 문법(Syntax) 에러이고 에러를 수정하려면 문장의 끝에 세미콜론(;)을 추가하라는 의미이다. 에러를 수정하면 그림 1-39와 같이 둥근 아이콘이 검정색으로 변하고, 다시 소스 프로그램을 저장하면 둥근 아이콘이 사라진다.

▲ 그림 1-39 에러의 원인 수정 화면

대부분의 문법 에러는, 오타, 대소문자 구별, 블록 종료 문자(})의 생략 등의 원인으로 발생한다.

프로그램의 문법에는 문제가 없어도 프로그램 내용(Semantic)에 의해 에러가 발생할 수 있는데 그림 1-40의 경우에는 지역변수 i가 초기화 되지 않고 사용되었기 때문에 에러가 발생하였다. 내용 에러는 문법 에러와 다른 모양의 아이콘이 표시되며 사용하며 마우스 포인터를 올려놓으면 그림 1-41처럼 그 원인을 알 수 있다.

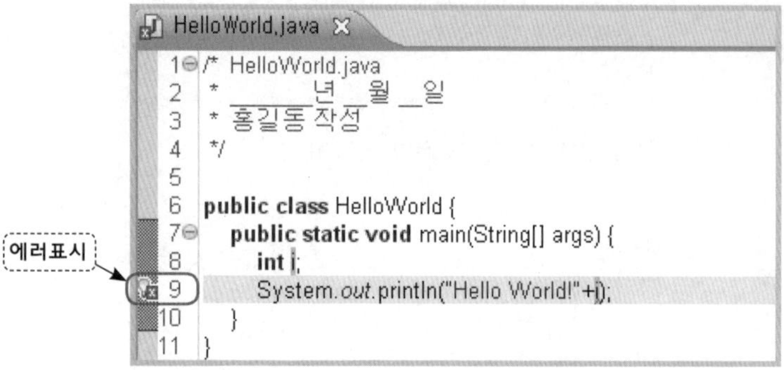

```
HelloWorld.java  ✕
1⊝ /* HelloWorld.java
2  *       년   월  일
3  * 홍길동 작성
4  */
5
6  public class HelloWorld {
7⊝    public static void main(String[] args) {
8        int i;
9        System.out.println("Hello World!"+i);
10   }
11 }
```

에러표시

▲ **그림 1-40** 내용 에러 표시

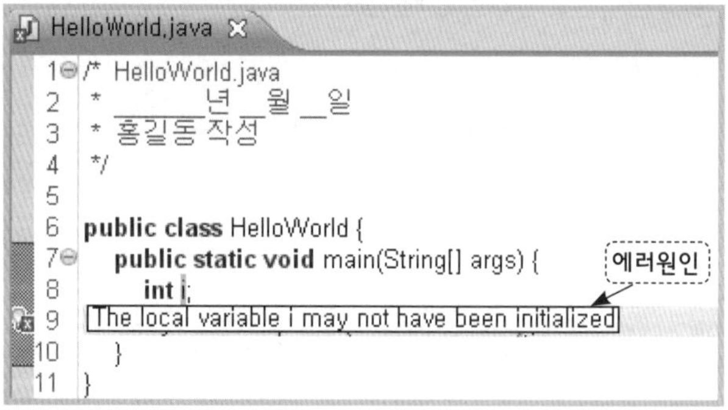

```
HelloWorld.java  ✕
1⊝ /* HelloWorld.java
2  *       년   월  일
3  * 홍길동 작성
4  */
5
6  public class HelloWorld {
7⊝    public static void main(String[] args) {
8        int i;
9     The local variable i may not have been initialized
10   }
11 }
```

에러원인

▲ **그림 1-41** 내용 에러의 원인

실행 단계의 에러

컴파일 에러가 없어도 실행하다보면 에러가 발생하는 경우가 있다. 그림1-42를 살펴보면 줄번호 왼쪽에 문법 에러나 내용 에러 아이콘이 표시되지 않았다. 하지만 실행해보면 그림 1-43처럼 기본 메소드를 찾을 수 없다는 에러가 발생한다. 프로그램이 실행될 때 JVM이 main() 메소드를 호출하게 되는데 이 경우에는 프로그램에 main() 메소드의 이름이 mains()로 잘못되었기 때문에 발생하였다.

```
1  /* HelloWorld.java
2   *          년   월 __일
3   * 홍길동 작성
4   */
5
6  public class HelloWorld {
7      public static void mains(String[] args) {
8          System.out.println("Hello World!");
9      }
10 }
```

▲ 그림 1-42   프로그램 편집 화면

```
Problems  @ Javadoc  Declaration  Console ⊠
<terminated> HelloWorld [Java Application] C:\Program Files\Java\jdk1.7.0_03\bin\javaw.exe (2012. 3. 12. 오전 11:25:
오류: HelloWorld 클래스에서 기본 메소드를 찾을 수 없습니다. 다음 형식으로 기본 메소드를 정의하십시오.
    public static void main(String[] args)
```

▲ 그림 1-43   실행 에러의 원인

••• 요약 •••

- 자바가상기계(JVM : java virtual machine)는 하드웨어가 아니라 자바 컴파일러가 생성한 바이트코드를 실행시키기 위한 소프트웨어로 가상의 운영체제라고 할 수 있다.

- 자바의 주요 특징
  - 자바 프로그램은 플랫폼 독립적이다.
  - 자바는 객체지향 언어이다.
  - 자바는 단순한 구조를 가진다.
    - 포인터 연산이 없다.
    - Struct문을 사용하지 않는다.
    - Typedef문을 사용하지 않는다.
    - 전처리 기능이 없다.
    - 예외처리를 제공한다.
  - 메모리를 자동으로 관리한다.
  - 네트워크와 분산처리를 지원한다.
  - 멀티스레드를 지원한다.
  - 신뢰성과 안정성이 높다.

- 자바 개발도구인 JDK(Java Development Kit)는 자바 프로그램을 개발하기 위한 기본적인 도구로 오라클사의 홈페이지에서 최신버전을 제공한다.

- 자바 프로그램을 작성할 때 API(Application Programming Interface) 문서를 이용하면 클래스, 멤버변수, 메소드 등의 사용법을 참조할 수 있다.

- 이클립스는 자바 기술을 기반으로 작성된 자바 통합개발도구로 우수한 성능과 플러그인을 통한 기능 확장이 가능하다.

- 자바 프로그램에서 main() 메소드는 프로그램 실행의 진입점이다.

- 프로젝트 개발 과정은 프로젝트 생성, 클래스 생성, 소스 프로그램 작성, 저장, 실행의 단계로 진행된다.

- 에러에는 컴파일 단계의 에러, 실행 단계의 에러가 있다.

••• 연습문제 •••

1. 자바의 역사에 대하여 설명하여라.

2. 자바가상기계(Java Virtual Machine)와 바이트 코드에 대하여 설명하여라.

3. 자바가 플랫폼 독립적일 수 있는 이유가 무엇인지 설명하여라.

4. 자바의 객체지향 특성을 설명하여라.

5. 자바의 단순한 구조에 대하여 설명하여라.

6. 멀티스레드가 무엇인지 설명하여라.

7. 자바 프로그램이 신뢰성과 안정성을 유지하는 방법에 대하여 설명하여라.

8. 자바 API 문서의 활용 방법에 대하여 기술하여라.

9. 자바 API 문서에서 String 클래스가 어떤 패키지에 포함되어 있는지 찾아보고 toString() 메소드의 기능은 무엇인지 설명하여라.

10. main() 메소드의 특징을 설명하여라.

11. 주석의 종류와 사용 방법을 설명하여라

12. 다음 자바 프로그램은 오류가 있는 프로그램이다. 디버깅하여 프로그램을 완성하고 오류의 이유를 설명하여라.

ExampleProgram.java

```
class ExampleProgram {
    public void main(String args) {
        system.out.printl("Hello, JAVA World!)
    }
}
```

02

자바의 기본 문법

학습 목표

- 프로그램의 구조를 이해한다.

- 문장을 구성하는 기본 단위인 예약어, 식별자, 연산자, 상수 등을 배운다.

- 유니코드와 특수문자의 개념을 이해한다.

- 자료형을 이해하고 기본형과 참조형의 차이점을 배운다.

- 배열의 개념과 사용방법을 배운다.

- 연산자의 종류와 우선순위를 배운다.

2.1 프로그램의 구조

자바 프로그램은 아래그림 2-1과 같이 주석(comment)과 문장(statement)으로 구성된다. 주석은 프로그램에 대한 설명으로 적절하게 사용하면 프로그램을 이해하는 데 많은 도움이 된다.

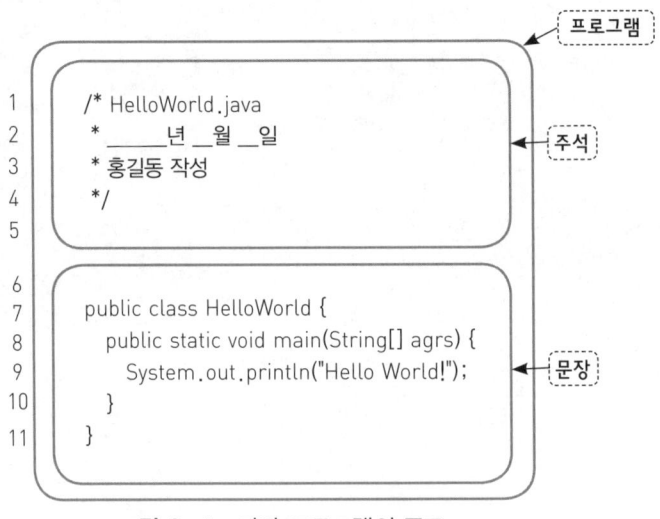

▲ 그림 2-1   자바 프로그램의 구조

자바 프로그래밍 과정에서 주석을 사용하는 방법은 아래 표 2-1과 같이 세 가지로 구분할 수 있다.

표 2-1 자바의 주석

주석	의미
// 주석	한 줄 주석으로 그 줄의 끝까지 주석으로 처리
/* 주석 */	주석 기호('/*'와 '*/') 내부가 여러 줄이라도 모두 주석으로 처리
/** 주석 */	javadoc.exe로 HTML 형식의 API 문서를 생성할 때 사용할 수 있지만 많이 사용하지는 않는다.

문장은 자바 프로그램에서 수행 가능한 기본 단위로 예약어(keyword), 식별자(identifier), 연산자(operator), 상수(literal) 등으로 구성되며 세미콜론(;)으로 종료한다. 블록의 경우에는 세미콜론을 사용하지 않고 중괄호('{')로 시작해서 중괄호('}')로 종료한다. 문장의 사용 예는 다음 표 2-2와 같다.

표 2-2 문장의 예

문장	구성
int i;	예약어(자료형), 식별자(변수명), 문장 종료
class Example01 {}	예약어, 식별자(클래스명), 블록 시작, 블록 종료
public static void main(String[] args) { }	예약어(접근제한자), 예약어, 예약어, 식별자(메소드명), 식별자(클래스명), 식별자(객체명), 블록 시작, 블록 종료
i = i + 1;	식별자(변수명), 연산자(=), 식별자(변수명), 연산자(+), 상수, 문장 종료

▌예약어

예약어는 기능을 미리 정해놓은 단어를 의미하며 프로그램에서의 역할이 미리 정해져 있기 때문에 식별자로 사용할 수 없다. 자바에서 자주 사용하는 예약어와 그 기능은 다음 표 2-3과 같다.

표 2-3 주요 예약어

기능	예약어	설명
기본 자료형	byte	1byte 정수 자료형
	short	2byte 정수 자료형
	int	4byte 정수 자료형
	long	8byte 정수 자료형
	float	4byte 실수 자료형
	double	8byte 실수 자료형
	boolean	1byte 논리 자료형으로 true 혹은 false를 표현
	char	2byte 문자 자료형

(계속)

(계속)

기능	예약어	설명
제어문	if	조건문인 if문을 시작
	switch	조건문인 switch문을 시작
	case	switch문과 함께 사용되는 예약어
	for	반복문인 for문을 시작
	while	반복문인 while문을 시작
	do	반복문인 do-while문을 시작
	continue	제어문을 계속 진행할 때 사용
	break	제어문을 종료할 때 사용
	return	제어를 반환
예외처리	try	예외처리문인 try문을 시작
	catch	예외처리를 담당하는 catch 구문을 시작
	finally	예외발생과 상관없이 항상 처리되는 구문
	throws	자신을 호출한 곳으로 예외상황을 전달
제어자	abstract	추상메소드나 추상클래스를 정의할 때 사용
	final	클래스, 변수, 메소드 등을 변경하지 못하게 함
	private	해당 클래스 내에서만 제어가 가능
	protected	같은 패키지 내에서만 제어가 가능
	public	어느 곳에서나 제어가 가능
	static	정적인 객체, 변수, 매소드를 선언
	synchronized	동기화 메소드를 선언
객체지향	class	클래스형을 선언
	extends	클래스를 상속할 때 사용
	implements	인터페이스의 메소드를 구현할 때 사용
	import	패키지나 클래스를 사용한다는 의미
	instanceof	객체가 클래스의 인스턴스일 경우 true를 반환
	interface	인터페이스를 선언
	new	새로운 객체나 배열을 생성
	null	객체를 참조하지 않는다는 의미
	package	패키지를 선언
	super	상위 클래스를 참조
	this	자기 자신을 참조

식별자

식별자(identifiers)는 자바 컴파일러가 개개의 클래스, 객체, 변수, 메소드 등을 식별할 수 있도록 만든 고유한 이름을 의미한다. 식별자는 '탭', '스페이스' 등의 공백 문자, '_'와 '$'를 제외한 '!', '#', '%', '*' 등의 특수 문자, 예약어(keyword)를 사용할 수 없다. 식별자는 '_'와 '$'를 제외한 기타 특수 문자와 숫자로 시작할 수 없다. 또한 식별자는 대소문자를 구별한다. 표 2-4는 식별자의 사용 예를 보여준다.

표 2-4 식별자의 예

구분	사용 가능한 식별자	사용할 수 없는 식별자	사용할 수 없는 이유
클래스	ObjectExample	Object Example	공백문자(스페이스) 사용
객체	oa	oa%	특수문자(%) 사용
변수	i	int	예약어 사용
	myName	myName!	특수문자(!) 사용
메소드	addAge()	20addAgg()	숫자로 시작
상수	PI	PI@	특수문자(@) 사용

자바의 식별자 작성 예

클래스 이름은 각 단어의 첫 글자만 대문자로 작성하고 객체 이름은 클래스 이름의 이니셜을 소문자로 작성한다. 변수와 메소드의 이름은 모두 소문자로 사용하되 두 번째 단어 이후에는 첫 글자만 대문자로 작성하고 상수의 이름은 모두 대문자로 작성한다.

연산자

연산자는 컴파일러에 산술연산, 증감연산, 논리연산 등을 수행하도록 지시하는 기호이다. 자바에서 제공하는 주요 연산자는 표 2-5와 같다.

표 2-5 주요 연산자

종류	연산자	종류	연산자
부호 연산자	+ -	비트 연산자	& | ^
증감 연산자	++ --	논리 연산자	&& ||
산술 연산자	+ - * / %	조건 연산자	? :
비교 연산자	! < <= > >= !=	대입 연산자	= += -= *= /= %=

상수

상수는 변수에 저장되는 값을 의미하며 표 2-6과 같이 정수, 실수, 논리, 문자, 문자열 등이 사용 가능하며 기본적으로 변수의 자료형과 일치해야 한다.

표 2-6 상수의 종류

구분	설명
정수 상수	정수 상수는 10진수, 8진수, 16진수로 표현할 수 있으며 기본적으로 int형으로 처리한다. 만약 long형으로 처리하려면 정수 상수 뒤에 영대문자 L 또는 영소문자 l 을 추가하면 된다. 예) 10진수: 17, 250L, 33000l 등 8진수: 017L, 0250l, 033000 등 숫자 0으로 시작 16진수: 0x17l, 0x250, 0xaffffL 등 숫자 0과 영소문자 x로 시작
실수 상수	소수점을 포함하는 수를 표현하며 소수점이 고정되어 있는 고정소수점 실수와 지수값에 따라 소수점의 위치가 변경되는 부동소수점 실수로 구분한다. 기본적으로 double형으로 처리하며 float형으로 처리하려면 실수 상수 뒤에 영대문자 F나 영소문자 f를 추가하면 된다. 예) 고정소수점 실수: 3.14, 10.25F 부동소수점 실수: 0.314E01, 0.1025e02f
논리 상수	참을 의미하는 true와 거짓을 의미하는 false 두 가지를 사용할 수 있다.
문자 상수	단일인용부호인 ' 와 ' 안에 하나의 문자를 표현한 것으로 문자대신 유니코드를 사용할 수 있다. 예) 'a', '가', '\u0041'
문자열 상수	이중인용부호인 " 와 " 안에 문자열을 표현한 것이다. 예) "abc", "가나다", "Hello"
null 상수	참조형 변수의 값으로 사용가능한 상수로 기본형 변수에는 사용할 수 없다.

컴퓨터에서 전 세계의 언어를 그림 2-2와 같이 통일된 방법으로 표현할 수 있도록 국제표준으로 제정한 2바이트의 국제적인 문자부호 체계(UCS : Universal Code System)를 말한다. 애플컴퓨터, IBM, 마이크로소프트 등이 컨소시엄으로 설립한 유니코드(Unicode)가 1990년에 첫 버전을 발표하였고 1995년 국제표준으로 제정되었다.

영어는 한 문자가 7비트, 비 영어는 8비트, 한글이나 일본어는 16비트의 코드를 가지던 것을 모두 16비트로 통일하여 데이터의 교환을 원활하게 하였다. 전 세계 26개 언어와 특수기호에 대해 코드 값을 할당하고 있으며 최대 65,536자를 표현할 수 있다. 현재 38,885자는 이미 할당되어 있는데 한자가 약 39.9%, 한글 17.0%, 아스키 및 기호문자 10.4% 등이다. 유니코드에는 옛 한글의 자모를 포함한 한글자모 240자(HANGUL JAMO)와 한국표준인 KSC 5601의 조합형 한글자모 94자(HANGUL COMPATIBILITY), 한글로 표현할 수 있는 최대 11,172자를 가나다순으로 배열해놓은 완성형(HANGUL)이 포함되어 있다.

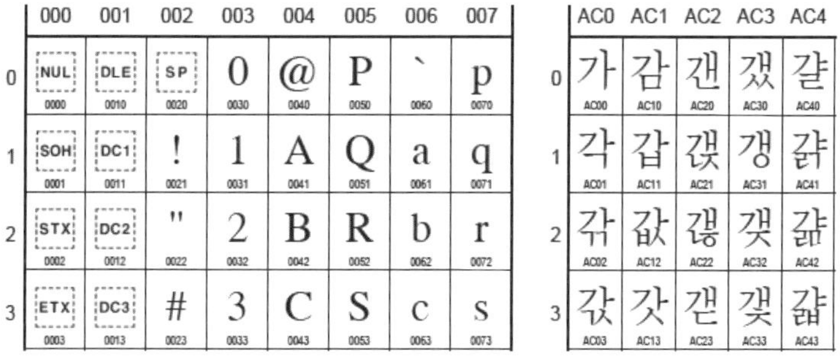

▲ 그림 2-2 영어와 한글 유니코드

특수문자

특수문자는 문자열 안에서 역슬래시('\')와 함께 사용되는 문자를 의미하며 줄 바꾸기, 탭 등의 특수문자를 이용하면 출력 결과를 보기 좋게 정리할 수 있다. 자바에서 제공하는 대표적인 특수문자는 표 2-7과 같다.

표 2-7 자바의 특수문자

특수문자	기능	특수문자	기능
\n	newline	\f	form feed
\t	tab	\\	backslash
\b	backspace	\'	single quote
\r	return	\"	double quote

예제 2-1은 두 개의 문자열 상수를 특수문자를 이용하여 출력하고 두 개의 정수 상수, 두 개의 실수 상수, 하나의 논리 상수를 출력하는 프로그램이다.

예제 2-1 · ProgramEx01.java

```
1   /* ProgramEx01.java
2    * _____년 __월 __일
3    * 홍길동 작성 *
4    */
5
6   public class ProgramEx01 {
7       public static void main(String[] args) {
8           String s1 = "자바는";
9           String 문자열2 = "재미있다.";
10          int i = 100;
11          long l = 0x45L;
12          float f = 0.314e01f;
13          double d = 99.99;
14          boolean b = true;
15
16          System.out.println("s1 = \""+s1+"\"\n문자열2 = \""+문자열2+"\"");
17          System.out.println("s1 + 문자열2 = \""+s1+" "+문자열2+"\"");
18          System.out.println("i = "+i+", l = "+l);
19          System.out.println("f = "+f+", d = "+d);
20          System.out.println("b = "+b);
21      }
22  }
```

1-4번	• 주석으로 프로그램의 주요 정보를 기록한다.
6번	• ProgramEx01 클래스 작성을 시작한다.
7번	• main() 메소드 작성을 시작한다.
8-9번	• 두 개의 문자열을 생성한다.
10-11번	• 두 개의 정수를 10진수와 16진수로 생성한다.
12-13번	• 두 개의 실수를 유동소수점 실수와 부동소수점 실수로 생성한다.
14번	• 논리형 변수를 생성한다.
16번	• 두 개의 문자열을 두줄로 출력한다.
17번	• 두 개의 문자열을 한줄로 출력한다.
18번	• 두 개의 정수를 출력한다.
19번	• 두 개의 실수를 출력한다.
20번	• 논리값을 출력한다.

실행 결과	s1 = "자바는" 문자열2 = "재미있다." s1 + 문자열2 = "자바는 재미있다." i = 100, l = 69 f = 3.14, d = 99.99 b = true

2.2 자료형

자료형(Data Type)은 변수의 유형 즉, 저장할 수 있는 값의 종류와 범위를 정의하는 것으로 자바의 자료형은 기본형(primitive type) 8개와 참조형(reference type)으로 구분할 수 있다. 그림 2-3에서 기본형은 실제 값을 저장하는 자료형으로 숫자형 6개, 문자형 1개, 논리형 1개 등 총 8개가 제공되며 참조형은 객체의 주소를 저장하는 자료형으로 기본형 8개를 제외한 모든 자료형이 해당된다.

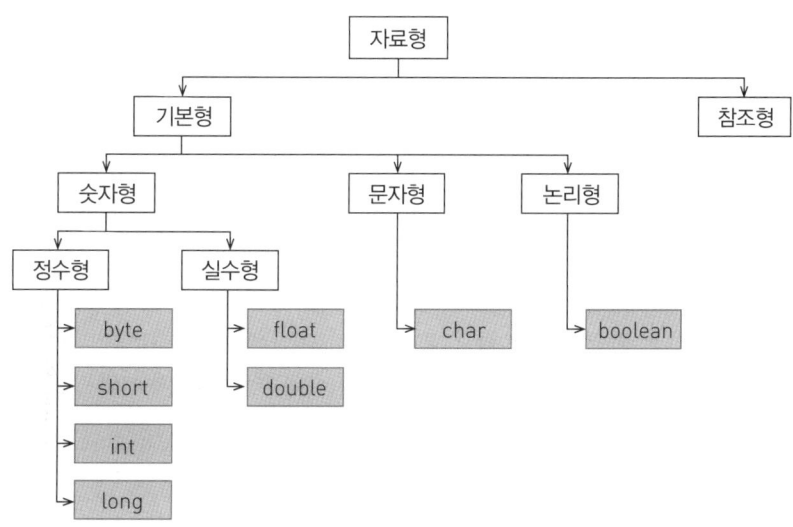

▲ 그림 2-3 자료형의 종류

자료형을 이용하여 변수를 선언하면 표 2-8과 같이 메모리 공간의 크기와 표현범위가 설정되며 값을 지정하지 않으면 자동으로 초기값이 설정된다.

표 2-8 자료형의 크기, 범위, 초기값

자료형	크기	표현 범위	초기값
byte	8비트(1바이트)	$-2^7 \sim 2^7 - 1$	0
short	16비트(2바이트)	$-2^{15} \sim 2^{15} - 1$	0
int	32비트(4바이트)	$-2^{31} \sim 2^{31} - 1$	0
long	64비트(8바이트)	$-2^{63} \sim 2^{63} - 1$	0L
float	32비트(4바이트)	$\pm(1.4 \times 10^{-45} \sim 3.4 \times 10^{38})$	0.0F
double	64비트(8바이트)	$\pm(4.9 \times 10^{-324} \sim 1.8 \times 10^{308})$	0.0
char	16비트(2바이트)	유니코드 문자	null
boolean	8비트(1바이트)	true(1), false(0)	false
참조형	32비트(4바이트)	객체 주소로 범위를 지정할 수 없음	null

▎기본형

자바는 객체지향 언어로 기본형도 참조형처럼 객체로 다룰 수 있는 클래스를 제공한다. 참조형은 객체의 주소를 통해서 저장된 값을 사용하지만 기본형은 직접 메모리에 저장된 값을 직접 사용하기 때문에 보다 효율적이라고 할 수 있다. 자바에서는 가장 많이 사용되는 8개의 자료형에 대하여 실행의 효율성을 위하여 기본형을 제공하고 있다.

▎정수형

정수형 변수는 부호가 있는 정수를 저장할 때 사용하며 byte, short, int, long 등 네 가지 자료형을 사용할 수 있다. 자바는 기본적으로 모든 정수를 int형으로 다루지만 '10L'이나 '100L'처럼 숫자 상수의 뒤에 영대문자 'L'이나 영소문자 'l'을 붙이면 long형으로 다룰 수 있다.

표 2-9는 byte형으로 표현할 수 있는 정수의 예를 보여주고 있다. 1번과 2번예에서 보듯이 첫 번째 비트가 '0'이면 양수를 의미하고 3번과 4번처럼 첫 번째 비트가 '1'이면 음수를 의미한다. 자바에서는 음수를 표현할 때 2의 보수를 사용하기 때문에 3번예는 '-0'이 아닌 '-128'로 처리된다. 2의 보수 표현은 4번 예처럼 부호를 제외한 음수의 모든 비트를 반전한 후에 '1'을 더해서 실제 값을 계산할 수 있다.

표 2-9 byte형의 예

사용 예	자료의 표현	자료값
1번 예	64 32 16 8 4 2 1 0 1 1 1 1 1 1 1 부호 비트(+)	+127
2번 예	64 32 16 8 4 2 1 0 0 0 0 0 0 0 0 부호 비트(+)	+0
3번 예	64 32 16 8 4 2 1 0 0 0 0 0 0 0 0 부호 비트(−)	-128
4번 예 (2의 보수 변환 포함)	64 32 16 8 4 2 1 0 1 1 1 1 1 1 1 부호 비트(−) 모든 비트 토글 1 0 0 0 0 0 0 0 +1 1 0 0 0 0 0 0 1	-1

실수형

실수형 변수는 정밀도에 따라 float형이나 double형을 사용한다. 자바는 기본적으로 모든 실수 숫자 상수를 double형으로 다루지만 '3.14F'나 '99.99F'처럼 숫자 상수의 뒤에 영대문자 'F'나 영소문자 'f'를 붙이면 float 형으로 다룰 수 있다. 또한 실수는 소수점의 위치가 고정되어 있는지의 여부에 따라 고정소수점 실수와 부동소수점 실수로 구분한다. 고정소수점 실수는 0.25나 10.25F처럼 소수점의 위치가 고정되어 있는 실수를 의미하며 부동소수점 실수는 0.25E01이나 0.525e02처럼 0.25와 0.525의 고정소수점 부분과 E01, e02와 같이 소수점의 위치를 나타내는 지수 부분으로 구성된다. E01은 10^1, e02는 10^2을 의미한다.

문자형

문자형 변수를 선언할 때 char을 사용하며 문자형 변수에 저장되는 문자 상수는 표 2-10처럼 반드시 단일 이용부호(' ')에 포함되어 있어야 한다. 다음은 문자 상수의 예를 보여주고 있다.

표 2-10 문자 상수의 예

문자 상수	설명
'a'	영어 소문자 'a'
'가'	한글 '가'
'\t'	탭 문자
'\u0030'	유니코드 문자 '0'(숫자)

논리형

논리형 변수를 선언할 때 boolean을 사용하며 참(true)과 거짓(false)의 두 가지 논리 상수만 저장하기 때문에 1비트의 저장 공간만 있으면 충분하지만 메모리의 최소 지정 단위가 1바이트이기 때문에 1바이트의 크기를 갖는다.

참조형

참조형 변수는 그림 2-4처럼 객체의 자료가 저장된 메모리의 주소를 저장한다. 기본형 변수는 메모리에 저장된 자료에 직접 접근이 가능하지만 참조형 변수는 주소를 통해서 실제 값에 접근이 가능하다. 객체를 포함하여 배열과 문자열도 참조형 변수이다.

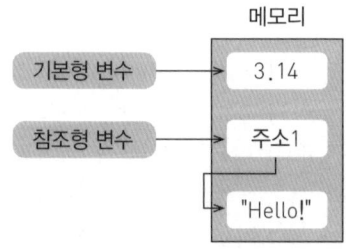

▲ 그림 2-4   기본형 변수와 참조형 변수

문자열

문자열 변수는 참조형의 한 종류이며 변수 선언할 때 String을 사용한다. 문자열 변수는 반드시 이중 인용 부호(" ")에 포함되어 있어야 한다. '+' 연산자를 이용하면 문자열을 연결할 수 있다.

예제 2-2는 기본 자료형과 참조 자료형 변수를 생성하고 각 변수의 값을 출력하는 프로그램이다.

예제 2-2 · ProgramEx01.java

```
1   public class VariableEx01 {
2       public static void main(String args[]) {
3           byte b = 10;
4           short s = 100;
5           int i = 1000;
6           long l = 1000L;
7
8           float f = 3.14f;
9           double d = 3.141592;
10
11          char c1 = 'A';
12          char c2 = '\n';
13
14          boolean bool = true;
15
16          String s1 = "Hello ";
17          String s2 = "Everyone!";
18
19          i = i + s;
20          l = l + i;
21
22          System.out.println("정수형 b= "+ b +", s= "+ s+", i= "+ i+", l= "+ l);
23          System.out.println("실수형 f= "+ f+ ", d= "+ d);
24          System.out.println("문자형 c1= "+ c1+", c2= "+ c2);
25          System.out.println("논리형 bool="+ bool);
26          System.out.println("문자열은 "+ s1 + s2);
27      }
28  }
```

3-6번	• 네 개의 정수형 변수를 생성한다.
8-9번	• 두 개의 실수형 변수를 생성한다.
11-12번	• 두 개의 문자형 변수를 생성한다.
14번	• 논리형 변수를 생성한다.
16-17번	• 두 개의 문자열 변수를 생성한다.
19-20번	• 정수형 변수의 덧셈을 수행한다. 자료형은 자동으로 캐스팅된다.
22-25번	• 정수형, 실수형, 문자형, 논리형 변수를 출력한다.
26번	• 문자열을 연결한 결과를 출력한다.

실행 결과	정수형 b= 10, s= 100, i= 1100, l= 2100 실수형 f= 3.14, d= 3.141592 문자형 c1= A, c2= 논리형 bool=true 문자열은 Hello Everyone!

2.3 배열

　배열은 동일한 자료형을 가지는 자료들이 순차적으로 저장된 자료구조이다. 만약 표 2-11과 같이 동일한 자료형의 변수를 여러 개 사용한다면 변수 이름을 하나하나 지정하는 것이 번거롭고 기억하기도 어렵고 변수의 합을 구하려면 변수의 이름을 모두 적어주어야 하지만 배열을 사용하면 이러한 문제점들을 쉽게 해결할 수 있다. 이때 배열의 색인이 항상 0번부터 시작하고 양의 정수만 사용할 수 있다는 것을 주의해야 한다.

　배열은 1차원, 2차원, 3차원 이상의 고차원 배열 등을 모두 사용할 수 있지만 대부분의 프로그램은 1차원과 2차원 배열만 사용해도 구현이 가능하다. 배열은 참조형이기 때문에 아래의 사용 예처럼 배열 a에는 메모리의 특정 주소값이 저장된다. 즉, 배열 a는 배열 변수를 저장하고 있는 메모리의 특정 주소를 가르킨다. 자바에서 배열은 객체로 정의되어 필드와 메소드를 가진다. 배열의 length 필드는 배열의 크기를 저장하고 있다. 1차원 배열은 아래 사용 예와 같이 세 가지 방법으로 생성할 수 있다. 첫 번째 방법은 먼저 배열 변수를 선언한 후에 배열을 생성하는 것이고 두 번째 방법은 선언과 생성을 동시에 처리하는 것이고 세 번째 방법은 초기값을 지정해서 생성하는 것이다. 세 방법 모두 a.length 필드를 참조하면 배열 a의 크기인 3을 확인할 수 있다. 배열 a의 메모리 구조를 보면 그림 2-5와 같다.

표 2-11 변수와 배열의 비교

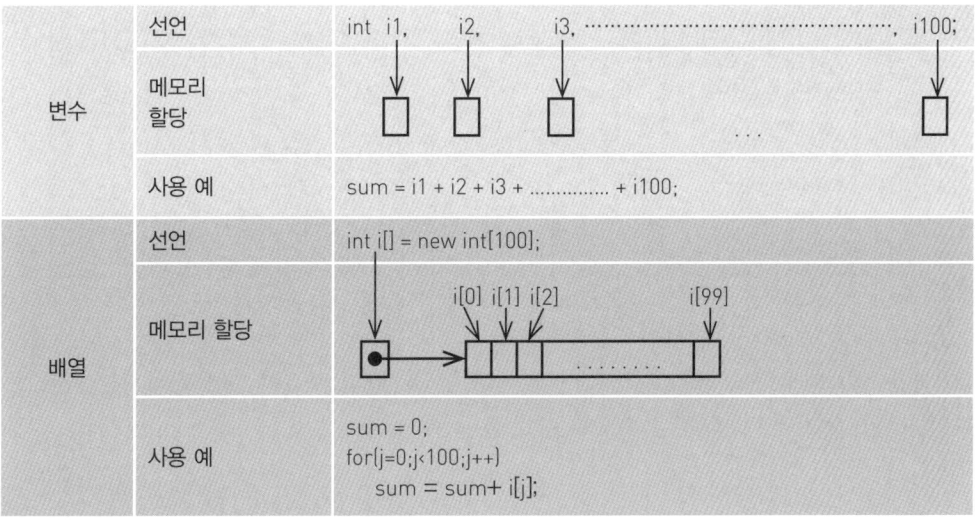

변수	선언	int i1, i2, i3, ······································, i100;
	메모리 할당	
	사용 예	sum = i1 + i2 + i3 + ·············· + i100;
배열	선언	int i[] = new int[100];
	메모리 할당	

	사용 예	sum = 0;
		for(j=0;j<100;j++)
		    sum = sum+ i[j];

1차원 배열 사용 예

```
int[] a; 또는 int a[];
a = new int[3];          // 첫 번째 방법


int[] a = new int[3];
또는 int a[] = new int[3]    // 두 번째 방법


int a[] = { 1, 2, 3 };    // 세 번째 방법
```

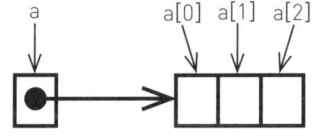

▲ **그림 2-5**   배열 a의 메모리 구조

　2차원 배열도 아래 사용 예와 같이 선언과 생성을 분리하거나 동시에 생성할 수도 있고 초기값을 지정하여 생성할 수도 있다. 세 방법 모두 b.length를 참조하면 2차원 배열의 행의 개수인 3을 확인할 수 있다. b[0].length를 참조하면 첫 번째 행의 크기인 2를 확인할 수 있다.

```
2차원 배열 사용 예
int[][] b; 또는 int b[][];
b = new int[3][2];                      // 첫 번째 방법


int[][] b = new int[3][2];
또는 int b[][] = new int[3][2];          // 두 번째 방법

int b[][] = {{1, 2}, {3, 4}, {5, 6}};   // 세 번째 방법
```

배열 b의 메모리 구조를 보면 그림 2-6처럼 각 행의 자료가 저장되어 있는 주소를 b[0], b[1], b[2]에 다시 한 번 저장하는 것을 알 수 있다.

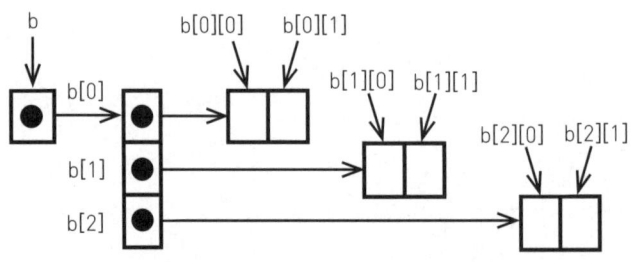

▲ 그림 2-6   배열 b의 메모리 구조

예제 2-3은 2차원 배열을 이용하여 구구단을 출력하는 프로그램으로 먼저 2차원 배열을 생성한 후 각각의 공간에 구구단의 결과값을 저장하고 다시 그 내용을 출력한다.

예제 2-3 · ArrayEx01.java

```
1   public class ArrayEx01 {
2      public static void main(String[] args){
3         int[][] gugudan = new int[8][9];
4         int i, j;
5
6         for (i=0; i<9; i++){
7            for(j=0;j<gugudan.length; j++)
8               gugudan[j][i]=(i+1)*(j+2);
```

```
9          }
10       for (i=0; i<9; i++){
11          for(j=0;j<gugudan.length; j++){
12             System.out.print("\t"+(j+2) + "*"+(i+1)+"="+gugudan[j][i]);
13          }
14          System.out.println();
15       }
16    }
17 }
```

3번	• 구구단을 저장할 8행 9열의 2차원 배열을 생성한다.
4번	• 반복문에 사용할 두 개의 변수를 선언한다.
6-9번	• 이차원 배열에 구구단의 값을 저장한다.
10-15번	• 이차원 배열에 저장된 구구단을 출력한다.

실행 결과	2*1=2 3*1=3 4*1=4 5*1=5 6*1=6 7*1=7 8*1=8 9*1=9 2*2=4 3*2=6 4*2=8 5*2=10 6*2=12 7*2=14 8*2=16 9*2=18 2*3=6 3*3=9 4*3=12 5*3=15 6*3=18 7*3=21 8*3=24 9*3=27 2*4=8 3*4=12 4*4=16 5*4=20 6*4=24 7*4=28 8*4=32 9*4=36 2*5=10 3*5=15 4*5=20 5*5=25 6*5=30 7*5=35 8*5=40 9*5=45 2*6=12 3*6=18 4*6=24 5*6=30 6*6=36 7*6=42 8*6=48 9*6=54 2*7=14 3*7=21 4*7=28 5*7=35 6*7=42 7*7=49 8*7=56 9*7=63 2*8=16 3*8=24 4*8=32 5*8=40 6*8=48 7*8=56 8*8=64 9*8=72 2*9=18 3*9=27 4*9=36 5*9=45 6*9=54 7*9=63 8*9=72 9*9=81

2차원 배열의 경우에 아래 사용 예처럼 각 행마다 열의 크기가 다른 배열도 사용할 수 있다. 이 경우에 메모리 구조는 그림 2-7과 같다.

2차원 배열 사용 예
```
int a[][] = {{1, 2}, {3, 4, 5}, {6, 7, 8, 9}};
```

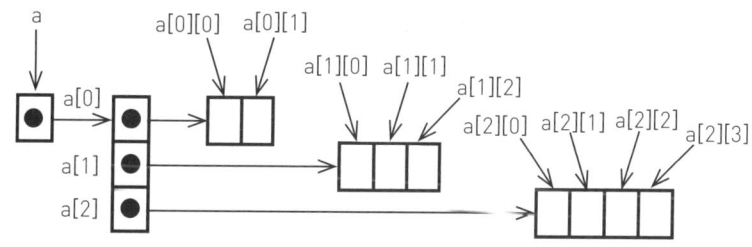

▲ 그림 2-7   열의 크기가 다른 배열

2.4 연산자

연산자(Operator)는 컴파일러에 산술 연산, 증감 연산, 논리 연산 등을 수행하도록 지시 하는 기호이고 이러한 연산자의 작용을 받는 것을 피연산자(Operand)라고 한다. 예를 들면 'i + j'에서 '+'는 연산자이고 'i', 와 'j'는 피연산자이다. 자바에서 지원하는 연산자의 종류와 기호는 표 2-12와 같다.

표 2-12 자바의 연산자

구분	연산자
부호 연산자	+ -
증감 연산자	++ --
형변환 연산자	(자료형)
산술 연산자	+ - * / %
비트이동 연산자	<< >> >>>
비교 연산자	== != < <= > >=
형검사 연산자	instanceof
비트 연산자	& | ^ ~
논리 연산자	&& || !
조건 연산자	? :
대입 연산자	= += -= *= /= %= &= |= ^= <<= >>= >>>=

만약 하나의 연산식에 여러 개의 연산자가 있으면 우선순위가 높은 연산자를 먼저 처 리한다. 우선순위가 같은 연산자는 연산방향에 따라 차례대로 처리한다. 자바에서 제공 하는 연산자와 우선순위와 연산방향은 표 2-13과 같다. 우선순위는 1이 제일 높고 숫자 가 커질수록 우선순위는 낮아진다.

표 2-13 연산자의 우선순위

우선 순위	연산자	연산방향
1	++ -- + - ~ ! (자료형)	←
2	* / %	→
3	+ -	→
4	<< >> >>>	→
5	< > <= >= instanceof	→
6	== !=	→
7	&	→
8	^	→
9	|	→
10	&&	→
11	||	→
12	? :	→
13	= += -= *= /= %= &= |= ^= <<= >>= >>>=	←

▌증감 연산자

피연산자가 하나뿐인 단항 연산자로 표 2-14와 같이 변수의 값을 증가시키거나 감소시키는 연산자이다.

표 2-14 증감 연산자

구분	연산자	설명
전위형	i++	변수 i를 사용한 후에 i의 값을 1 증가시킨다.
	i--	변수 i를 사용한 후에 i의 값을 1 감소시킨다.
후위형	++i	먼저 i의 값을 1 증가시킨 후에 변수 i를 사용한다.
	--i	먼저 i의 값을 1 감소시킨 후에 변수 i를 사용한다.

예제 2-4는 증감 연산자를 이용하여 변수의 값을 변경한 후 그 결과를 출력하는 프로 그램으로 전위형 증감연산자를 먼저 사용하고 그 다음에 후위형 증감연산자를 사용한다.

 2-4 · OperatorEx01.java

```
1   public class OperatorEx01 {
2       public static void main(String[] args){
3           int i = 1;
4           int j = i++;
5           int k = i--;
6
7           int x = 1;
8           int y = ++x;
9           int z = --x;
10
11          System.out.println("i = "+i+", j = "+j+", k = "+k);
12          System.out.println("x = "+x+", y = "+y+", z = "+z);
13      }
14  }
```

4번	• j=i, i=i+1의 의미로 먼저 변수를 사용한 후에 값을 증가시킨다.
5번	• k=i, i=i-1의 의미로 먼저 변수를 사용한 후에 값을 감소시킨다.
8번	• x=x+1, y=x의 의미로 먼저 값을 증가시킨 후에 변수를 사용한다.
9번	• x=x-1, z=x의 의미로 먼저 값을 감소시킨 후에 변수를 사용한다.
11번	• 후위형 증감 연산자 사용결과를 출력한다.
12번	• 전위형 증감 연산자 사용결과를 출력한다.

실행 결과	i = 1, j = 1, k = 2 x = 1, y = 2, z = 1

▌산술 연산자

피연산자가 두 개인 이항 연산자로 수식을 계산하기 위해 사용하는 연산자이다. 표 2-15와 같이 덧셈(+), 뺄셈(−), 곱셈(*), 나눗셈(/), 나머지(%) 연산자가 있으며 나머지 연산자는 나눗셈을 하고 남은 나머지 값을 반환한다.

표 2-15 산술 연산자

수식	설명
i + j	변수 i의 값에 변수 j의 값을 더한 결과를 반환한다.
i - j	변수 i의 값에서 변수 j의 값을 뺀 결과를 반환한다.
i * j	변수 i의 값에 변수 j의 값을 곱한 결과를 반환한다.
i / j	변수 i의 값을 변수 j의 값으로 나눈 결과를 반환한다.
i % j	변수 i의 값을 변수 j의 값으로 나눈 나머지를 반환한다.

예제 2-5는 산술 연산자를 이용하여 수식을 계산하고 그 결과를 출력하는 프로그램이다.

예제 **2-5** · OperatorEx02.java

```
1  public class OperatorEx02 {
2     public static void main(String[] args){
3        int i = 100;
4        int j = 23;
5
6        System.out.println("i + j = "+(i+j)+", i - j = "+(i-j));
7        System.out.println("i * j = "+(i*j)+", i / j = "+(i/j));
8        System.out.println("i % j = "+(i%j));
9     }
10 }
```

6번 7번 8번	• 두 변수의 덧셈, 뺄셈 결과를 출력한다. • 두 변수의 곱셈, 나눗셈 결과를 출력한다. • 두 변수의 나머지 연산 결과를 출력한다. 연산 결과 몫이 4, 나머지가 8이므로 8이 반환된다.
실행 결과	i + j = 123, i - j = 77 i * j = 2300, i / j = 4 i % j = 8

▌ 비트이동 연산자

비트이동(Shift) 연산자는 오른쪽 피연산자가 지정한 자리만큼 왼쪽 피연산자의 메모리 비트들을 왼쪽이나 오른쪽으로 이동시킨다. 아래의 사용 예에서 첫 번째 예는 변수 a 또는 숫자 상수 a의 각 비트를 숫자 b만큼 왼쪽으로 이동시키고 오른쪽의 빈자리는 0으로 채운다. 이 경우에 한 비트 이동할 때마다 2를 곱한 것과 같다. 두 번째 예는 각 비트를 숫자 b

만큼 오른쪽으로 이동시키되 부호를 유지하기 위해 빈자리를 부호비트로 채운다. 이 경우에 한 비트 이동할 때마다 2로 나눈 것과 같다. 세 번째 예는 부호에 상관없이 빈자리를 0으로 채운다.

그림 2-8은 변수 a에 임의의 숫자를 저장한 후 세 가지 비트이동 연산을 수행할 때 메모리의 구조를 보여준다.

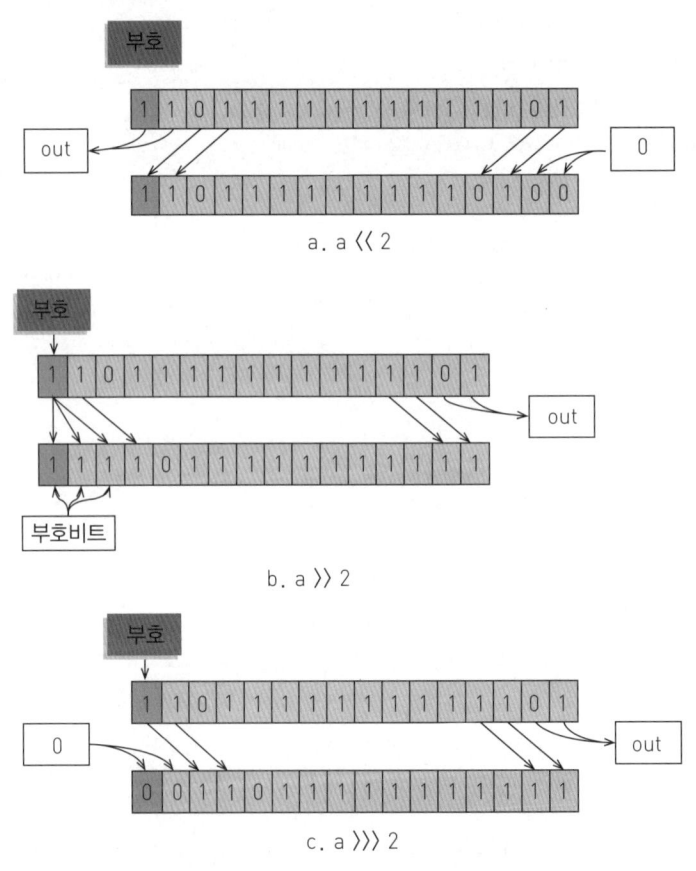

▲ 그림 2-8 비트이동 연산의 예

예제 2-6은 비트이동 연산자를 이용하여 수식을 계산하고 그 결과를 출력하는 프로그램이다. 실행 결과를 보면 알 수 있듯이 비트이동 연산 a≪b는 $a*2^b$와 같고 a≫b는 $a/2^b$과 같다.

 2-6 · OperatorEx03java

```
1   public class OperatorEx03 {
2      public static void main(String[] args){
3         int i = 8;
4         int j = -8;
5
6         System.out.println("i = "+i+", j = "+j);
7         System.out.println("i << 2 = "+ ( i << 2 )
8            +"\t j << 2 = "+ ( j << 2 ));
9         System.out.println("i >> 2 = "+ ( i >> 2 )
10           +"\t j >> 2 = "+ ( j >> 2 ));
11        System.out.println("i >>> 2 = "+ ( i >>> 2 )
12           +"\t j >>> 2 = "+ ( j >>> 2 ));
13     }
14  }
```

7-8번	• 두 변수의 값을 왼쪽으로 2비트 이동한 결과를 출력한다. 이 결과는 두 변수의 값에 2^2 즉, 4을 곱한 결과와 같다.
9-10번	• 두 변수의 값을 오른쪽으로 2비트 이동한 결과를 출력한다. 이 결과는 두 변수의 값에 2^2 즉, 4을 나눈 결과와 같다.
11-12번	• 두 변수의 값을 오른쪽으로 2비트 이동한 결과를 출력한다.

실행 결과	i = 8, j = -8 i << 2 = 32 j << 2 = -32 i >> 2 = 2 j >> 2 = -2 i >>> 2 = 2 j >>> 2 = 1073741822

비교 연산자

비교 연산자는 이항 연산자로 표 2-16과 같이 피연산자의 대소 관계를 비교한 후에 논리 상수인 true나 false를 반환하는 연산자이다.

표 2-16 비교 연산자

수식	설명
i == j	i와 j가 같으면 true를 반환한다.
i != j	i와 j가 다르면 true를 반환한다.
i < j	i가 j보다 작으면 true를 반환한다.
i <= j	i가 j보다 작거나 같으면 true를 반환한다.
i > j	i가 j보다 크면 true를 반환한다.
i > = j	i가 j보다 크거나 같으면 true를 반환한다.

예제 2-7은 비교 연산자를 이용하여 두 변수의 값을 비교한 후 그 결과를 출력하는 프로그램이다.

예제 2-7 · OperatorEx04.java

```
1  public class OperatorEx04 {
2    public static void main(String[] args){
3      int i=10, j=20;
4        System.out.println("\'i == j\'의 결과는 "+ ( i==j ));
5        System.out.println("\'i != j\'의 결과는 "+ ( i!=j ));
6        System.out.println("\'i < j\'의 결과는 "+ ( i<j ));
7        System.out.println("\'i <= j\'의 결과는 "+ ( i<=j ));
8        System.out.println("\'i > j\'의 결과는 "+ ( i>j ));
9        System.out.println("\'i >= j\'의 결과는 "+ ( i>=j ));
10   }
11 }
```

4-9번	• 두 변수의 상등, 대소 관계를 비교한 후 그 결과를 출력한다.
실행 결과	'i == j'의 결과는 false 'i != j'의 결과는 true 'i < j'의 결과는 true 'i <= j'의 결과는 true 'i > j'의 결과는 false 'i >= j'의 결과는 false

▮ 비트 연산자

비트 연산자는 표 2-17과 같이 피연산자의 비트와 비트 간에 이루어지는 네 종류의 연산 즉, AND 연산, OR 연산, XOR 연산, 보수 연산을 수행한다.

표 2-17 비트 연산자

수식	설명
i & j	피연산자 i와 j의 대응 비트가 모두 1이면 1, 그렇지 않으면 0을 반환한다.
i ǀ j	피연산자 i와 j의 대응 비트가 하나라도 1이면 1, 그렇지 않으면 0을 반환한다.
i ^ j	피연산자 i와 j의 대응 비트가 서로 다르면 1, 같으면 0을 반환한다.
~i	1의 보수 연산으로 피연산자 i의 각 비트를 1이면 0, 0이면 1로 변경한다.

표 2-18 비트 연산자의 진리표

i	j	i & j	i ǀ j	i ^ j	~i
0	0	0	0	0	1
0	1	0	1	1	1
1	0	0	1	1	0
1	1	1	1	0	0

그림 2-9는 두 개의 변수에 -8195와 -12를 저장한 후 네 가지 비트 연산을 수행할 때 메모리의 구조를 보여준다.

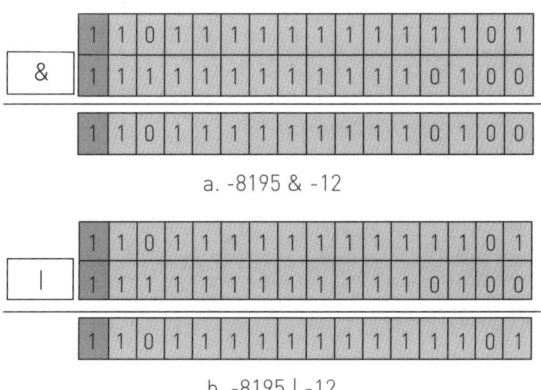

a. -8195 & -12

b. -8195 ǀ -12

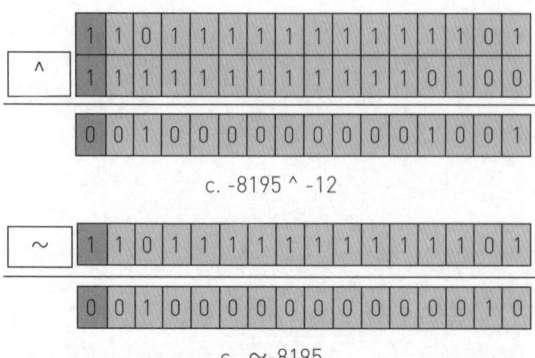

c. -8195 ^ -12

| ~ | 1 | 1 | 0 | 1 | 1 | 1 | 1 | 1 | 1 | 1 | 1 | 1 | 1 | 1 | 0 | 1 |

| 0 | 0 | 1 | 0 | 0 | 0 | 0 | 0 | 0 | 0 | 0 | 0 | 0 | 0 | 1 | 0 |

c. ~-8195

▲ 그림 2-9   비트 연산의 예

예제 2-8은 비트 연산자를 이용하여 두 변수의 값에 대하여 비트 연산을 수행한 후 그 결과를 출력하는 프로그램이다.

예제 2-8 · OperatorEx04.java

```
1  public class OperatorEx05 {
2     public static void main(String[] args){
3        int i = -8195, j = -12;
4
5        System.out.println("i = "+i+", j = "+j);
6        System.out.println("i & j = "+ ( i & j ));
7        System.out.println("i | j = "+ ( i | j ));
8        System.out.println("i ^ j = "+ ( i ^ j ));
9        System.out.println("~i = "+ ( ~i ));
10   }
11 }
```

6-9번	· 두 변수에 대하여 네 가지 비트 연산을 수행한 결과를 출력한다.
실행 결과	i = -8195, j = -12 i & j = -8204 i | j = -3 i ^ j = 8201 ~i = 8194

▍논리 연산자

논리 연산자는 피연산자의 논리값을 이용하여 연산한 결과를 표 2-19와 같이 논리 상
수인 true나 false로 반환하는 연산자이다.

표 2-19 논리연산자

수식	설명
a&&b	a와 b가 모두 true이면 true를 반환한다.
a||b	a와 b 중 하나라도 true이면 true를 반환한다.
!a	a의 논리 상수를 반대 값으로 전환한다.

예제 2-9는 논리 연산자를 기준으로 좌우의 논리값을 비교한 후 그 결과를 출력하는
프로그램이다.

예제 2-9 · OperatorEx04.java

```
1  public class OperatorEx06 {
2      public static void main(String[] args){
3          int i=10, j=20;
4          System.out.println("\'i == j\'의 결과는 "+ ( i==j ));
5          System.out.println("\'i != j\'의 결과는 "+ ( i!=j ));
6          System.out.println("\'i < j\'의 결과는 "+ ( i<j ));
7          System.out.println("\'i <= j\'의 결과는 "+ ( i<=j ));
8          System.out.println("\'i > j\'의 결과는 "+ ( i>j ));
9          System.out.println("\'i >= j\'의 결과는 "+ ( i>=j ));
10     }
11 }
```

4-9번	• 두 변수의 상등, 대소 관계를 비교한 후 그 결과를 출력한다.

실행 결과	'i == j'의 결과는 false 'i != j'의 결과는 true 'i < j'의 결과는 true 'i <= j'의 결과는 true 'i > j'의 결과는 false 'i >= j'의 결과는 false

조건 연산자

조건 연산자는 피연산자가 세 개여서 삼항 연산자라고도 하며 조건식의 결과에 따라 서로 다른 피연산자가 반환된다. 아래 사용 예에서 조건식이 참이면 문장1이 반환되고 조건식이 거짓이면 문장2가 반환된다.

조건 연산자 사용 예

```
조건식 ? 문장1; 문장2;
```

예제 2-10은 조건 연산자를 이용하여 주어진 두 수 중에서 큰 수와 작은 수를 출력하는 프로그램이다.

예제 2-10 · OperatorEx05.java

```java
1  public class OperatorEx07 {
2     public static void main(String[] args){
3        int i = 20, j = 30;
4
5        System.out.println("i = "+i+", j = "+j);
6        System.out.println("큰 수는 "+( ( i > j )? i: j ));
7        System.out.println("작은 수는 "+( ( i < j )? i: j ));
8     }
9  }
```

6번	• 조건 연산자를 이용하여 두 수 중에서 큰 수를 출력한다.
7번	• 조건 연산자를 이용하여 두 수 중에서 작은 수를 출력한다.

실행 결과	i= 20, j = 30 큰 수는 30 작은 수는 20

┃ 대입 연산자

대입 연산자는 이항 연산자로 대입 연산자를 기준으로 오른쪽 수식의 결과 값을 왼쪽의 변수에 대입 즉, 저장하는 연산자이다. 표 2-20과 같이 대입 연산자를 활용하면 수식을 간단하게 정리할 수 있다.

표 2-20 수식의 간단한 표현

수식	간단한 표현	수식	간단한 표현
i = i + 1	i += 1	i = i | 1	i |= 1
i = i - 1	i -= 1	i = i ^ 1	i ^= 1
i = i * 1	i *= 1	i = i << 1	i <<= 1
i = i / 1	i /= 1	i = i >> 1	i >>= 1
i = i % 1	i %= 1	i = i >>> 1	i >>>= 1
i = i & 1	i &= 1	-	-

●●● **요약** ●●●

- 자바 프로그램은 주석(comment)과 문장(statement)으로 구성된다.

- 주석은 프로그램에 대한 설명으로 적절하게 사용하면 프로그램을 이해하는 데 많은 도움이 된다.

- 문장은 자바 프로그램에서 수행 가능한 기본 단위로 예약어(keyword), 식별자(identifier), 연산자(operator), 상수(literal) 등으로 구성되며 세미콜론(;)으로 종료한다.

- 블록은 세미콜론을 사용하지 않고 중괄호('{')로 시작해서 중괄호('}')로 종료한다.

- 예약어(Keyword)

  기능을 미리 정해 놓은 단어를 의미하며 프로그램에서 수행할 기능이 미리 정해져 있기 때문에 식별자로 사용할 수 없다.

- 식별자(identifiers)

  자바 컴파일러가 개개의 클래스, 객체, 변수, 메소드 등을 식별할 수 있도록 만든 고유한 이름을 의미한다.

- 연산자(Operator)

  컴파일러에 산술연산, 증감연산, 논리연산 등을 수행하도록 지시하는 기호이다.

  연산자의 작용을 받는 것을 피연산자(Operand)라고 한다.

  하나의 수식에 여러 개의 연산자가 있으면 우선 순위가 높은 연산자를 먼저 처리한다. 우선 순위가 같은 연산자는 연산방향에 따라 차례대로 처리한다.

- 상수(Literal)

  변수에 저장되는 값을 의미하며 정수, 실수, 논리, 문자, 문자열 등이 사용 가능하고 기본적으로 변수의 자료형과 일치해야 한다.

- 유니코드(Unicode)

  컴퓨터에서 전 세계의 언어를 통일된 방법으로 표현할 수 있도록 국제표준으로 제정한 2바이트의 국제적인 문자부호 체계(UCS : Universal Code System)를 말한다.

- 특수문자

  문자열 안에서 역슬래시('\')와 함께 사용되는 문자를 의미하며 줄 바꾸기, 탭 등의 특수문자를 이용하면 출력 결과를 보기 좋게 정리할 수 있다.

- 자료형(Data Type)

  변수의 유형 즉, 저장할 수 있는 값의 종류와 범위를 정의하는 것으로 기본형(primitive type) 8개와 참조형(reference type)으로 구분한다.

- 참조형은 객체의 주소를 통해서 저장된 값을 사용하지만 기본형은 직접 메모리에 저장된 값을 직접 사용하기 때문에 참조형보다 효율적이다. 자바에서는 가장 많이 사용되는 8개의 자료형에 대하여 실행의 효율성을 위하여 기본형을 제공한다.

- 배열은 동일한 자료형을 가지는 자료들이 순차적으로 저장된 자료구조로 배열의 색인은 항상 0번부터 시작하고 양의 정수만 사용할 수 있다.

●●● 연습문제 ●●●

1. 프로그램의 구조에 대하여 설명하여라.

2. 자바의 문장에 대하여 설명하여라.

3. 자바의 예약어에 대하여 설명하여라.

4. 자바의 식별자에 대하여 설명하여라.

5. 자바의 상수에 대하여 설명하여라.

6. 자바의 특수문자에 대하여 설명하여라.

7. 자바의 자료형에 대하여 설명하여라.

8. 기본형 변수와 참조형 변수의 차이점을 메모리 구조를 이용하여 설명하여라.

9. 자바의 배열에 대하여 설명하여라.

10. 자바의 연산자에 대하여 설명하여라.

11. 자바의 비트이동 연산자에 대하여 설명하여라.

12. 다음 예제의 빈칸을 채워 프로그램을 완성하여라.

ArrayEx01.java

```
1  public class ArrayEx01 {
2      public static void main(String[] args){
3          int[][] gugudan = new _____;
4          int i, j;
5
6          for (_____; _____; i++){
7              for(j=0;j<gugudan.length; j++)
8                  gugudan[j][i]=_____;
9          }
10         for (_____; _____; i++){
11             for(j=0;j<gugudan.length; j++){
12                 System.out.print("\t"+(j+2) + "*"+(i+1)+"="+_____);
13             }
14             System.out.println();
15         }
16     }
17 }
```

03

제어문과 예외처리

학습 목표

- 제어문의 개념과 종류를 이해한다.
- 조건문, 반복문, 분기문의 개념과 종류 그리고 사용방법을 배운다.
- 에러와 예외의 개념을 이해한다.
- 예외처리의 두 가지 방법을 이해하고 사용방법을 배운다.

제어문이란 프로그램이 실행되는 과정에 여러 가지 문장 중에서 특정 문장을 선택적으로 실행하거나, 특정 문장을 반복 실행하거나 건너뛰게 하는 것과 관련된 문장을 의미한다. 자바에서는 주로 조건문, 반복문, 분기문 등을 사용한다. 제어문은 자바 프로그램을 효율적으로 작성하는 데 매우 중요하게 사용된다.

조건문

조건문은 조건식의 결과에 따라 선택된 문장을 수행하기 때문에 선택문이라고도 한다. 조건문에는 if문과 switch문이 있다.

▌if문

if문은 조건식의 결과에 따라 주어진 문장을 선택하여 실행하며 if문의 기본 문법과 제어의 흐름은 표 3-1과 같다. 실행할 문장이 하나뿐이라면 괄호({})를 생략할 수 있다.

표 3-1 if문

문법	제어의 흐름	설명

if (조건식) {
  문장;
}
	조건식
	true
	문장
	false
		주어진 조건식이 참(true)이면 '문장'을 실행하고 if 문을 종료한다. 조건식이 거짓(false)이면 즉시 if문을 종료한다.

if (조건식) {
  문장_1;
} else {
  문장_2;
}
	조건식
	true false
	문장_1 문장_2
		주어진 조건식이 참(true)이면 '문장_1'을 실행하고 if 문을 종료한다. 조건식이 거짓(false)이면 '문장_2'를 실행하고 if 문을 종료한다.

예제 3-1은 if문을 사용하여 축구를 좋아하는지 싫어하는지를 출력하는 프로그램이다. 이 프로그램은 'args[0]' 즉, 명령행 매개변수를 사용한다. 프로그램을 실행할 때 명령

행 매개변수를 전달하려면 그림 3-1처럼 'Run Configurations...' 메뉴를 선택한 후 명령
행 매개변수의 값을 입력하면 된다.

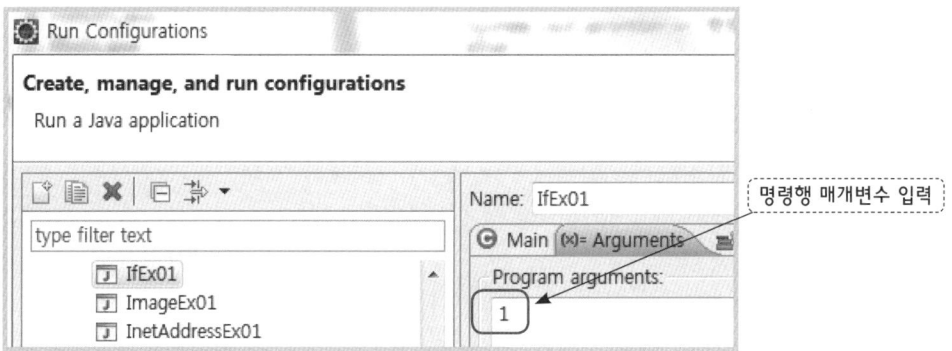

▲ 그림 3-1 명령행 매개변수 사용

예제 3-1 · IfEx01.java

```
1  public class IfEx01 {
2      public static void main(String[] args){
3          int i = Integer.parseInt(args[0]);
4
5          System.out.println("축구를 좋아하면 1번을 선택하세요.");
6          System.out.println("------------------------------------");
7
8          if(i==1){
9              System.out.println(i+"번을 선택한 당신은 축구를 좋아합니다.");
10         } else {
11             System.out.println(i+"번을 선택한 당신은 축구를 싫어합니다.");
12         }
13     }
14 }
```

3번	• 명령행 매개변수를 전달받아 int형으로 변환한 후 저장한다. 명령행 매개변수는 자료형에 관계없이 String형으로 전달된다.
5번	• 화면에 메시지를 출력한다.
8-9번	• 비교 연산자(==)를 이용하여 사용자가 1을 입력한 경우에 해당하는 메시지를 출력한다.
10-11번	• 사용자가 1을 입력하지 않은 경우에 해당하는 메시지를 출력한다.

| 실행 결과 | 축구를 좋아하면 1번, 싫어하는 2번을 선택하세요.

1번을 선택한 당신은 축구를 좋아합니다. |

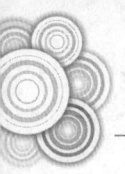

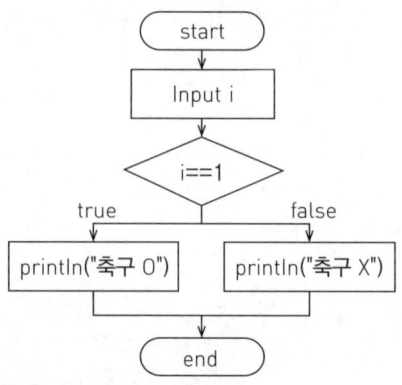

▲ **그림 3-2** 예제 3.1의 순서도

다중 if문은 if문 안에 또 다른 if문을 사용하는 제어문을 의미한다. 그림3-3은 다중 if 문을 사용하여 사용자가 입력한 점수 i를 'A', 'B', 'C', 'D', 'F' 등급으로 구분하는 순서도 (Flow Chart)이다.

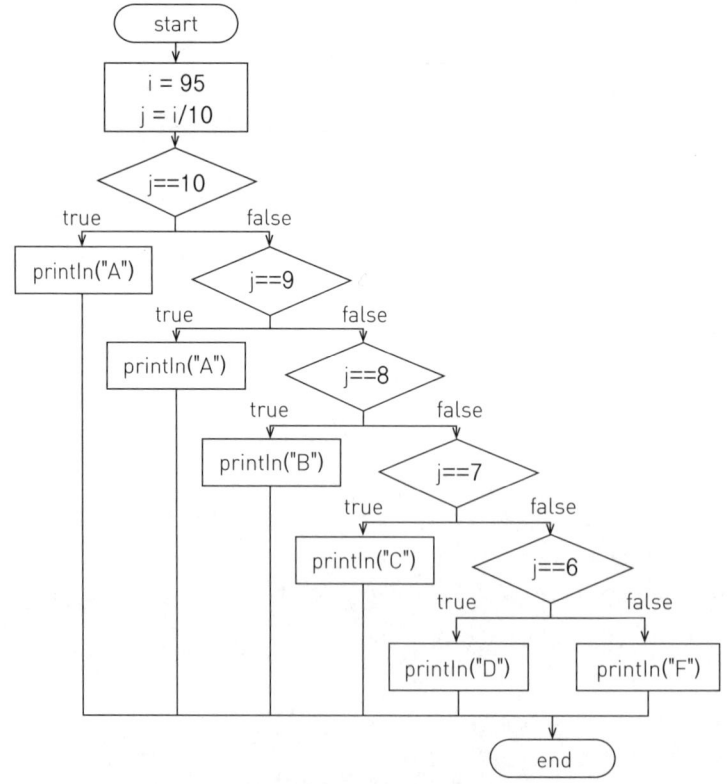

▲ **그림 3-3** 다중 if문의 예

예제 3-2는 위의 순서도를 구현한 프로그램으로 사용자가 입력한 점수 i를 10으로 나누어 정수 부분만 j에 저장한다. 만약 점수가 90점 이상이라면 j는 9나 10이 되어 'A', 80점 이상이면 8이 되어 'B', 70점 이상이면 7이 되어 'C', 60점 이상이면 6이 되어 'D'이 된다. 그 외에는 60점 미만으로 'F'가 된다.

 3-2 · IfEx01.java

```
1   public class IfEx02 {
2       public static void main(String[] args){
3           int i = 95;
4           int j = i/10;
5
6           if(j==10) System.out.println(i+"점은 A입니다.");
7           else if(j==9) System.out.println(i+"점은 A입니다.");
8           else if(j==8) System.out.println(i+"점은 B입니다.");
9           else if(j==7) System.out.println(i+"점은 C입니다.");
10          else if(j==6) System.out.println(i+"점은 D입니다.");
11          else System.out.println(i+"점은 F입니다.");
12      }
13  }
```

3번 4번 6-11번	• 사용자가 입력한 점수를 변수 i에 저장한다. • 점수를 10으로 나누어 변수 j에 저장한다. • j의 값을 숫자 상수와 비교하여 등급을 출력한다.
실행결과	95점은 A입니다.

switch문

다중 if문을 사용하면 프로그램의 구조가 복잡해지고 각각의 조건식을 하나하나 계산해야 하므로 실행속도도 느려진다. 이런 경우에 표 3-2와 같이 switch문을 사용하면 조건식을 한 번만 계산해도 되기 때문에 주어진 문장을 빠르게 처리할 수 있다. switch문의 조건식의 실행결과는 case문에서 상수로 사용하며 상수로는 int형과 char형만 사용할 수 있다.

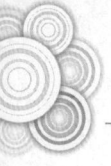

표 3-2 switch문

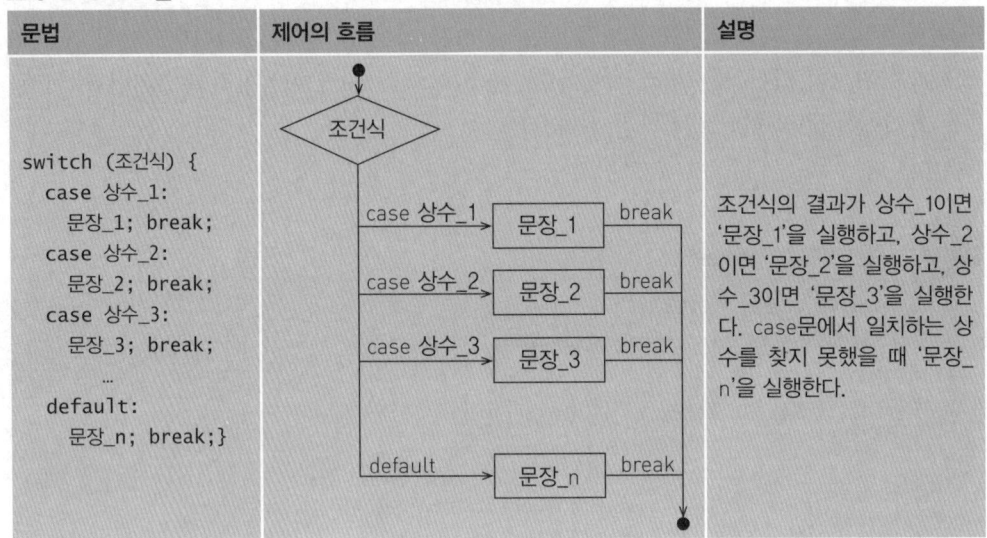

문법	제어의 흐름	설명
```switch (조건식) { case 상수_1: 문장_1; break; case 상수_2: 문장_2; break; case 상수_3: 문장_3; break; … default: 문장_n; break;}```	조건식 → case 상수_1 → 문장_1 → break / case 상수_2 → 문장_2 → break / case 상수_3 → 문장_3 → break / default → 문장_n → break	조건식의 결과가 상수_1이면 '문장_1'을 실행하고, 상수_2이면 '문장_2'을 실행하고, 상수_3이면 '문장_3'을 실행한다. case문에서 일치하는 상수를 찾지 못했을 때 '문장_n'을 실행한다.

조건식의 결과가 상수_1이면 '문장_1'을 실행하고, 상수_2이면 '문장_2'을 실행하고, 상수_3이면 '문장_3'을 실행한다. 각각의 case문은 break문을 만날 때까지 모든 문장을 실행하므로 case문의 흐름이 다음에 나오는 case문으로 넘어가지 않게 하려면 반드시 break문을 사용해야 한다. default문에는 case문에서 해당하는 상수를 찾지 못했을 때 실행할 문장을 기술한다.

예제 3-3은 예제 3-2를 switch문으로 수정하여 다시 작성한 프로그램이다. 조건식을 한번만 계산하기 때문에 다중 if문보다 실행속도가 빠르다.

예제 3-3 • SwitchEx01.java

```
1   public class SwitchEx01 {
2       public static void main(String[] args){
3           int i = 95;
4
5           switch(i/10) {
6               case 10:
7               case  9: System.out.println(i+"점은 A입니다."); break;
8               case  8: System.out.println(i+"점은 B입니다."); break;
9               case  7: System.out.println(i+"점은 C입니다."); break;
10              case  6: System.out.println(i+"점은 D입니다."); break;
11              default: System.out.println(i+"점은 F입니다."); break;
12          }
13      }
14  }
```

3번	• 사용자가 입력한 점수를 변수 i에 저장한다.
5번	• 점수를 10으로 나눈다.
6-11번	• 결과값과 일치하는 case문을 수행하여 등급을 출력한다.
실행결과	95점은 A입니다.

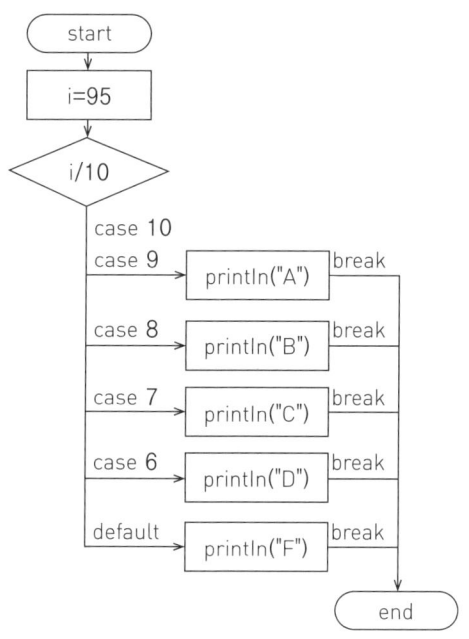

▲ 그림 3-4　예제 3-3의 순서도

반복문

반복문은 조건식의 결과가 참인 동안 주어진 문장을 반복적으로 실행하는 제어문으로 for문, while문, do-while문 등이 있다.

▎for문

for문은 표 3-3처럼 초기화문, 조건식, 증감식 문장으로 구성되며 조건식을 생략하면 true로 처리한다. 문장이 하나뿐이면 괄호({})를 생략할 수 있다.

표 3-3 for문

문법	제어의 흐름	설명

for(초기화문; 조건식; 증감식) {
　문장
}
	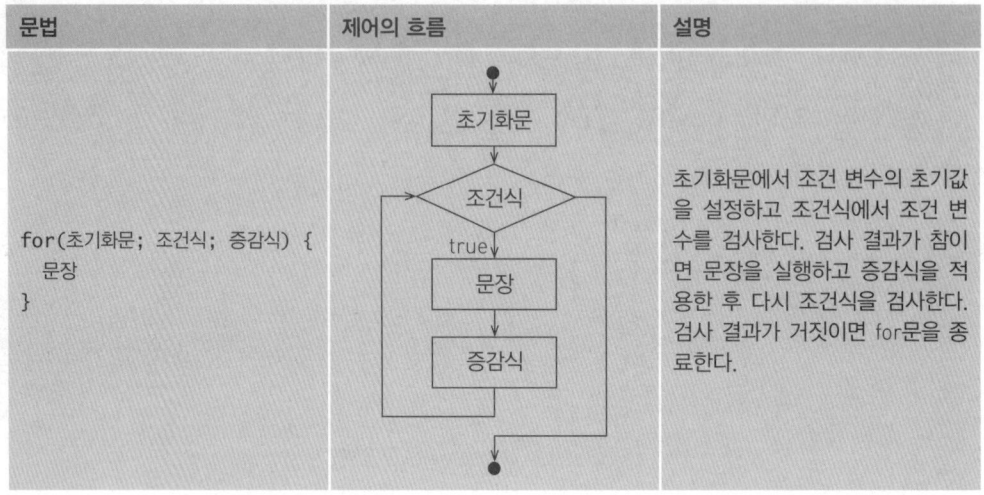	초기화문에서 조건 변수의 초기값을 설정하고 조건식에서 조건 변수를 검사한다. 검사 결과가 참이면 문장을 실행하고 증감식을 적용한 후 다시 조건식을 검사한다. 검사 결과가 거짓이면 for문을 종료한다.

　예제 3-4는 for문을 이용하여 1부터 100까지의 합을 구한 후 그 결과를 출력하는 프로그램이다.

예제 3-4 · ForEx01.java

```
1   public class ForEx01 {
2       public static void main(String[] args){
3           int sum = 0;
4           int i;
5
6           for(i=1; i<=10; i++){
7               System.out.print("sum = "+ sum+" " +i);
8               sum = sum+ i;
9               System.out.println(", sum = "+ sum);
10          }
11
12          System.out.println("1부터 "+(i-1)+" 까지의 합 : "+sum);
13      }
14  }
```

3번	• 1부터 100까지의 합을 저장할 변수를 초기화한다.
4번	• 조건 변수를 for문 내부에서 선언하면 for문 내부에서만 사용할 수 있다. 이 프로그램에서는 for문 외부 즉, 12번 문장에서 조건 변수를 사용하기 때문에 for문 외부에서 선언을 한다.
6-10번	• for문을 이용하여 1부터 100까지의 합을 구한다. 합을 구하는 과정을 화면에 출력한다.
12번	• 결과값을 출력한다.

실행 결과	sum = 0 + 1, sum = 1 sum = 1 + 2, sum = 3 sum = 3 + 3, sum = 6 sum = 6 + 4, sum = 10 sum = 10 + 5, sum = 15 sum = 15 + 6, sum = 21 sum = 21 + 7, sum = 28 sum = 28 + 8, sum = 36 sum = 36 + 9, sum = 45 sum = 45 + 10, sum = 55 1부터 10 까지의 합: 55

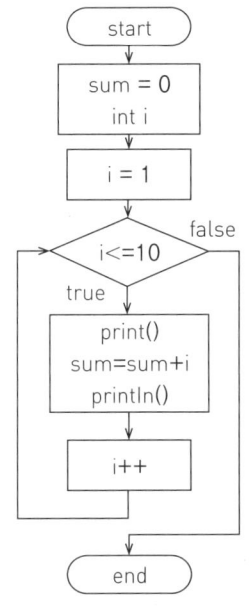

▲ **그림 3-5** 예제 3-4의 순서도

▌ while문

while문은 표 3-4처럼 조건식의 결과가 참인 동안 문장을 실행하는 제어문으로 문장이 하나뿐이면 괄호({})를 생략할 수 있다.

표 3-4 while문

문법	제어의 흐름	설명

while(조건식) {
　문장
}
	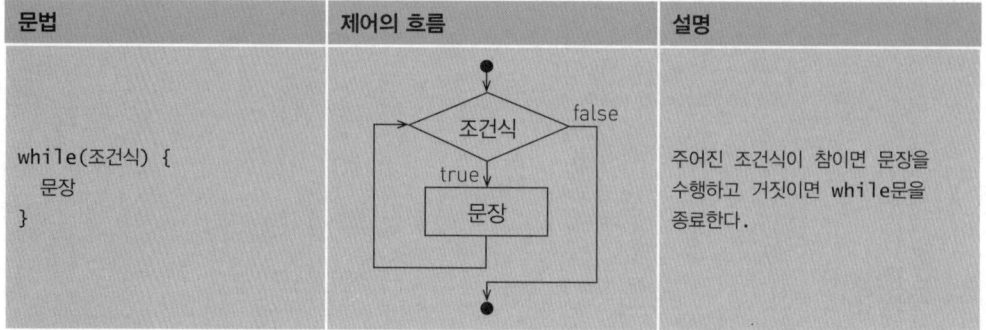	주어진 조건식이 참이면 문장을 수행하고 거짓이면 while문을 종료한다.

예제 3-5는 while문을 이용하여 원의 둘레와 넓이를 구하는 프로그램이다. 실수는 기본적으로 double형으로 처리되지만 이 프로그램에서는 소수점 이하 자리수를 줄이기 위해 float형으로 형변환 연산을 한다.

예제 3-5 · WhileEx01.java

```
1  public class WhileEx01 {
2      public static void main(String[] args){
3          int r = 1;
4
5          while(r<=10){
6              System.out.println("반지름이 "+r+"인 원의 둘레는 "+
7                  ((float)(2*Math.PI*r))+"이고 넓이는 "+((float)(Math.PI*r*r)));
8              r++;
9          }
10     }
11 }
```

3번 5-9번	• 원의 반지름을 저장할 변수 r을 초기화한다. • 원의 둘레($2\pi r$)와 넓이(πr^2)를 구한다. 결과값이 double형으로 계산되지만 float형으로 형변환을 한다.
실행 결과	반지름이 1인 원의 둘레는 6.2831855이고 넓이는 3.1415927 반지름이 2인 원의 둘레는 12.566371이고 넓이는 12.566371 반지름이 3인 원의 둘레는 18.849556이고 넓이는 28.274334 반지름이 4인 원의 둘레는 25.1327742이고 넓이는 50.265484 반지름이 5인 원의 둘레는 31.4159260이고 넓이는 78.53982 반지름이 6인 원의 둘레는 37.6991120이고 넓이는 113.097336 반지름이 7인 원의 둘레는 43.9822960이고 넓이는 153.93803 반지름이 8인 원의 둘레는 50.2654840이고 넓이는 201.06194 반지름이 9인 원의 둘레는 56.5486680이고 넓이는 254.46901 반지름이 10인 원의 둘레는 62.831852이고 넓이는 314.15927

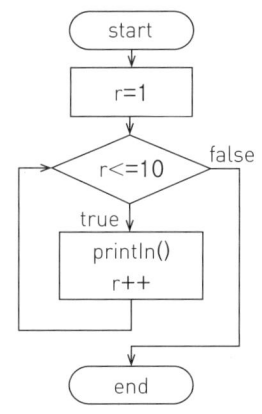

▲ 그림 3-6 예제3-5의 순서도

▍do-while문

do-while문은 while문과 마찬가지로 표 3-5처럼 조건식의 결과가 참인 동안 문장을 실행하는 제어문으로 문장이 하나뿐이면 괄호({})를 생략할 수 있다. while문과 다른 점은 먼저 문장을 한 번 실행한다는 것이다.

표 3-5 do-while문

문법	제어의 흐름	설명
do { 　문장 } while(조건식)	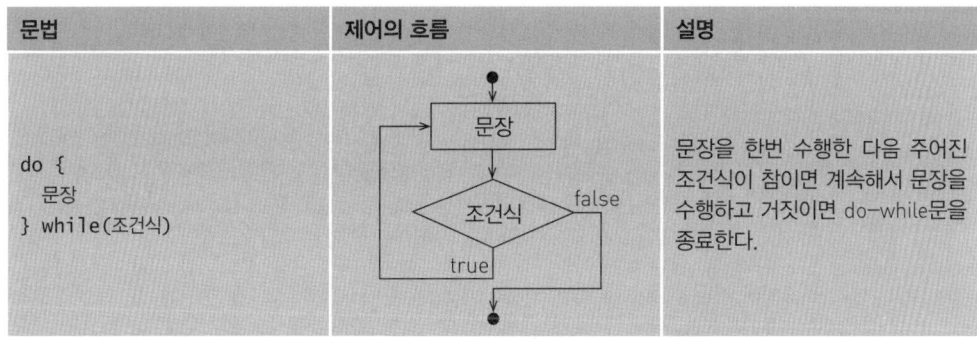	문장을 한번 수행한 다음 주어진 조건식이 참이면 계속해서 문장을 수행하고 거짓이면 do-while문을 종료한다.

예제 3-6은 do-while문과 switch문을 이용하여 사용자가 선택한 커피의 가격을 출력하는 프로그램이다.

예제 3-6 · DoWhileEx01.java

```
1  public class DoWhileEx01 {
2      public static void main(String[] args) throws java.io.IOException {
3          char c;
4
5          System.out.println("@ 커피 메뉴");
6          System.out.println("1. 아메리카노");
7          System.out.println("2. 에스프레소");
8          System.out.println("3. 카페라떼");
9          System.out.println("4. 카푸치노");
10         System.out.println("9. 종료");
11         System.out.println("원하는 번호를 누르세요.\n");
12
13         do {
14             c = (char)System.in.read();
15             switch(c){
16                 case '1': System.out.println("3,500원 입니다."); break;
17                 case '2': System.out.println("5,000원 입니다."); break;
18                 case '3': System.out.println("4,000원 입니다."); break;
19                 case '4': System.out.println("4,500원 입니다."); break;
20             }
21         } while(c!='9');
22     }
23 }
```

2번	• main() 메소드에서 발행하는 **IOException** 예외상황을 JVM에 전달한다.
3번	• 사용자가 입력한 문자를 저장할 변수 c를 선언한다.
5-11번	• 메뉴를 작성한다.
13번	• do-while문을 시작한다.
14번	• 키보드로부터 문자를 입력받아 c에 저장한다.
15-20번	• c에 저장된 문자에 따라 해당하는 case문을 실행한다.
21번	• 문자 '9'가 입력되면 do-while문을 종료한다.

실행 결과	@ 커피 메뉴 1. 아메리카노 2. 에스프레소 3. 카페라떼 4. 카푸치노 9. 종료 원하는 번호를 누르세요.

실행 결과	1 3,500원 입니다. 2 5,000원 입니다. 3 4,000원 입니다. 4 4,500원 입니다. 9	<----------- 사용자 입력 <----------- 사용자 입력 <----------- 사용자 입력 <----------- 사용자 입력 <----------- 사용자 입력	

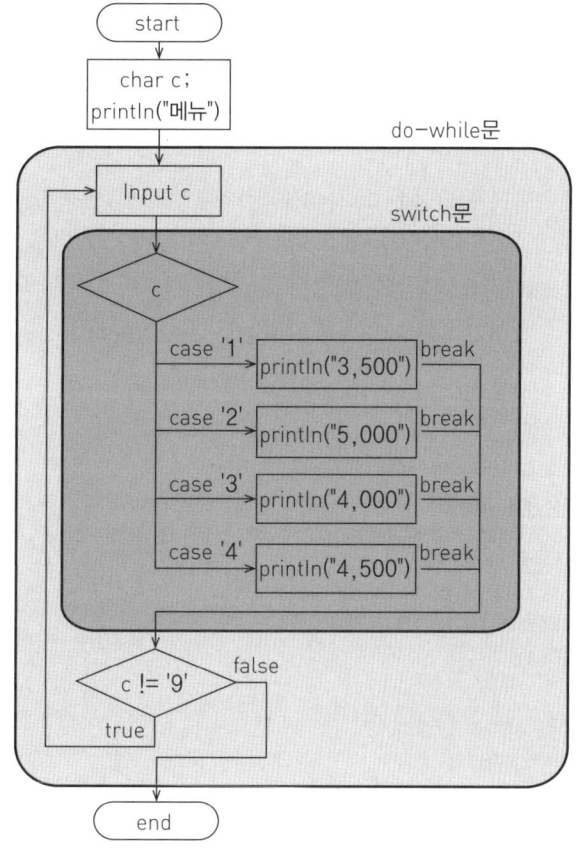

▲ 그림 3-7 예제 3-6의 순서도

3.3 분기문

분기문은 앞에서 설명한 조건문, 반복문을 보조하는 역할을 하는 제어문으로 break문과 continue문이 있다.

▌break문

break문은 현재 위치에서 가장 가까운 for문, while문, do-while문 등의 반복문이나 switch문을 벗어나는 데 사용한다. 만약 라벨을 지정하면 해당 라벨이 표시된 블록을 벗어난다.

예제 3-7은 먼저 라벨을 Loop1이라고 지정한 for문을 이용하여 1부터 100까지 더해가는 과정을 화면에 출력한다. for문은 조건식을 생략하면 무한 반복하지만 if문을 이용하여 i가 100이 되면 break문을 호출하여 라벨 Loop1을 벗어난다. 그 다음으로 while문을 이용하여 100부터 1까지 빼어가는 과정을 화면에 출력한다. while문은 조건식이 true이기 때문에 무한 반복되어야 하지만 if문을 이용하여 i가 1이 되면 break문을 호출하여 while문을 벗어난다.

예제 3-7 · BreakEx01.java

```
1   public class BreakEx01
2       public static void main(String[] args){
3           int sum=0;
4           int i=1;
5
6           Loop1: for(;;i++){
7               sum=sum+i;
8               System.out.println(sum);
9               if(i==100) break Loop1;
10          }
11          System.out.println("-----");
12
13          while(true){
14              System.out.println(sum);
15              if(i==1) break;
```

```
16          sum=sum-i;
17          i--;
18      }
19    }
20 }
```

6번	• for문의 라벨을 Loop1으로 설정한다. 조건식을 생략하면 true로 간주되어 무한 반복한다.
9번	• i가 100이 되면 Loop1을 벗어나도록 한다.
13번	• while문을 시작한다. 조건식을 true로 지정하여 무한 반복하도록 한다.
15번	• i가 1이 되면 while문을 벗어난다.

| 실행
결과 | 1
3
6
10
⋮
4851
4950
5050

5050
4950
4851
⋮
10
6
3
1 |

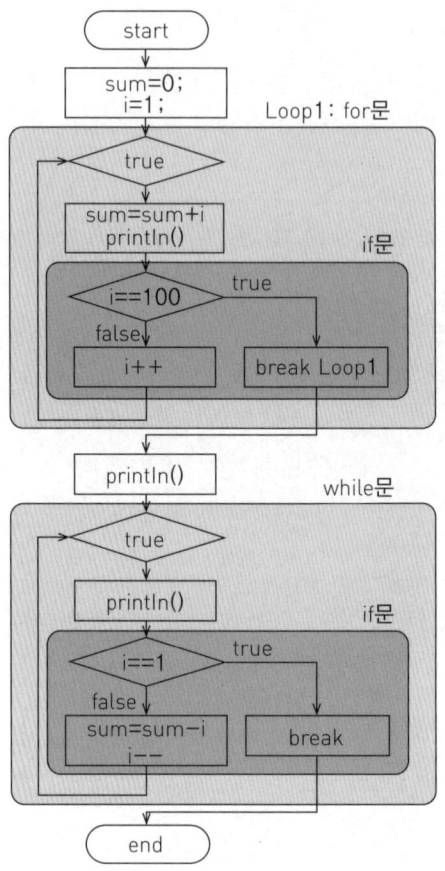

▲ **그림 3-8** 예제 3-7의 순서도

| continue문

continue문은 for문, while문, do-while문 등의 반복문에서만 사용할 수 있으며 반복되는 문장의 끝으로 제어를 이동하여 다음 반복을 계속한다. 만약 라벨을 지정하면 해당 라벨이 표시된 블록의 끝으로 제어를 이동한 후 다음 반복을 계속한다.

예제 3-8은 먼저 for문을 이용하여 3, 6, 9, 12 등 3의 배수 i를 차례대로 출력한다. for문은 조건식을 생략하여 무한 반복하지만 if문을 이용하여 i가 100보다 크면 break문을 호출하여 for문을 벗어난다. 그 다음으로 라벨을 Loop1이라고 지정한 do-while문을 이용하여 3의 배수 i의 값을 줄여나가는 과정을 화면에 출력한다. do-while문은 조건식이 true이기 때문에 무한 반복되어야 하지만 if문을 이용하여 i가 1보다 작으면 break문을 호출하여 라벨 Loop1을 벗어난다.

3-8 · ContinueEx01.java

```
1  public class ContinueEx01 {
2     public static void main(String[] args){
3        int i;
4        for(i=1;;i++){
5           if(i%3==1|i%3==2) continue;
6           System.out.println(i);
7           if(i>100) break;
8        }
9        System.out.println("-----");
10
11       Loop1: do {
12          i--;
13          if(i%3==1|i%3==2) continue Loop1;
14          System.out.println(i);
15          if(i<1) break Loop1;
16       } while(true);
17    }
18 }
```

4번	• for문의 조건식을 생략하면 true로 간주되어 무한 반복한다.
5번	• i%3의 값이 1이나 2이면 제어를 for문의 증감식으로 이동한다.
7번	• if문을 이용하여 i가 100보다 크면 for문을 벗어난다.
11번	• 라벨을 Loop1으로 설정한 do-while문을 시작한다.
13번	• i%3의 값이 1이나 2이면 제어를 do-while문의 조건식으로 이동한다.
15번	• i가 1보다 작으면 do-while문을 벗어난다.
16번	• 조건식을 true로 지정하여 무한 반복하도록 한다.

실행 결과	3 6 9 12 ⋮ 96 99 102 ----- 99 96 93 ⋮ 9 6 3 0

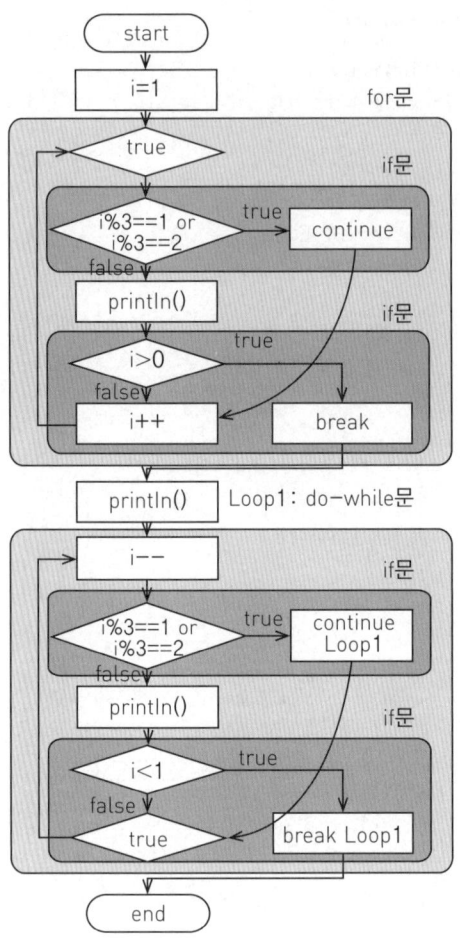

▲ 그림 3-9   예제 3-8의 순서도

3.4 예외처리

▎에러와 예외

프로그램을 컴파일하고 실행하는 과정에서 비정상적인 상황이 발생할 수 있는데 이러한 상황을 에러와 예외로 구분해볼 수 있다. 에러(Error)는 프로그램 자체적으로 처리할 수 없는 심각한 오류로서 자바가상머신에 문제가 있는 경우, 메모리가 부족한 경우, 클래스

파일이 없는 경우 등이 해당된다. 이러한 경우는 예외처리로 해결할 수 없고 자바가상머 신에 처리를 맡겨야 한다.

예외$^{(Exception)}$는 프로그램 자체적으로 처리할 수 있는 오류를 의미한다. 만약 프로그램 을 문법과 다르게 작성하면 컴파일 과정에서 예외가 발생하는데 이 경우에는 프로그램을 문법에 맞도록 수정하면 해결할 수 있다. 하지만 프로그램 실행 중에 발생하는 예외, 예를 들어 정수를 0으로 나누거나 배열의 크기보다 큰 인덱스로 배열을 참조할 때 발생하는 예외 등은 미리 수정할 수 없기 때문에 프로그램 내에서 예외처리를 이용하여 해결할 수 있다.

예제 3-9는 분수를 실수로 변환하는 프로그램으로 실행 중에 두 개의 분자와 분모를 입력받은 후 실수 값을 출력한다. 만약 분모로 '0'을 입력하면 예외가 발생하여 프로그램 의 실행이 비정상적으로 중단되게 된다.

예제 3-9 · ExceptionEx01.java

```
1   import java.util.Scanner;
2
3   public class ExceptionEx01 {
4       public static void main(String[] agrs){
5           int i1, i2;
6
7           Scanner s = new Scanner(System.in);
8           System.out.println("@ 분수의 값 계산하기@");
9           System.out.print("1. 분자 입력 : ");
10          i1=s.nextInt();
11          System.out.print("2. 분모 입력 : ");
12          i2=s.nextInt();
13          System.out.println("@ "+i1 +"나누기 "+i2+"의 결과는 "+i1/i2);
14      }
15  }
```

1번	• 키보드 입력을 처리하기 위하여 Scanner 클래스를 import한다.
7번	• 키보드 입력을 처리할 Scanner 객체를 생성한다.
10번	• 키보드로부터 정수를 입력받아 i1에 저장한다.
12번	• 키보드로부터 정수를 입력받아 i2에 저장한다.
13번	• 수식 i1/i2의 결과를 출력한다.

실행 결과	@ 분수의 값 계산하기@ <----------- 정상적인 실행 1. 분자 입력 : 16 <----------- 사용자 입력 2. 분모 입력 : 2 <----------- 사용자 입력 @ 16나누기 2의 결과는 8

실행 결과	@ 분수의 값 계산하기@ <----------- 실행 중 예외 발생 1. 분자 입력 : 26 <----------- 사용자 입력 2. 분모 입력 : 0 <----------- 사용자 입력 Exception in thread "main" java.lang.ArithmeticException: / by zero at ExceptionEx01.main(ExceptionEx01.java:13)

자바는 에러와 예외도 객체로 취급하며 java.lang 패키지에서 그림 3-10과 같이 java.
lang.Throwable 클래스의 하위 클래스로 에러와 예외 관련 클래스를 제공한다. 이 그림
에서 Exception 계열의 클래스들을 이용하면 프로그램 내에서 예외를 처리할 수 있다.

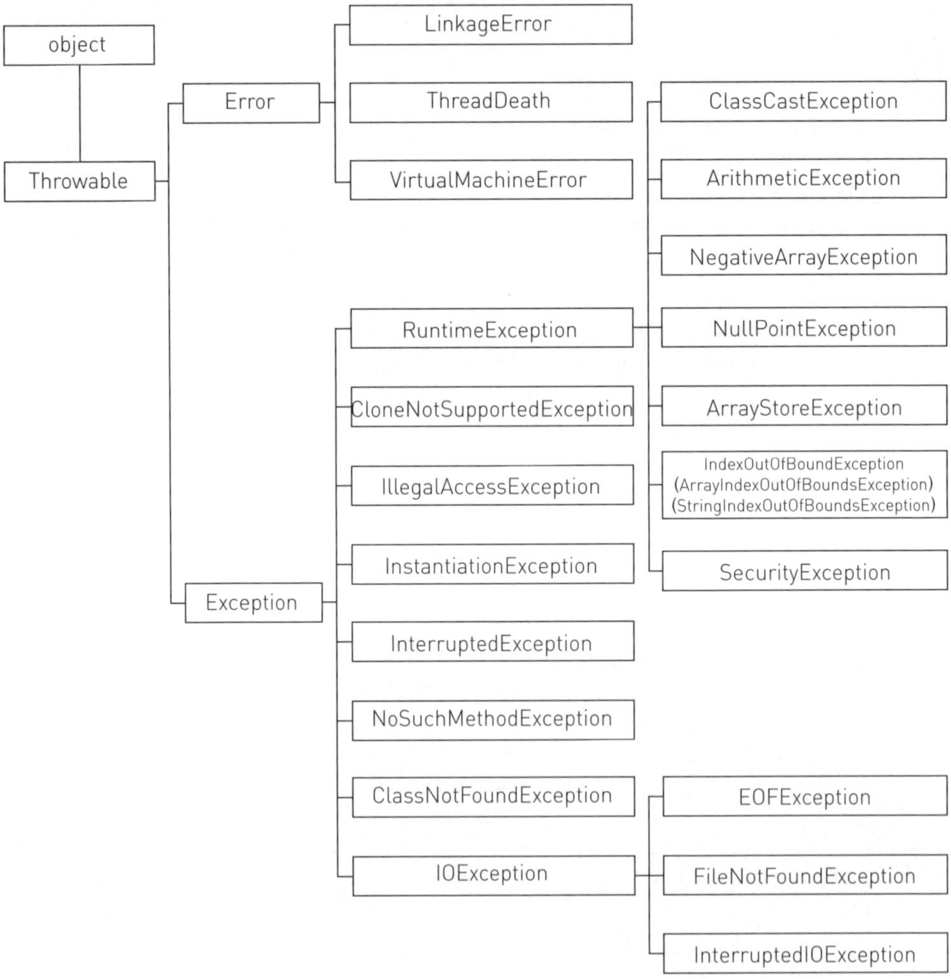

```
object ─── Throwable ─┬─ Error ──────────┬─ LinkageError
                      │                   ├─ ThreadDeath
                      │                   └─ VirtualMachineError
                      │
                      └─ Exception ─┬─ RuntimeException ─┬─ ClassCastException
                                    │                     ├─ ArithmeticException
                                    │                     ├─ NegativeArrayException
                                    │                     ├─ NullPointException
                                    │                     ├─ ArrayStoreException
                                    │                     ├─ IndexOutOfBoundException
                                    │                     │  (ArrayIndexOutOfBoundsException)
                                    │                     │  (StringIndexOutOfBoundsException)
                                    │                     └─ SecurityException
                                    ├─ CloneNotSupportedException
                                    ├─ IllegalAccessException
                                    ├─ InstantiationException
                                    ├─ InterruptedException
                                    ├─ NoSuchMethodException
                                    ├─ ClassNotFoundException
                                    └─ IOException ─┬─ EOFException
                                                    ├─ FileNotFoundException
                                                    └─ InterruptedIOException
```

▲ 그림 3-10   예외클래스의 계층구조

자바의 예외 클래스들은 모두 Exceptioin 클래스로부터 파생된다. 예외 클래스 중에서 RuntimeException 클래스 계열을 제외한 나머지 예외 클래스들은 프로그램 내에서 반드시 해당하는 예외를 처리해야 한다. 표 3-6은 RuntimeException 클래스 계열을 제외한 주요 예외 클래스와 그 설명이다.

표 3-6 Exceptioin 클래스

Exceptioin 클래스	설명
CloneNotSupportedException	객체를 복제할 수 없을 때 복제를 시도하면 예외 발생
IllegalAccessException	클래스에 대한 부정 접근 시 예외 발생
InstantiationException	추상클래스나 인터페이스로 객체를 생성할 때 예외 발생
InterruptedException	스레드가 인터럽트 되었을 때 예외 발생
NoSuchMethodException	메소드가 존재하지 않을 때 예외 발생
ClassNotFoundException	클래스가 존재하지 않을 때 예외 발생
IOException	입출력 처리에 실패할 때 예외 발생
RuntimeException	프로그램이 실행 중일 때 오류가 있으면 예외 발생

RuntimeException 클래스 계열은 프로그래머의 실수로 발생하는 예외로 예외처리에 드는 부담이 커서 일반적으로 자바가상머신에 처리를 맡긴다. 표 3-7은 RuntimeException 클래스의 주요 하위클래스와 그 설명이다.

표 3-7 RuntimeExceptioin 클래스

Exceptioin 클래스	설명
ArrayIndexOutOfBoundException	배열의 범위를 벗어날 때 예외 발생
ArithmeticException	정수를 0으로 나눌 때 예외 발생
NegativeArraySizeException	배열의 크기를 음수로 지정할 때 예외 발생
NullPointerException	null 객체를 호출할 때 예외 발생
IndexOutOfBoundException	배열, 문자열, 벡터 등의 범위를 벗어날 때 예외 발생
SecurityException	보안 규칙을 위반할 때 예외 발생

예외처리

자바는 예외를 치리하는 두 가지 방법을 제공한다. 첫 번째 방법은 try-catch문을 사용하여 메소드 안에서 발생한 예외를 직접 처리하는 것이다. try-catch문은 아래의 사용 예

처럼 try 블록에 예외가 발생할 수 있는 문장들을 기술하고 발생 가능한 예외들을 catch 블록에서 처리한다. finally 블록에는 예외 발생 여부와 관계없이 반드시 처리해야할 문장들을 기술한다.

사용 예

```
try {
    // 예외가 발생 가능한 문장들
} catch(예외타입_1 e) {
    // 예외타입_1에 해당하는 예외를 처리하는 문장들
} catch(예외타입_2 e) {
    // 예외타입_2에 해당하는 예외를 처리하는 문장들
} catch(예외타입_3 e) {
    // 예외타입_3에 해당하는 예외를 처리하는 문장들
}
    .........
finally {
    // 예외 발생 여부와 관계없이 반드시 처리할 문장들
}
```

예제 3-10은 예제 3-1에서 발생 가능한 ArithmeticException 예외를 try-catch문을 이용하여 처리하는 프로그램이다. 프로그램 실행 중에 분모로 '0'을 입력하면 예외가 발생하지만 프로그램은 catch문을 실행하고 정상적으로 종료된다.

예제 3-10 · ExceptionEx02.java

```
1   import java.util.Scanner;
2
3   public class ExceptionEx02 {
4       public static void main(String[] agrs){
5           int i1, i2;
6
7           Scanner s = new Scanner(System.in);
8           System.out.println("@ 분수의 값 계산하기@");
9           System.out.print("1. 분자 입력 : ");
10          i1=s.nextInt();
11          System.out.print("2. 분모 입력 : ");
12          i2=s.nextInt();
13
14          try{
15              System.out.println("@ "+i1 +"나누기 "+i2+"의 결과는 "+i1/i2);
```

```
16        }catch(ArithmeticException e){
17            System.out.print("숫자를 0으로 나눌 수 없습니다.");
18        }
19    }
20 }
```

14-15번 16-17번	• 예외가 발생 가능한 부분을 try 블록에 포함시킨다. • catch 블록에 ArithmeticException 예외가 발생하면 처리할 내용을 포함 시킨다.
실행 결과	@ 분수의 값 계산하기@ 1. 분자 입력 : 16 <----------- 사용자 입력 2. 분모 입력 : 8 <----------- 사용자 입력 @ 16나누기 2의 결과는 2 @ 분수의 값 계산하기@ 1. 분자 입력 : 25 <----------- 사용자 입력 2. 분모 입력 : 0 <----------- 사용자 입력 *예외 발생: 숫자를 0으로 나눌 수 없습니다.

예제 3-11은 ArithmeticException, ArrayIndexOutOfBoundsException, Exception 등 세 가지 예외를 try-catch문을 이용하여 처리하는 프로그램이다. 프로그램 실행 중에 예외가 발생하면 해당하는 처리구문을 실행하고 마지막으로 finally문을 수행하고 종료한다.

예제 3-11 · ExceptionEx03.java

```
1  public class ExceptionEx03 {
2      public static void main(String[] args){
3          int i = 100;
4          int j = 0;
5          int a[] = new int[10];
6
7          try{
8              i = i/j;
9              a[10] = j;
10         }catch(ArithmeticException e){
11             System.out.println("숫자를 0으로 나눌 수 없습니다.");
12         }catch(ArrayIndexOutOfBoundsException e){
```

```
13        System.out.println("배열의 인덱스를 벗어났습니다.");
14    }catch(Exception e){
15        System.out.println("알 수 없는 예외입니다.");
16    }finally{
17        System.out.println("반드시 실행되는 부분입니다.");
18    }
19  }
20 }
```

8번	• 정수를 '0'나누기 때문에 예외가 발생한다. 예외가 발생하면 catch문과 finally문을 수행하고 프로그램을 종료한다.
9번	• a[10]은 접근 불가능하기 때문에 예외가 발생하지만 이미 예외가 발생했기 때문에 제어가 도달하지 못한다.
14-15번	• 예외 클래스의 이름을 알 수 없는 경우에 예외처리를 담당한다.
16-17번	• 예외 발생과 관계없이 반드시 처리할 내용을 포함시킨다.

실행 결과	숫자를 0으로 나눌 수 없습니다. 반드시 실행되는 부분입니다.

두 번째 방법은 throws문을 사용하여 메소드 안에서 발생한 예외를 메소드를 호출한 곳으로 보내는 것으로 만약 main() 메소드에 throws문을 사용하면 예외가 발생한 경우 자바가상기계인 JVM으로 예외를 보낸다. RuntimeException 클래스 계열은 throws문을 사용하지 않아도 자동으로 throws된다. 예제 3-1의 경우 RuntimeException 클래스 계열의 ArithmeticException 예외가 발생하기 때문에 "public static void main(String[] agrs) {" 이라고 작성해도 "public static void main(String[] agrs) throws RuntimeException {"과 같은 의미가 된다.

throws문은 아래 사용 예와 같이 메소드를 선언할 때 발생 가능한 예외 타입과 함께 적으면 된다.

사용 예
```
[제한자] 반환형 메서드이름([매개변수]) throws ExceptionType, ... {
   // 메서드 내부 구현
}
```

예제 3-12는 FileNotFoundException, IOException 등 두 가지 예외를 throws문을 이용하여 메소드를 호출한 곳으로 전달하여 처리를 의뢰하는 프로그램이다. 이 프로그램은 main() 메소드에서 throws문을 사용했기 때문에 예외가 발생하면 아래 실행결과처럼 자바가상기계인 JVM이 예외를 처리하게 된다.

 3-12 · ExceptionEx04.java

```
1   import java.io.*;
2
3   public class ExceptionEx04 {
4      public static void main(String[] args) throws FileNotFoundException,
    IOException {
5          FileReader fr=null;
6          BufferedReader br=null;
7          fr = new FileReader("c:\\a.txt");
8          br = new BufferedReader(fr);
9          String line= null;
10         while((line = br.readLine())!=null){
11             System.out.println(line);
12         }
13     }
14  }
```

4번	· FileNotFoundException, IOException 예외를 main() 메소드를 호출한 JVM에 전달하여 처리를 의뢰한다.
7번	· a.txt 파일을 로딩한다.
8번	· 불러온 파일을 버퍼에 저장한다.
10-12번	· 버퍼의 내용을 한 줄씩 읽어서 화면에 출력한다.

실행
결과
	Exception in thread "main" java.io.FileNotFoundException: c:\a.txt (지정된 파일을 찾을 수 없습니다)
	  at java.io.FileInputStream.open(Native Method)
	  at java.io.FileInputStream.<init>(FileInputStream.java:138)
	  at java.io.FileInputStream.<init>(FileInputStream.java:97)
	  at java.io.FileReader.<init>(FileReader.java:58)
	  at ExceptionEx04.main(ExceptionEx04.java:8)

●●● 요약 ●●●

- 제어문

    프로그램이 실행되는 과정에 여러 가지 문장 중에서 특정 문장을 선택적으로 실행하거나, 특정 문장을 반복 실행하거나 건너뛰게 하는 것과 관련된 문장을 의미한다. 자바에서는 주로 조건문, 반복문, 분기문 등을 사용한다.

- 조건문

    조건식의 결과에 따라 선택된 문장을 수행하기 때문에 선택문이라고도 한다. 조건문에는 if문과 switch문이 있다.

    if문은 조건식의 결과에 따라 주어진 문장을 선택하여 실행하며 다중 if문은 if문 안에 또 다른 if문을 사용하는 제어문을 의미한다.

    다중 if문을 사용하면 프로그램의 구조가 복잡해지고 각각의 조건식을 하나하나 계산해야 하므로 실행속도도 느려진다. switch문을 사용하면 이러한 문제를 해결할 수 있다.

- 반복문

    조건식의 결과가 참인 동안 주어진 문장을 반복적으로 실행하는 제어문으로 for문, while문, do-while문 등이 있다.

    for문은 초기화문, 조건식, 증감식, 문장으로 구성되며 조건식을 생략하면 true로 처리한다.

    while문은 조건식의 결과가 참인 동안 문장을 실행하는 제어문이다.

    do-while문은 기본적으로 while문과 같지만 먼저 문장을 한번 실행한다는 차이점이 있다.

- 분기문

    조건문, 반복문을 보조하는 역할을 하는 제어문으로 break문과 continue문이 있다.

    break문은 현재 위치에서 가장 가까운 for문, while문, do-while문 등의 반복문이나 switch문을 벗어나는데 사용한다.

    continue문은 for문, while문, do-while문 등의 반복문에서만 사용할 수 있으며 반복되는 문장의 끝으로 제어를 이동하여 다음 반복을 계속한다.

- 프로그램을 컴파일하고 실행하는 과정에서 비정상적인 상황이 발생할 수 있는데 이러한 상황을 에러와 예외로 구분해 볼 수 있다. 에러(Error)는 프로그램 자체적으로 처리할 수 없는 심각한 오류인 반면 예외(Exception)는 프로그램 자체적으로 처리할 수 있는 오류를 의미한다.

- 자바는 예외를 처리하는 두 가지 방법을 제공한다.

    첫 번째는 try-catch문을 사용하여 메소드 안에서 발생한 예외를 직접 처리하는 것이다.

    두 번째는 throws문을 사용하여 메소드 안에서 발생한 예외를 메소드를 호출한 곳으로 전달하는 것이다.

●●● 연습문제 ●●●

1. 제어문의 개념과 종류를 설명하여라.

2. 조건문, 반복문, 분기문의 개념과 종류를 설명하여라.

3. if문, 다중 if문, switch문의 개념과 특징을 설명하여라.

4. Scanner 클래스를 이용하여 점수를 입력받은 후 아래의 순서도대로 처리하는 프로그램을 작성하여라.

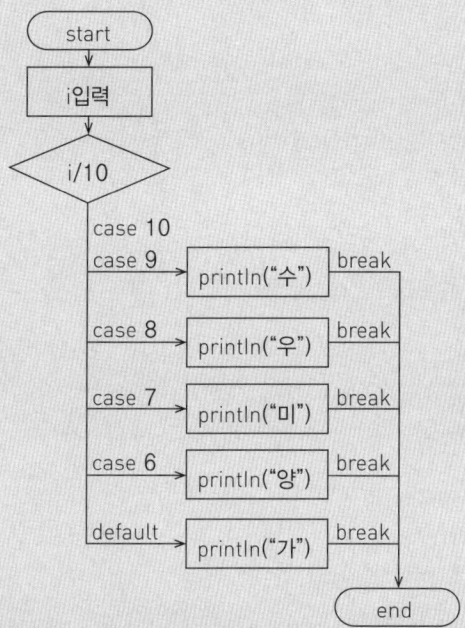

5. for문, while문, do-while문의 개념과 특징을 설명하여라.

6. break문과 continue문의 개념과 특징을 설명하여라.

7. 다음 프로그램의 순서도를 작성하여라.

Continue01.java

```
1  public class ContinueEx01 {
2     public static void main(String[] args){
3         int i=1;
4         Loop1: do {
5             i++;
6             if(i%2==1) continue Loop1;
7             System.out.println(i);
```

```
8          if(i>50) break Loop1;
9       } while(true);
10    }
11 }
```

8. 에러와 예외에 대하여 설명하여라.

9. 자바에서 예외를 처리하는 방법을 설명하여라.

10. 다음 예제의 빈칸을 채워 프로그램을 완성하여라.

ExceptionEx03.java

```
1  public class ExceptionEx03 {
2     public static void main(String[] args){
3        int a[] = new int[10];
4        int i = 100;
5        int j = 0;
6
7        _____{
8           a[10] = j;
9           i = i/j;
10       }catch(_____){
11          System.out.println("숫자를 0으로 나눌 수 없습니다.");
12       }catch(_____){
13          System.out.println("배열의 인덱스를 벗어났습니다.");
14       }catch(_____){
15          System.out.println("알 수 없는 예외입니다.");
16       }_____{
17          System.out.println("반드시 실행되는 부분입니다.");
18       }
19    }
20 }
```

04

객체지향

학습 목표

- 객체지향의 개념과 주요 특징을 배운다.
- 객체와 클래스를 이해하고 클래스 정의방법을 배운다.
- 메소드를 이해하고 메소드 정의방법과 매개변수 전달에 대하여 배운다.
- 메소드 오버로딩을 이해하고 사용방법을 배운다.
- 상속과 오버라이딩을 이해하고 사용방법을 배운다.
- 추상클래스와 인터페이스를 이해하고 사용방법을 배운다.

 객체지향의 개요

객체지향(Object Oriented)이란 현실 세계에 존재하는 다양한 개체(Entity)를 인간이 이해하고 활용하는 방식으로 컴퓨터 시스템에 적용시키는 방법론으로 클래스(Class), 객체(Object), 메시지(Message)를 기본 구성 요소로 정의한다. 클래스는 같은 종류에 속하는 객체들의 공통된 특징을 속성과 행위로 나누어 정의한 것으로 아래의 그림4-1에서 'Car'와 'Love' Class에 해당한다. 객체는 클래스의 구체적인 예 즉, 인스턴스로서 개별적으로 존재하는 사물이나 개념을 의미하는 용어이다. 아래 그림의 object에 해당하며 각각의 자동차, 비행기, 자전거, 특정한 사람과의 사랑, 미움, 믿음 등을 의미한다.

(a) Car 객체와 클래스

(b) Love 객체와 클래스

▲ 그림 4-1　객체와 클래스

메시지는 객체 간의 통신 수단으로 객체가 특정한 행위를 수행하도록 지시하는 역할을 하며 그림 4-2에서 한 소녀가 다른 소녀에게 메시지를 전달하는 것과 같다. 그림 4-2에서 객체 B의 메소드가 객체 A의 메소드를 호출하는 것을 메시지 교환(Message Passing)이라고 한다.

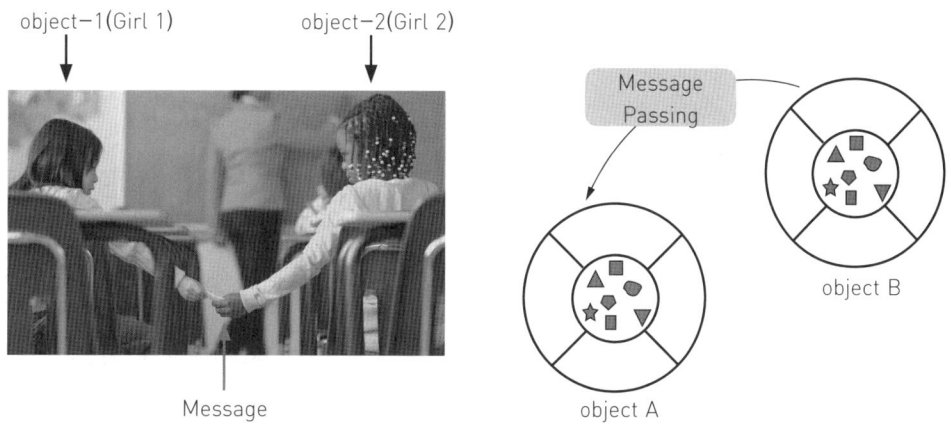

▲ 그림 4-2   객체 간의 메시지 교환

객체지향의 주요 특징은 지금까지 살펴본 객체(Object), 클래스(Class), 메시지(Message), 메소드(Method) 이외에도 추상화(Abstraction), 캡슐화(Encapsulation), 정보은닉(Data Hiding), 다형성(Polymorphism) 상속(Inheritance) 등이 있다. 아직 설명하지 않은 주요 특징들은 이장의 다른 절에서 다루도록 한다.

이와 같은 객체지향 방법론을 컴퓨터 프로그래밍에 도입한 객체지향 프로그래밍은 프로그램을 객체들의 집합으로 구성하기 때문에 재사용성, 확장성, 유지보수성, 생산성 등을 높여주어 소프트웨어 개발 분야에 많이 사용되고 있다.

4.2 객체와 클래스

객체는 그림 4-3처럼 객체의 속성(Attribute)이나 상태(State)를 표현하는 필드와 객체의 행동(Behavior)을 표현하는 메소드(Method)로 구성된다. 필드에는 객체의 속성에 해당하는 변수들이 위치하고 메소드는 변수에 접근하여 필요한 작업을 수행한다.

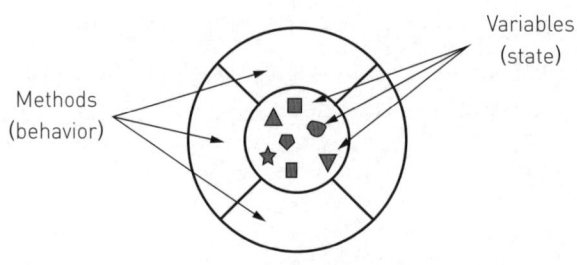

▲ 그림 4-3   객체의 구조

추상화(abstraction)는 공통의 속성이나 중요한 기능을 추출하는 작업을 의미한다. 클래스는 객체들의 공통된 속성을 변수로 추출하고 이 변수를 다루기 위한 공통된 행위를 메소드로 추출하는 추상화 과정을 통해 작성된다. 따라서 클래스는 객체를 생성하기 위한 설계도라고 할 수 있다. 클래스가 추상화 과정을 거쳐 작성되기 때문에 클래스를 ADT(Abatract Date Type) 또는 UDT(User Definition Type)라고도 한다. 그림 4-4는 Car 클래스로 자동차 객체들의 공통적인 속성을 engineState, currentMode, gearImplementation, currentSpeed 등의 변수로 정의하고 자동차 객체들의 공통적인 행위를 startEngine(), changeMode(), accelerate(), breakCar(), stopEngine() 등의 메소드로 정의한다.

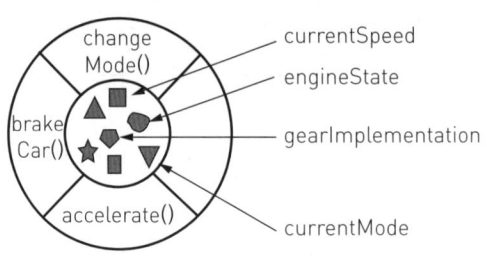

▲ 그림 4-4   Car 클래스

인스턴스(Instance)는 클래스로부터 생성된 객체를 의미하며 동일한 클래스로부터 생성된 인스턴스들은 모두 같은 변수와 메소드를 가진다. 인스턴스는 클래스에 선언된 변수들에 대하여 메모리를 할당하고 변수 값을 초기화한다. 그림 4-5는 Car 클래스로부터 생성된 인스턴스들로 각각의 변수 값이 할당되어 있음을 확인할 수 있다.

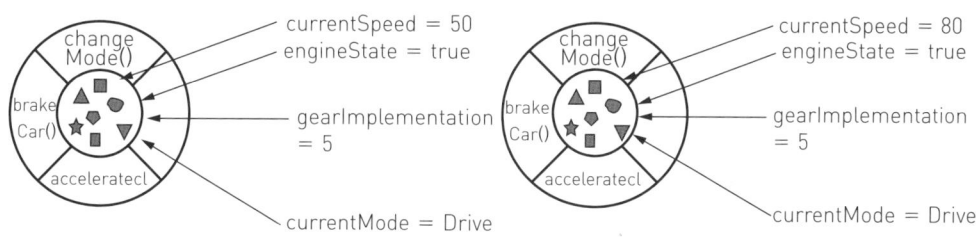

▲ **그림 4-5**　Car 클래스의 인스턴스들

　자바 프로그램에서 클래스를 정의하는 방법은 아래와 같다. 접근지정자, 기타지정자
는 필요한 경우에 사용할 수 있고 예약어 class와 클래스 이름을 차례대로 입력한다. 클래
스 이름을 지정할 때는 일반적으로 영단어의 첫 글자들을 대문자로 사용한다. 클래스 이
름 뒤의 클래스 블록 내부에 필드, 생성자, 메소드를 정의한다. 생성자는 클래스와 같은
이름을 가진 메소드로 반환_자료형이 없으며 객체를 생성할 때 멤버변수 초기화 등의 용
도로 사용된다. 매개변수가 없는 생성자는 자동으로 호출되지만 매개변수가 있으면 직접
호출해주어야 한다.

클래스 정의 방법

```
[접근지정자] [기타지정자] class 클래스_이름
{ // 클래스 블록 시작
  // 필드(멤버 변수) 정의
  [접근지정자] [기타지정자] 자료형 멤버변수_이름;

  // 생성자 정의
  [접근지정자] [기타지정자] 생성자_이름([매개변수]) {

  // 메소드 정의
  [접근지정자] [기타지정자] 반환_자료형 메소드_이름([매개변수]) {
    // 메소드 구현
  }
} // 클래스 블록 종료
```

▌접근지정자

접근지정자(Access Modifier)를 이용하면 프로그램의 중요한 부분을 숨기는 캡슐화(Encapsulation)가 가능하다. 캡슐화는 내부의 정보를 숨기고 필요한 경우 메소드를 통해서만 정보에 접근할 수 있도록 제한하기 때문에 정보은닉이라고도 한다. 일반적으로 멤버변수에 값을 대입하는 메소드 이름은 set으로 시작하기 때문에 세터(setter)라고 하고 멤버변수의 값을 참조하는 메소드 이름은 get으로 시작하기 때문에 게터(getter)라고 한다.

자바는 클래스, 멤버변수, 메소드에 대한 정보은닉의 수준을 표 4-1과 같이 4단계로 구분하여 제공한다.

표 4-1 접근지정자와 정보은닉

접근지정자	설명
public	public으로 지정된 클래스, 멤버변수, 메소드는 모든 클래스에서 접근할 수 있다.
protected	protected로 지정된 클래스, 멤버변수, 메소드는 같은 클래스 내부와 같은 패키지 내의 클래스에서 접근할 수 있고 다른 패키지라도 자식 클래스에서는 접근 가능하다.
default	접근지정자를 생략하면 기본(default) 접근 수준이 적용되어 같은 클래스 내부와 같은 패키지 내의 클래스에서 접근할 수 있다.
private	private으로 지정된 경우에는 같은 클래스 내부에서만 접근할 수 있기 때문에 다른 클래스에서는 접근이 불가능하다. 따라서 외부에서 임의로 데이터를 변경할 수 없도록 정보를 보호할 수 있다.

접근지정자는 중복해서 사용할 수 없으며 접근 제어 수준을 정리하면 표 4-2와 같다.

표 4-2 접근지정자의 제어 수준

접근지정자	클래스 내부	같은 패키지 내의 클래스	자식 클래스	모든 클래스
public	○	○	○	○
protected	○	○	○	×
default	○	○	×	×
private	○	×	×	×

▎기타지정자

기타지정자는 클래스, 멤버변수, 메소드의 기능과 역할을 지정하는 것으로 대표적으로 static, final, abstract 등이 있으며 사용할 수 있는 대상은 표 4-3과 같다.

표 4-3 대표적인 기타지정자

구분	클래스	멤버변수	메소드
기타지정자	final, abstract	final, static	final, abstract, static

final로 지정된 클래스, 멤버변수, 메소드는 더 이상 변경할 수 없다. final 클래스는 자식 클래스를 만들 수 없고 final 멤버변수는 값을 변경할 수 없는 상수가 되며 final 메소드는 자식 클래스에서 오버라이딩할 수 없다.

사용 예

```
final class 클래스_이름 { }
final 자료형 멤버변수;
final 반환_자료형 메소드_이름() { }
```

abstract로 지정된 클래스는 객체를 생성할 수 없는 추상 클래스가 되고 메소드의 경우에는 내부 구현부가 없는 추상 메소드가 된다.

사용 예

```
abstract class 클래스_이름 { }
abstract 반환_자료형 메소드_이름();
```

static으로 지정된 멤버변수나 메소드는 클래스가 로드될 때 자동으로 생성되므로 별도의 객체를 생성하지 않아도 사용이 가능하다. static 멤버변수나 메소드는 같은 클래스에서 생성된 모든 객체가 공유하기 때문에 클래스 이름으로도 참조가 가능하여 클래스 변수 또는 클래스 메소드라고도 한다. static이 아닌 멤버변수나 메소드는 객체를 생성한 후에 객체 이름으로 참조해야 사용할 수 있다.

사용 예

```
static 자료형 멤버변수;
static 반환_자료형 메소드_이름() { }
```

예제 4-1은 Car 클래스를 구현한 프로그램으로 엔진의 시동과 정지, 주행모드와 주차 모드, 가속과 브레이크 등의 6가지 기능을 선택하면 해당하는 문자열을 출력한다.

예제 4-1 · ObjectEx01.java

```java
1   import java.util.Scanner;
2
3   class Car {
4       boolean EngineState;
5       String CurrentMode;
6       int CurrentSpeed;
7
8       Car(){
9           EngineState=false;
10          CurrentMode="Park";
11          CurrentSpeed=0;
12      }
13
14      public void startEngine() {
15          EngineState=true;
16          System.out.println("엔진시동 상태는 "+EngineState+"입니다.");
17      }
18      public void changeMode(String s) {
19          if(s=="Drive") {
20              CurrentMode="Drive";
21              System.out.println(CurrentMode+" 모드로 변경합니다.");
22          } else if(s=="Park") {
23              CurrentMode="Park";
24              System.out.println(CurrentMode+" 모드로 변경합니다.");
25          }
26      }
27      public void accelerate() {
28          CurrentSpeed += 5;
29          System.out.println("현재 속도는 "+CurrentSpeed+" 입니다.");
30      }
31      public void breakCar() {
32          if(CurrentSpeed>0)
33              CurrentSpeed -= 5;
34          System.out.println("현재 속도는 "+CurrentSpeed+" 입니다.");
35      }
36      public void stopEngine() {
37          EngineState=false;
```

```
38          System.out.println("엔진시동 상태는 "+EngineState+"입니다.");
39      }
40  }
41
42  public class ObjectEx01 {
43      public static void main(String[] args) {
44          String s;
45          char c;
46          Car myCar = new Car();
47          Scanner s1 = new Scanner(System.in);
48          System.out.println("원하는 문자를 누르세요.");
49          System.out.println("엔진시동 s, 가속 a, 브레이크 b, 엔진정지 e, 운전모드 d,
주차모드 p");
50          Loop1: do {
51              s=s1.next();
52              c=s.trim().charAt(0);
53
54              switch(c){
55                  case 's': { myCar.startEngine(); break;          }
56                  case 'd': { myCar.changeMode("Drive"); break;    }
57                  case 'a': { myCar.accelerate(); break;           }
58                  case 'b': { myCar.breakCar(); break;             }
59                  case 'p': { myCar.changeMode("Park"); break;     }
60                  case 'e': { myCar.stopEngine(); break Loop1;     }
61              }
62          } while(true);
63      }
64  }
```

1번	• 키보드 입력을 처리하기 위해 Scanner 클래스를 import한다.
4-6번	• 필드에 3개의 변수를 선언한다.
8-12번	• 생성자에서 3개의 변수를 초기화한다.
14-17번	• 엔진의 시동을 건다.
18-26번	• 주행모드와 주차모드로 변경한다.
27-30번	• 자동차의 속도를 가속한다.
31-35번	• 자동차의 속도를 감속한다.
36-39번	• 엔진을 정지시킨다.
46번	• Car 클래스의 인스턴스인 myCar 객체를 생성한다.
47번	• 키보드로부터 한 문자를 입력받아 Scanner 객체에 저장한다.
48-49번	• 사용자 인터페이스를 표시한다.
51-52번	• Scanner 객체에서 한 문자를 추출한다.
54-61번	• 사용자가 입력한 문자에 따라 해당하는 기능을 처리한다.

실행 결과	원하는 문자를 누르세요. 엔진시동 s, 가속 a, 브레이크 b, 엔진정지 e, 주행모드 d, 주차모드 p s <------------------ 사용자 입력 엔진시동 상태는 true입니다. d <------------------ 사용자 입력 Drive 모드로 변경합니다. a <------------------ 사용자 입력 현재 속도는 5 입니다. a <------------------ 사용자 입력 현재 속도는 10 입니다. b <------------------ 사용자 입력 현재 속도는 5 입니다. b <------------------ 사용자 입력 현재 속도는 0 입니다. p <------------------ 사용자 입력 Park 모드로 변경합니다. e <------------------ 사용자 입력 엔진시동 상태는 false입니다.

4.3 메소드

메소드(Method)는 객체의 행동을 표현하는 것으로 메소드의 이름은 일반적으로 소문자로 시작한다. 메소드를 정의하려면 아래와 같이 접근지정자, 기타지정자, 반환 자료형, 메소드 이름, 매개변수 등을 차례대로 적은 후 메소드를 구현하면 된다. 접근지정자, 기타지정자, 매개변수는 생략할 수 있으며 반환되는 값이 없을 때는 반환 자료형에 void라고 적으면 된다.

메소드 정의

```
[접근지정자] [기타지정자] 반환_자료형 메소드_이름([매개변수]) {
    // 메소드 구현
}
```

메소드를 정의할 때 괄호안에 자료형과 매개변수의 이름을 함께 적는데 이 매개변수를 형식매개변수라고 하고 메소드를 호출할 때 사용하는 매개변수를 실매개변수라고 한다.

다음은 형식매개변수의 사용 예로 첫 번째 예는 형식매개변수로 전달받은 int형의 두 수를 더한 결과를 int형으로 돌려주는 메소드로 static으로 지정되어 객체를 생성하지 않고 도 호출할 수 있다. 두 번째 예는 형식매개변수로 전달받은 문자열 name을 콘솔에 출력하 는 예로 반환하는 자료값이 없기 때문에 반환자료형 대신 void를 사용한다.

형식매개변수 사용 예

```
public static int add(int i, int j) {      //<---- 형식매개변수
  return i+j;
}
public void printName(String name) {   //<---- 형식매개변수
  System.out.println(name);
}
```

다음은 실매개변수의 사용 예로 static으로 지정된 메소드는 첫 번째 예처럼 객체 이름 대신에 클래스 이름으로 호출할 수 있다. static으로 지정되지 않은 메소드는 두 번째 예처 럼 객체를 생성한 후에 객체 이름으로 호출해야 한다.

실매개변수 사용 예

```
클래스이름.add(23, 45);            // <---- 실매개 변수
객체이름.printName("고구려");      // <---- 실매개 변수
```

▌ 매개변수 전달

매개변수 전달(Argument Passing)은 메소드를 호출할 때 실매개변수가 형식매개변수로 전달 되는 과정을 의미하며 값에 의한 전달과 참조에 의한 전달로 구분할 수 있다. 매개변수 전 달 방법은 변수의 종류에 따라 구분할 수 있는데 우선 자바의 8가지 기본 자료형은 값에 의한 전달 방법을 사용한다. 값에 의한 전달은 그림 4-6처럼 실매개변수의 값을 직접 형 식매개변수에 복사하는 방법으로 형식매개변수의 값을 변경해도 실매개변수의 값은 변하 지 않는다.

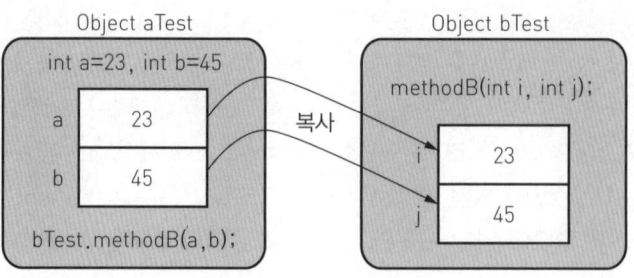

▲ 그림 4-6   값에 의한 전달

기본 자료형을 제외한 나머지는 모두 참조 자료형으로 참조에 의한 전달 방법을 사용한다. 참조 자료형에 저장된 값은 데이터가 저장된 주소이기 때문에 참조에 의한 전달에서 변수의 값을 형식매개변수에 복사하는 것은 실제 값을 전달하는 것이 아니라 주소만 복사하는 것이다. 따라서 형식매개변수와 실매개변수는 그림 4-7처럼 메모리상의 같은 곳을 가리키게 되며 형식매개변수의 값을 변경하면 자동으로 실매개변수의 값도 변경된다.

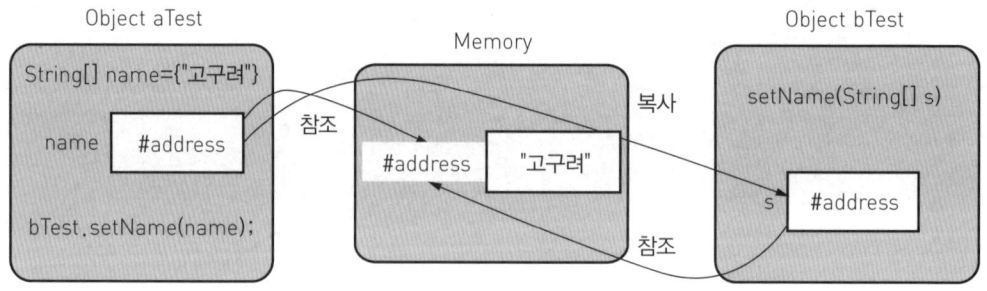

▲ 그림 4-7   참조에 의한 전달

예제 4-2는 매개변수 전달을 구현한 프로그램으로 ArgumentPassingEx01 클래스의 정수형 변수 a, b와 문자열 배열 변수 name의 값을 실매개변수로 하여 ArgumentPass 클래스의 changeDate() 메소드를 호출하였다. 이때 a와 b는 기본자료형이고 name은 참조 자료형이다. ArgumentPass 클래스는 실매개변수를 전달받아 형식매개변수인 i, j, s에 저장하고 그 값을 변경하였다. 변수 값을 변경한 후 최종 데이터를 출력해 보니 기본 자료형의 값은 변하지 않았고 참조 자료형의 값만 변경된 것을 확인할 수 있다.

4-2 · ArgumentPassingEx01.java

```
1   class ArgumentPass {
2       public void changeDate(int i, int j, String[] s){
3           System.out.println("전달받은 데이터 i="+i+" j="+j+" s="+s[0]);
4           i=100;
5           j=200;
6           s[0]="발해";
7           System.out.println("변경중인 데이터 i="+i+" j="+j+" s="+s[0]);
8       }
9   }
10
11  public class ArgumentPassingEx01 {
12      public static void main(String[] agrs){
13          int a=23;
14          int b=45;
15          String[] name={"고구려"};
16          System.out.println("원본 데이터 a="+a+" b="+b+" name="+name[0]);
17          ArgumentPass ap = new ArgumentPass();
18          ap.changeDate(a, b, name);
19          System.out.println("최종 데이터 a="+a+" b="+b+" name="+name[0]);
20      }
21  }
```

2번	• 형식매개변수로 기본 자료형 변수 i, j와 참조 자료형 변수 s를 정의한다.
3번	• 전달받은 자료값을 출력한다.
4-6번	• 자료값을 변경한다.
7번	• 변경된 자료값을 출력한다.
13-15번	• 기본자료형 a, b와 참조자료형 name을 정의한다.
16번	• 최초의 자료값을 출력한다.
17번	• ArgumentPass 클래스의 인스턴스를 생성한다.
18번	• a, b, name을 실매개변수로 하여 changeDate() 메소드를 호출한다.
19번	• 최종적으로 변경된 자료값을 출력한다.

실행 결과	원본 데이터 a=23 b=45 name=고구려 전달받은 데이터 i=23 j=45 s=고구려 변경중인 데이터 i=100 j=200 s=발해 최종 데이터 a=23 b=45 name=발해

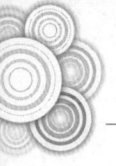

4.4 오버로딩

오버로딩은 같은 연산자나 생성자, 메소드의 이름으로 서로 다른 결과를 얻는 것을 의미하며 연산자 오버로딩, 생성자 오버로딩, 메소드 오버로딩으로 구분할 수 있다. 먼저 연산자 오버로딩을 살펴보면 + 연산자의 경우 부호, 덧셈, 문자열 연결 기능이 오버로딩 되어 있기 때문에 피연산자가 숫자 하나면 부호를 의미하고 피연산자가 두 개의 숫자이면 덧셈을 의미한다. 만약 피연산자가 문자열이면 문자열 연결기능을 수행한다.

생성자와 메소드 오버로딩은 클래스 내부의 생성자나 메소드들을 이름이 같고 매개변수의 개수나 자료형이 다르게 정의하여 사용하는 것을 말한다. 이 경우에 매개변수의 개수나 자료형의 차이를 이용하여 원하는 메소드를 호출할 수 있다. 오버로딩은 같은 이름으로 다양한 결과를 얻을 수 있기 때문에 다형성(Polymorphism)이라고도 하며 프로그램의 복잡도를 줄이고 보다 자연스러운 프로그래밍을 가능하게 한다.

예제 4-3은 int형, double형, char형, String형 자료값을 출력하는 프로그램으로 화면에 출력하는 기능이 같기 때문에 메소드 이름을 모두 show()로 정하고 매개변수의 형만 다르게 정의하였다. 예를 들어 메소드 이름을 showInt(), showDouble(), showChar(), showString()로 서로 다르게 작성한 것보다 프로그램이 간결해지고 사용하기에도 간편하다는 것을 알 수 있다.

예제 4-3 · OverloadingEx01.java

```
1  public class OverloadingEx01 {
2      public void show(int i) {
3          System.out.println("int형 변수 i의 값: "+i);
4      }
5
6      public void show(double d) {
7          System.out.println("double형 변수 d의 값: "+d);
8      }
9
10     public void show(char c) {
11         System.out.println("char형 변수 c의 값: "+c);
12     }
13
14     public void show(String s) {
```

```
15        System.out.println("String형 변수 s의 값: "+s);
16    }
17
18    public static void main(String[] agrs){
19        OverloadingEx01 oe = new OverloadingEx01();
20        oe.show(7);
21        oe.show(3.14);
22        oe.show('글');
23        oe.show("안녕하세요!");
24    }
25 }
```

2번	• int형 매개변수의 값을 출력하는 show() 메소드를 정의한다.
6번	• double형 매개변수의 값을 출력하는 show() 메소드를 정의한다.
10번	• char형 매개변수의 값을 출력하는 show() 메소드를 정의한다.
14번	• String형 매개변수의 값을 출력하는 show() 메소드를 정의한다.
19번	• OverloadingEx01 클래스의 인스턴스를 생성한다.
20-23번	• 자료형이 서로 다른 실매개변수를 사용하여 show()메소드를 호출한다.

실행 결과	int형 변수 i의 값: 7 double형 변수 d의 값: 3.14 char형 변수 c의 값: 글 String형 변수 s의 값: 안녕하세요!

4.5 상속

상속은 부모로부터 재산이나 유전자를 물려받는 것처럼 부모 클래스가 멤버변수와 메소드를 자식 클래스에게 물려주는 것을 의미한다. 상속을 이용하면 부모 클래스의 멤버변수와 메소드를 자식 클래스가 재사용할 수 있기 때문에 프로그램의 생산성을 높일 수 있다.

그림 4-8에서 승용차(Sedan), 스포츠유틸리티차량(SUV), 버스(Bus)는 자동차(Car)의 자식 클래스로 자동차(Car) 클래스의 모든 멤버변수와 메소드를 상속받는다. 클래스 상속관계에서 자식으로 갈수록 클래스는 구체화(Specialization)되고 부모로 갈수록 일반화(Generalization)된다. 자식 클래스는 부모 클래스의 모든 멤버변수와 메소드를 상속받기 때문에 추가적으로 필요한 멤버변수와 메소드만 정의하면 된다.

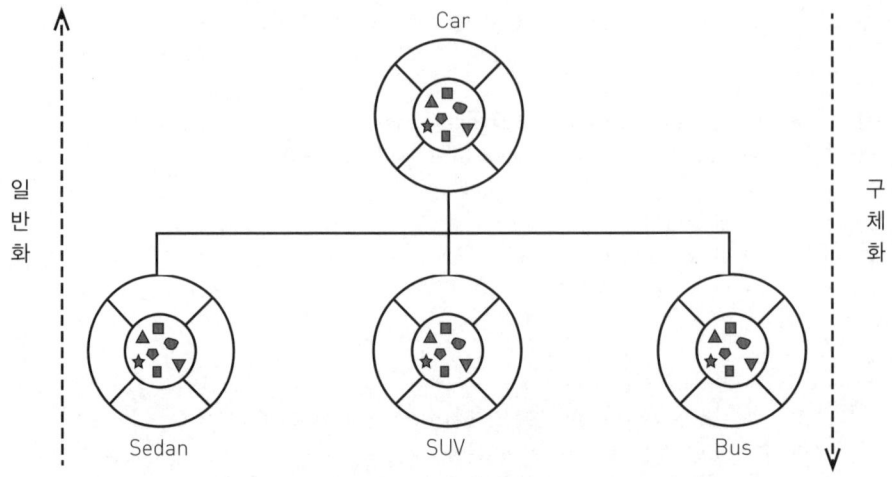

▲ 그림 4-8 클래스 상속 구조

　　예제 4-4는 부모 클래스 ParentClass와 자식 클래스 ChildClass의 상속관계를 구현한 프로그램으로 자식 클래스의 인스턴스 c를 생성하면 자동으로 부모 클래스의 멤버변수 i와 메소드 methodA()를 상속받게 된다. 따라서 자식 클래스의 인스턴스에서 c.methodB(100)와 c.methodA(200)를 호출해도 정상적으로 실행된 결과를 확인할 수 있다. 예제 4-4에서 this는 인스턴스의 주소를 저장하는 참조변수 즉, 인스턴스 자신을 가리킨다. 프로그램에서 인스턴스 자신의 멤버변수, 생성자, 메소드를 사용해야 한다면 아래와 같이 this 키워드를 사용하면 된다.

this 사용 방법

```
this.멤버변수;              // 인스턴스의 멤버변수 참조
this([매개변수]);           // 인스턴스의 생성자 호출
this.메소드_이름([매개변수]);   // 인스턴스의 메소드 호출
```

예제 4-4 · InheritanceEx01.java

```
1   class ParentClass {
2       private int i;
3       public void methodA(int i) {
4           this.i=i;
5           System.out.println("부모클래스의 메소드 호출");
6           System.out.println("부모클래스의 멤버변수 i의 값 : "+i);
```

```
 7     }
 8  }
 9
10  class ChildClass extends ParentClass {
11      private int j=200;
12      public void methodB(int j) {
13          this.j=j;
14          System.out.println("자식클래스의 메소드 호출");
15          System.out.println("자식클래스의 멤버변수 j의 값 : "+j);
16      }
17  }
18
19  public class InheritanceEx01 {
20      public static void main(String[] args) {
21          ChildClass c=new ChildClass();
22          c.methodA(100);
23          c.methodB(200);
24      }
25  }
```

1-8번	• 부모클래스를 정의한다.
2번	• 멤버변수 i를 선언한다.
3-7번	• 메소드 methodA()를 정의한다.
10-17번	• 부모클래스를 상속받는 자식클래스를 정의한다.
11번	• 멤버변수 j를 선언한다.
12-16번	• 메소드 methodB()를 정의한다.
13번	• 매개변수 j의 값을 멤버변수 j에 저장한다.
21번	• 자식클래스의 인스턴스를 생성한다.
22번	• 부모클래스의 메소드 methodA()를 호출한다.
23번	• 자식클래스의 메소드 methodB()를 호출한다.

실행 결과	부모클래스의 메소드 호출 부모클래스의 멤버변수 i의 값: 100 자식클래스의 메소드 호출 자식클래스의 멤버변수 j의 값: 200

예제 4-5는 예제 4-1의 Car 클래스를 상속받아 기능을 조금 더 구체화한 SUV 클래스를 구현한 프로그램으로 Car 클래스에서 제공하는 엔진의 시동과 정지, 주행모드와 주차모드, 가속과 브레이크 등의 6가지 기능에 오프로드 기능을 추가하였다. 원하는 기능에 해당하는 문자를 선택하면 관련되는 문자열을 출력한다.

 4-5 · InheritanceEx02.java

```
1   import java.util.Scanner;
2
3   class SUV extends Car {
4       boolean OffroadMode;
5
6       SUV(){
7           OffroadMode=false;
8       }
9
10      public void offroadMode() {
11          if(OffroadMode==false) {
12              OffroadMode=true;
13              System.out.println("오프로드 모드를 시작합니다.");
14          } else { OffroadMode=false;
15              System.out.println("오프로드 모드를 종료합니다.");
16          }
17      }
18  }
19
20  public class InheritanceEx02 {
21      public static void main(String[] args) {
22          String s;
23          char c;
24          SUV mySUV = new SUV();
25          Scanner s1 = new Scanner(System.in);
26          System.out.println("원하는 문자를 누르세요.");
27          System.out.println("엔진시동 s, 운전모드 d, 오프로드모드 o");
28          System.out.println("가속 a, 브레이크 b, 엔진정지 e, 주차모드 p");
29          Loop1: do {
30              s=s1.next();
31              c=s.trim().charAt(0);
32
33              switch(c){
34                  case 's': { mySUV.startEngine(); break;          }
35                  case 'd': { mySUV.changeMode("Drive"); break;    }
36                  case 'o': { mySUV.offroadMode(); break;          }
37                  case 'a': { mySUV.accelerate(); break;           }
38                  case 'b': { mySUV.breakCar(); break;             }
39                  case 'p': { mySUV.changeMode("Park"); break;     }
```

```
40              case 'e': { mySUV.stopEngine(); break Loop1;    }
41          }
42      } while(true);
43    }
44 }
```

1번	• 키보드 입력을 처리하기 위해 Scanner 클래스를 import한다.
3-18번	• Car 클래스를 상속받는 SUV 클래스를 정의한다.
4번	• 필드에 오프로드 모드의 작동여부를 저장할 변수를 선언한다.
7번	• 생성자에서 변수를 초기화한다.
10-17번	• 오프로드 모드의 기능을 구현한다.
24번	• SUV 클래스의 인스턴스인 mySUV 객체를 생성한다.
25번	• 키보드로부터 한 문자를 입력받아 Scanner 객체에 저장한다.
26-28번	• 사용자 인터페이스를 표시한다.
30-31번	• Scanner 객체에서 한 문자를 추출한다.
33-41번	• 사용자가 입력한 문자에 따라 해당하는 기능을 처리한다.

실행 결과	원하는 문자를 누르세요. 엔진시동 s, 운전모드 d, 오프로드모드 o 가속 a, 브레이크 b, 엔진정지 e, 주차모드 p s <---------------- 사용자 입력 엔진시동 상태는 true입니다. o <---------------- 사용자 입력 오프로드 모드를 시작합니다. a <---------------- 사용자 입력 현재 속도는 5 입니다. a <---------------- 사용자 입력 현재 속도는 10 입니다. b <---------------- 사용자 입력 현재 속도는 5 입니다. b <---------------- 사용자 입력 현재 속도는 0 입니다. o <---------------- 사용자 입력 오프로드 모드를 종료합니다. p <---------------- 사용자 입력 Park 모드로 변경합니다. e <---------------- 사용자 입력 엔진시동 상태는 false입니다.

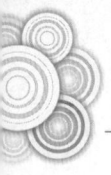

오버라이딩

오버라이딩(Overriding)은 부모 클래스의 멤버 변수나 메소드를 자식 클래스에서 동일한 이름으로 재정의하는 것을 말하며 이 경우에 부모 클래스의 멤버 변수나 메소드는 자식 클래스에서 감추어지고 자식 클래스에서 재정의한 멤버 변수와 메소드가 사용된다. 만약 오버라이딩에 의해 감추어진 부모 클래스의 멤버변수, 생성자, 메소드를 사용해야 한다면 아래와 같이 super 키워드를 사용하면 된다. 오버라이딩을 이용하면 부모 클래스에서 정의된 메소드의 기능을 개선할 수 있다.

super 사용 방법

```
super.멤버변수;              // 부모 클래스의 멤버변수 참조
super([매개변수]);           // 부모 클래스의 생성자 호출
super.메소드_이름([매개변수]);   // 부모 클래스의 메소드 호출
```

자식 클래스에서 메소드를 오버라이딩 하려면 부모 클래스의 메소드와 반환형, 이름, 매개변수의 개수, 매개변수의 자료형 등이 일치해야 한다.

예제 4-6은 Animal 클래스와 Animal 클래스를 상속받은 Bird 클래스를 구현한 프로그램으로 Animal 클래스의 move() 메소드를 자식 클래스인 Bird 클래스에서 오버라이딩 하였다. 자식 클래스에 의해 감추어진 부모 클래스의 move() 메소드를 참조하기 위하여 'super.move()'와 같이 super 키워드를 사용하였다.

예제 4-6 · OverrideEx01.java

```
1   class Animal{
2      public void move(){
3          System.out.println("Animals can move.");
4      }
5   }
6
```

```
7   class Bird extends Animal{
8       public void move(){
9           super.move();
10          System.out.println("Birds can fly.");
11      }
12
13      public void sing(){
14          System.out.println("Birds can sing.");
15      }
16  }
17
18  public class OverrideEx01 {
19      public static void main(String args[]){
20          Animal a = new Animal();
21          Bird b = new Bird();
22
23          a.move();
24          b.move();
25          b.sing();
26      }
27  }
```

1-5번	·부모클래스 Animal을 정의한다.
2-4번	·move() 메소드를 정의한다.
7-16번	·Animal 클래스의 자식클래스 Bird을 정의한다.
8-11번	·move() 메소드를 오버라이딩한다.
9번	·super 즉, 부모클래스의 move() 메소드를 호출한다.
13-15번	·sing() 메소드를 정의한다.
20번	·부모클래스 Animal의 인스턴스를 생성한다.
21번	·자식클래스 Bird의 인스턴스를 생성한다.
23번	·부모클래스의 move() 메소드를 호출한다.
24번	·자식클래스의 move() 메소드를 호출한다.
25번	·자식클래스의 sing() 메소드를 호출한다.

실행 결과	
Animals can move.	<--- 부모클래스의 move() 호출 결과
Animals can move.	<--- 자식클래스의 move() 호출 결과
Birds can fly.	
Birds can sing.	<--- 자식클래스의 sing() 호출 결과

예제 4-7은 사각형의 면적과 육면체의 부피를 출력하는 프로그램으로 부모 클래스의 show() 메소드를 자식 클래스에서 오버라이딩 하여 기능을 확장하였다. 즉, 부모 클래스의 show() 메소드는 면적을 출력하지만 자식 클래스의 show() 메소드는 기능을 확장하여 부피를 출력할 수 있다.

예제 4-7 · OverrideEx02.java

```
1   class Area {
2       public int x=10, y=20;
3
4       public int show() {
5           return x*y;
6       }
7   }
8
9   class Volume extends Area {
10      public int z=30;
11
12      public int show() {
13          return super.show()*z;
14      }
15  }
16
17  public class OverrideEx02 {
18      public static void main(String args[]) {
19          Area a = new Area();
20          Volume v = new Volume();
21          System.out.println("가로 "+a.x+", 세로 "+a.y+
22              "인 사각형의 면적: "+a.show());
23          System.out.println("가로 "+a.x+", 세로 "+a.y+
24              ", 높이 "+v.z+"인 육면체의 부피: "+v.show());
25      }
26  }
```

2번	• 부모클래스인 Area에서 사각형의 가로, 세로 변수를 정의한다.
4번	• 부모클래스의 show() 메소드를 정의한다.
5번	• 사각형의 면적을 반환한다.
10번	• 자식클래스인 Volume에서 육면체의 높이에 해당하는 변수를 정의한다.
12번	• 부모클래스의 show() 메소드를 오버라이딩한다.
13번	• 육면체의 부피를 반환한다.
19-20번	• Area와 Volume 클래스의 인스턴스를 생성한다.
21-22번	• 사각형의 면적을 출력한다.
23-24번	• 육면체의 부피를 출력한다.

| 실행 | 가로 10, 세로 20인 사각형의 면적: 200 |
| 결과 | 가로 10, 세로 20, 높이 30인 육면체의 부피: 6000 |

4.7 추상 클래스

추상 클래스(Abstract Class)는 아래와 같이 기타지정자 abstract로 정의된 클래스로 대부분 내부 구현이 없는 추상 메소드를 한 개 이상 가지고 있다. 메소드의 내부 구현이 없다는 것은 구현 부분인 메소드 블록 즉 '괄호({ })'로 둘러 쌓인 부분 없이 선언만 한다는 의미이다.

추상 클래스 정의 방법

```
[접근지정자] abstract class 추상클래스_이름 {
    [접근지정자] abstract 반환_자료형 추상메소드_이름([매개변수]);
}
```

추상 클래스는 구현 부분이 없는 추상 메소드를 가질 수 있기 때문에 객체를 생성할 수 없도록 제한을 두고 있다. 추상 클래스를 상속받은 자식 클래스는 추상 메소드의 구현 부분을 완성해야 객체 생성이 가능하다. 추상 클래스를 이용하여 자식 클래스들의 공통된 부분을 정의하면 재사용성과 생산성을 높일 수 있고 보다 일관성 있는 클래스 설계가 가능해진다.

예제 4-8에서 추상 클래스 SuperClass를 상속받은 SubClass가 추상 메소드 abstract-Method()를 구현하였다. AbstractClassEx01 클래스는 SubClass 클래스의 인스턴스를 생성한 후 메소드를 호출한 결과를 출력하였다.

예제 4-8 · AbstractClassEx01.java

```
1  abstract class SuperClass {
2      abstract void abstractMethod();
3      void concreteMethod() {
4          System.out.println("구현 부분이 있는 메소드");
5      }
6  }
7
```

```
 8   class SubClass extends SuperClass {
 9       void abstractMethod() {
10           System.out.println("추상메소드를 구현한 메소드");
11       }
12   }
13
14   class AbstractClassEx01 {
15       public static void main(String args[]) {
16           SubClass s = new SubClass();
17           s.concreteMethod();
18           s.abstractMethod();
19       }
20   }
```

1-6번	• 추상클래스를 정의한다.
2번	• 추상메소드를 선언한다.
3-5번	• 구현부분이 있는 메소드를 정의한다.
8-12번	• 추상클래스를 상속받는 클래스를 정의한다.
9-11번	• 추상메소드의 구현부분을 정의한다.
17번	• 처음부터 구현부분이 있던 메소드를 호출한다.
18번	• 구현부분을 추가한 메소드를 호출한다.
실행 결과	구현 부분이 있는 메소드 추상메소드를 구현한 메소드

예제 4-9는 삼각형과 사각형의 공통된 부분을 추상 클래스 Shape로 설계한 프로그램
으로 추상 클래스 Shape에는 생성자 Shape()와 추상 메소드 computeArea()를 정의하였
다. 자식 클래스인 삼각형 Triangle와 사각형 Rectangle에서는 각각의 생성자를 정의하고
computeArea() 메소드를 자신의 특성에 맞게 구현하면 된다.

예제 4-9 · AbstractClassEx02.java

```
1   abstract class Shape {
2       int x, y;
3
4       Shape(int i, int j) {
5           x = i;
6           y = j;
7       }
8
```

```
9      abstract int computeArea();
10 }
11
12 class Triangle extends Shape {
13     Triangle(int a, int b) {
14         super(a, b);
15     }
16
17     int computeArea() {
18         System.out.print("밑변 "+x+", 높이 "+y+"인 삼각형의 면적");
19         return x * y / 2;
20     }
21 }
22
23 class Rectangle extends Shape {
24     Rectangle(int a, int b) {
25         super(a, b);
26     }
27
28     int computeArea() {
29         System.out.print("가로 "+x+", 세로 "+y+"인 사각형의 면적");
30         return x * y;
31     }
32 }
33
34
35 class AbstractClassEx02 {
36     public static void main(String args[]) {
37         Triangle t = new Triangle(15, 9);
38         Rectangle r = new Rectangle(13, 7);
39         System.out.println(": " + t.computeArea());
40         System.out.println(": " + r.computeArea());
41     }
42 }
```

	• 삼각형과 사각형의 공통된 특징을 Shape 추상 클래스로 정의한다.
2번	• 공통된 생성자인 Shape()를 정의한다.
4번	• 공동된 메소드인 computeArea()를 선언한다.
5번	• 삼각형 Triangle 클래스를 정의한다.
10번	• 삼각형의 생성자를 정의한다.
12번	• 삼각형의 computeArea() 메소드를 정의한다.
13번	• 사각형 Rectangle 클래스를 정의한다.
19-20번	• 사각형의 생성자를 정의한다.
21-22번	• 사각형의 Rectangle() 메소드를 정의한다.

23-24번	• Triangle 클래스의 인스턴스를 생성한다. • Triangle 클래스의 인스턴스를 생성한다. • 삼각형의 computeArea() 메소드를 호출한다. • 사각형의 computeArea() 메소드를 호출한다.
실행 결과	밑변 15, 높이 9인 삼각형의 면적: 67 가로 13, 세로 7인 사각형의 면적: 91

 **4.8 인터페이스**

인터페이스(Interface)는 상수와 추상 메소드로만 구성된 것으로 클래스의 경우에는 다중상속이 불가능하지만 인터페이스는 다중상속이 가능하다. 아래의 정의 방법에서 인터페이스 자체에 대한 접근 지정자는 public과 default를 사용할 수 있고 상수의 지정자는 public static final, 추상 메소드는 public static을 사용해야 하며 생략해도 해당하는 속성은 그대로 유지된다.

인터페이스 정의 방법

```
[접근지정자] interface 인터페이스_이름 [implements 인터페이스_이름] {
    [public static final] 자료형 상수_이름;
    [public abstract] 반환_자료형 추상메소드_이름([매개변수]);
}
```

자식 클래스에서 인터페이스를 상속하려면 아래의 사용 방법처럼 implements 키워드를 사용해야 하며 반드시 인터페이스에서 선언한 추상 메소드들을 모두 구현해야 한다. 추상 클래스와 마찬가지로 인터페이스를 이용하여 클래스들의 공통된 부분을 정의하면 재사용성과 생산성을 높일 수 있고 보다 일관성 있는 클래스 설계가 가능해진다. 또한 인터페이스는 다중상속이 가능하기 때문에 자바에서 금지된 클래스 다중상속도 우회적으로 지원이 가능하다.

인터페이스 사용 방법

```
[접근지정자] [기타지정자] 자식클래스_이름 extends 부모클래스_이름 implements
인터페이스_이름 {
  // 모든 추상 메소드 구현
}
```

　예제 4-10은 승용차와 스포츠카의 공통부분을 Vehicle 인터페이스로 정의한 프로그램으로 인터페이스 Vehicle에는 상수 MIN_SPEED와 추상 메소드 showSpeed()를 정의하였다. Vehicle 인터페이스를 구현한 Sedan과 SportsCar 클래스에서는 상수 MIN_SPEED를 공통으로 사용하고 승용차와 스포츠카의 특정에 적합하도록 showSpeed() 메소드를 구현하면 된다.

예제 4-10 · InterfaceEx01.java

```java
1  interface Vehicle {
2      int MIN_SPEED = 30;
3      void showSpeed();
4  }
5
6  class Sedan implements Vehicle {
7      public void showSpeed() {
8          System.out.println("승용차의 최저 속도: "+MIN_SPEED+"km/h");
9          System.out.println("승용차의 최고 속도: 110km/h");
10     }
11 }
12
13 class SportsCar implements Vehicle {
14     public void showSpeed() {
15         System.out.println("\n스포츠카의 최저 속도: "+MIN_SPEED+"km/h");
16         System.out.println("스포츠카의 최고 속도: 250km/h");
17     }
18 }
19
20 public class InterfaceEx01 {
21     public static void main(String[] args) {
22         Vehicle sedan = new Sedan();
23         Vehicle sportsCar = new SportsCar();
24         sedan.showSpeed();
25         sportsCar.showSpeed();
26     }
27 }
```

1-4번	• 인터페이스 Vehicle을 정의한다.
2번	• 모든 차량의 최저 속도를 상수로 정의한다.
3번	• 차량의 최저, 최고 속도를 표시하는 showSpeed() 추상메소드를 선언한다.
6-11번	• Vehicle 인터페이스를 구현하는 Sedan 클래스를 정의한다.
7-10번	• Sedan의 최저, 최고 속도를 표시하는 showSpeed() 메소드를 정의한다.
13-18번	• SportsCar 인터페이스를 구현하는 Sedan 클래스를 정의한다.
14-17번	• SportsCar의 최저, 최고 속도를 표시하는 showSpeed() 메소드를 정의한다.
22-23번	• Sedan과 SportsCar 클래스의 인스턴스를 생성한다.
24-25번	• Sedan과 SportsCar 인스턴스의 showSpeed() 메소드를 호출한다.

실행 결과	승용차의 최저 속도: 30 km/h 승용차의 최고 속도: 110 km/h 스포츠카의 최저 속도: 30km/h 스포츠카의 최고 속도: 250km/h

●●● 요약 ●●●

- 객체지향(Object Oriented)

  현실 세계에 존재하는 다양한 개체(Entity)를 인간이 이해하고 활용하는 방식으로 컴퓨터 시스템에 적용시키는 방법론이다.

  클래스(Class), 객체(Object), 메시지(Message)를 기본 구성 요소로 정의한다.

- 객체

  상태(State)를 표현하는 필드와 행동(Behavior)을 표현하는 메소드(Method)로 구성된다.

- 추상화(abstraction)

  객체들의 공통된 속성을 변수로 추출하고 이 변수를 다루기 위한 공통된 행위를 메소드로 추출하는 과정을 의미하며 클래스는 추상화 과정을 통해 작성된다.

- 인스턴스(Instance)

  클래스로부터 생성된 객체를 의미하며 동일한 클래스로부터 생성된 인스턴스들은 모두 같은 변수와 메소드를 가진다.

- 캡슐화(Encapsulation)

  접근지정자(Access Modifier)를 이용하여 프로그램의 중요한 부분을 숨기는 것으로 정보은닉이라고도 한다.

- 메소드(Method)

  객체의 행동을 표현하는 것으로 메소드의 이름은 일반적으로 소문자로 시작한다. 반환되는 값이 없을 때는 반환 자료형에 void라고 적으면 된다.

- 매개변수 전달(Argument Passing)

  메소드를 호출할 때 실매개변수가 형식매개변수로 전달되는 과정을 의미하며 값에 의한 전달과 참조에 의한 전달로 구분할 수 있다.

- 오버로딩(Overloading)

  같은 연산자나 생성자, 메소드의 이름으로 서로 다른 결과를 얻는 것을 의미하며 연산자 오버로딩, 생성자 오버로딩, 메소드 오버로딩으로 구분할 수 있다.

- 상속(Inheritance)

  부모 클래스의 멤버변수와 메소드를 자식 클래스에게 물려주는 것을 의미한다. 부모 클래스를 자식 클래스가 재사용할 수 있기 때문에 프로그램의 생산성을 높일 수 있다.

- 오버라이딩(Overriding)

  부모 클래스의 멤버 변수나 메소드를 자식 클래스에서 동일한 이름으로 재정의하는 것으로 부모 클래스의 멤버 변수나 메소드는 자식 클래스에서 감추어진다.

- 추상 클래스(Abstract Class)

  기타지정자 abstract로 정의된 클래스로 대부분 내부 구현이 없는 추상 메소드를 한 개 이상 가지고 있다.

- 인터페이스(Interface)

  상수와 추상 메소드로만 구성된 것으로 다중상속이 가능하다.

- 추상클래스와 인터페이스를 이용하여 공통된 부분을 정의하면 재사용성과 생산성을 높일 수 있고 보다 일관성 있는 클래스 설계가 가능해진다.

●●● 연습문제 ●●●

1. 객체지향의 개념과 기본 구성요소에 대하여 설명하여라.

2. 객체와 클래스, 추상화에 대하여 설명하여라.

3. 인스턴스에 대하여 설명하여라.

4. 클래스 정의방법에 대하여 설명하여라.

5. 접근지정자와 기타지정자에 대하여 설명하여라.

6. 메소드의 개념과 사용방법에 대하여 설명하여라.

7. 매개변수 전달에 대하여 설명하여라.

8. 오버로딩과 오버라이딩을 비교하여 설명하여라.

9. 상속의 개념과 사용목적에 대하여 설명하여라.

10. 추상클래스와 인터페이스의 개념과 사용목적에 대하여 설명하여라.

11. 다음 예제를 실행한 결과를 작성하여라.

ArgumentPassingEx02.java

```
1  class ArgumentPass {
2      public void changeDate(int i, int j, String[] s){
3          System.out.println("전달받은 데이터 i="+i+" j="+j+" s="+s[0]);
4          i=200;
5          j=400;
6          s[0]="발해";
7          System.out.println("변경중인 데이터 i="+i+" j="+j+" s="+s[0]);
8      }
9  }
10
11 public class ArgumentPassingEx02 {
12     public static void main(String[] agrs){
13         int a=17;
14         int b=35;
15         String[] name={"발해"};
16         System.out.println("원본 데이터 a="+a+" b="+b+" name="+name[0]);
17         ArgumentPass ap = new ArgumentPass();
18         ap.changeDate(a, b, name);
19         System.out.println("최종 데이터 a="+a+" b="+b+" name="+name[0]);
20     }
21 }
```

05

기본 패키지

학습 목표

- 자바 API와 패키지의 개념을 이해한다.
- 주요 패키지의 사용 용도와 API 문서의 사용방법을 배운다.
- java.lang 패키지를 이해하고 주요 클래스의 사용방법을 배운다.
- 자동 박싱과 자동 언박싱을 이해하고 사용방법을 배운다.
- java.util 패키지을 이해하고 주요 클래스의 사용방법을 배운다.
- 정규 표현식의 사용방법을 배운다.

5.1 자바 API와 패키지

자바 API는 응용 프로그램을 작성하는 데 필요한 수백 개의 클래스와 인터페이스를 포함하고 있다. 프로그래머는 이 중에서 프로그램에 필요한 것을 찾아 적절하게 사용할 수 있어야 한다. 자바 API는 클래스와 인터페이스를 쉽게 찾을 수 있도록 사용용도에 따라 패키지 단위로 묶어서 제공한다.

자바개발도구인 JDK를 설치하면 자바 API도 'rt.jar'라는 압축파일 형태로 같이 설치된다. 그림 5-1처럼 'rt.jar' 파일을 살펴보면 자바 API에서 제공하는 패키지들을 확인할 수 있다. 예를 들어 'java.lang' 패키지는 자바 프로그램을 작성하는데 필요한 가장 기본적인 클래스와 인터페이스를 java 폴더의 하위 폴더인 lang 폴더에 모아서 제공한다. 'java.io' 패키지는 자바 프로그램의 입출력 처리에 필요한 클래스와 인터페이스를 java 폴더의 하위 폴더인 io 폴더에 모아서 제공한다. 이와 같이 모든 패키지 이름은 폴더의 경로와 일치하며 모두 소문자를 사용한다.

▲ 그림 5-1   rt.jar 파일의 구성

자바 프로그램에서 패키지를 사용하려면 아래와 같이 프로그램의 시작부분에 import 문과 사용할 패키지 이름을 지정하면 된다. 이때 클래스명은 영단어의 첫 글자마다 대문자가 사용되는 것을 주의하도록 한다.

import 패키지명. 클래스명;

사용 예

```
import java.util.Random;  // java.util 패키지의 Random 클래스 사용
import java.awt.*;         // java.awt 패키지의 모든(*) 클래스 사용
```

자바에서 제공하는 주요 패키지와 사용 용도를 살펴보면 표 5-1과 같다.

표 5-1 자바의 주요 패키지

패키지	설명
java.applet	애플릿을 작성하는 데 필요한 클래스와 인터페이스를 제공한다.
java.awt	awt는 Abstract Windowing Toolkit의 약자로 그래픽 사용자 인터페이스를 구성하는 클래스와 인터페이스 제공한다. 이벤트와 이미지를 다룰 수 있도록 java.awt.event와 java.awt.image 등의 하위 패키지를 포함한다.
java.beans	소프트웨어 컴포넌트를 만들 수 있도록 클래스와 인터페이스 제공한다.
java.io	java input/output package로 자바 프로그램이 데이터를 입력하고 출력할 수 있도록 한다.
java.lang	java language package로 컴파일러가 자동으로 import 하므로 프로그램에서 'imort java.lang.*' 구문을 생략해도 된다. 자바 프로그램이 필요로 하는 기본 클래스와 인터페이스를 제공한다.
java.math	정확도가 큰 수를 계산하는 데 관련된 클래스와 인터페이스를 제공한다.
java.net	java networking package로 네트워크와 관련된 기능을 제공한다.
java.rmi	rwi는 remote method invocation의 약자로 분산 프로그램에 필요한 패키지이다. 원격 메소드 호출을 통해서 프로그램은 동일 컴퓨터 또는 인터넷 상의 컴퓨터에서 다른 프로그램에 있는 메소드를 호출할 수 있다.
java.security	보안을 위해서 데이터를 암호화하거나 접근 권한을 통제하는 기능을 제공한다.
java.sql	JDBC(java database connectivity) 즉, 데이터베이스와의 상호 작용을 제공한다.
java.text	문자, 날짜, 숫자, 도량형 등을 서로 다른 언어로 보여줄 수 있는 국제화 기능을 지원한다.
java.util	java utilities package로 날짜와 시간, 난수, 대량 데이터, 토큰 등의 처리 기능을 제공한다.
javax.swing	향상된 그래픽 사용자 인터페이스를 구성하는 클래스와 인터페이스를 제공한다.

'http://docs.oracle.com/javase/7/docs/api/' 사이트에서 보다 자세한 자바 API 문서를 확인할 수 있다. 그림 5-2처럼 자바 API 문서의 왼쪽 위에는 패키지 창이 있어서 알고 싶은 패키지의 이름을 선택하면 왼쪽 아래에 있는 클래스 창에 해당 패키지에서 제공하는 클래스와 인터페이스들이 표시된다. 사용방법을 알고 싶은 클래스를 선택한 후 오른쪽 창에서 클래스의 상속구조, 개요, 필드 설명, 생성자 설명, 메소드 설명 등 자세한 정보를 확인할 수 있다.

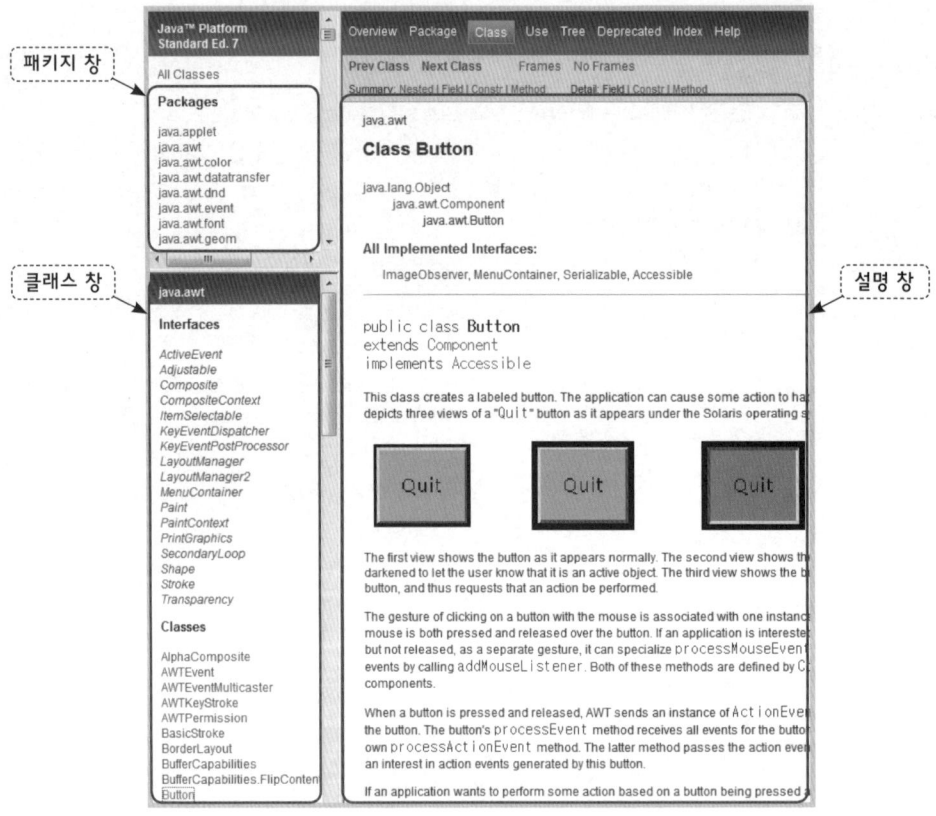

▲ 그림 5-2　자바 API 문서

java.lang 패키지

java.lang 패키지의 상속 구조는 그림 5-3과 같으며 자바 프로그램에 필요한 기본적인 요소들 즉, 최상위 클래스인 Object 클래스, 기본 자료형에 대응하는 Wrapper 클래스, 표준입출력을 위한 System 클래스 등을 제공한다. 이 패키지는 자바의 기본 기능을 제공하여 자동으로 포함되기 때문에 import 문을 생략해도 된다.

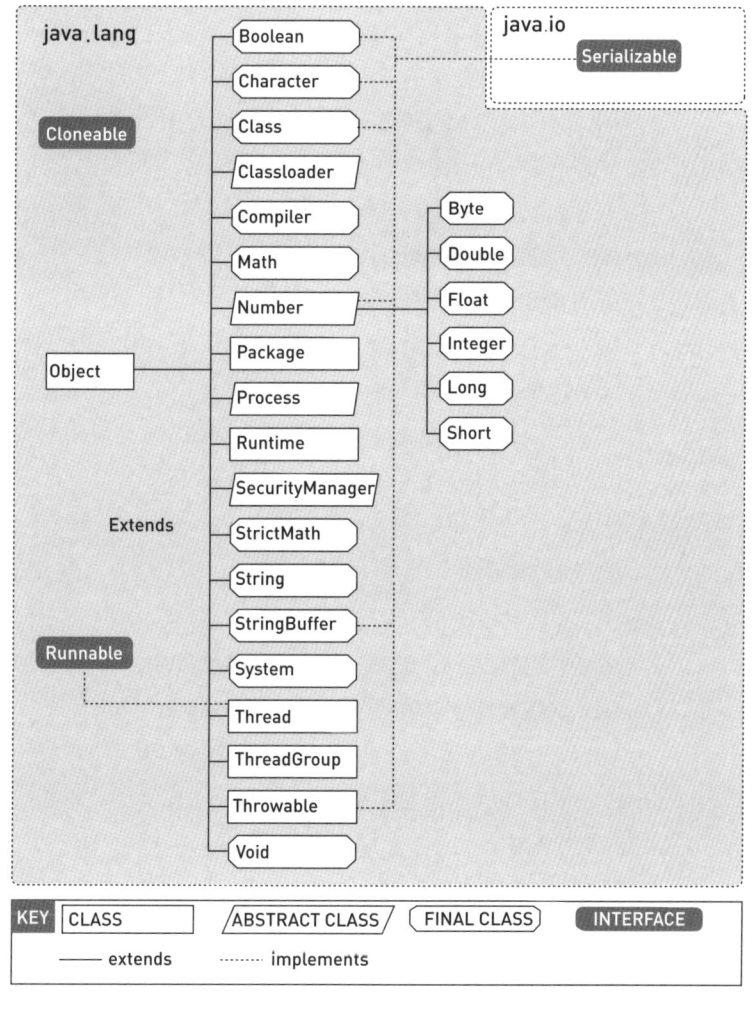

▲ 그림 5-3 java.lang 패키지의 상속 구조

java.lang 패키지의 주요 인터페이스와 클래스는 표 5-2와 같으며 여기서는 Object 클래스, Wrapper 클래스, Math 클래스, String 클래스, System 클래스에 대하여 알아본다.

표 5-2 java.lang 페키지의 인터페이스와 클래스

주요 인터페이스

이름	설명
Cloneable	객체가 복사될 수 있도록 하기 위한 인터페이스
Runnable	스레드를 정의하기 위한 인터페이스

주요 클래스

이름	설명
Object	모든 클래스의 조상이 되는 최상위 클래스
Byte	byte형을 캡슐화하는 랩퍼(wrapper) 클래스
Short	short형을 캡슐화하는 랩퍼 클래스
Integer	int형을 캡슐화하는 랩퍼 클래스
Long	long형을 캡슐화하는 랩퍼 클래스
Float	float형을 캡슐화하는 랩퍼 클래스
Double	double형을 캡슐화하는 랩퍼 클래스
Boolean	boolean형을 캡슐화하는 랩퍼 클래스
Character	char형을 캡슐화하는 랩퍼 클래스
String	문자열형을 캡슐화하는 클래스
Class	클래스에 대한 정보를 얻기 위하여 사용되는 클래스
ClassLoaber	클래스를 자바가상머신으로 적재하는데 사용되는 클래스
Compiler	자바 컴파일러에 대한 시스템 클래스
Math	수학 함수를 위한 클래스
Number	자료형 변환을 위한 메소드들을 가지고 있는 추상 클래스
Process	프로세스에 관련된 작업을 처리하기 위한 추상 클래스
Runtime	자바 런타임 기능에 접근 할 수 있도록 해주는 클래스
SecurityManager	보안 정책을 구현하기 위한 추상 클래스
StringBuffer	문자열형을 동적으로 취급할 때 효율적인 클래스
System	시스템 기능을 구현하게 해주는 클래스
Thread	멀티 스레드 구현을 가능하게 해 주는 클래스
ThreadGroup	여러 개의 스레드를 그룹화 하기 위한 클래스

▌Object 클래스

Object 클래스는 모든 자바 클래스의 최상위 클래스이다. 따라서 자바의 모든 클래스는 최상위 클래스인 java.lang.Object 클래스를 자동으로 상속받기 때문에 클래스를 선언할 때 'extends Object'를 생략하고 'class ABC'와 같이 사용해도 된다.

표 5-3은 Object 클래스의 생성자와 주요 메소드에 대한 설명이다.

표 5-3 Object 클래스의 생성자와 주요 메소드

생성자

이름	설명
public Object()	Object 클래스의 새 인스턴스를 초기화한다.

주요 메소드

이름	설명
protected Object clone()	객체 자신의 복사본을 반환한다.
public boolean equal(Object obj)	객체 자신과 객체 obj가 같은지 알려준다.
protected void finalize()	객체를 더 이상 사용하지 않을 때 가비지 컬렉터가 자동으로 호출한다.
Class getClass()	객체 자신의 이름을 Class형으로 반환한다.
public int hashCode()	기본적으로 "클래스의 이름 + 객체의 해시코드(16진수)"를 반환한다.
public void notify()	대기 중인 스레드 중에서 하나를 다시 시작한다.
public void notifyAll()	대기 중인 모든 스레드를 다시 시작한다.
public String toString()	객체 자신의 정보를 문자열로 반환한다.
public void wait()	스레드의 작동을 중지하고 대기 상태로 전환한다.

예제 5-1은 Object 클래스의 주요 메소드를 사용하여 클래스의 이름과 해시코드, 객체를 표현하는 문자열을 출력하는 프로그램이다.

예제 5-1 · ObjectEx01.java

```
1  class ABC{
2      protected int i =10;
3      protected int j =10;
4  }
5
```

```
6  class ObjectEx01{
7    public static void main(String[] args) {
8      ABC a1 = new ABC();
9      ABC a2 = new ABC();
10
11     if(a1.equals(a2)) System.out.println("a1과 a2는 같다.");
12         System.out.println("a1과 a2는 다르다.");
13
14         System.out.println("a1 클래스 이름 : " + a1.getClass());
15         System.out.println("a1 해 시 코 드 : " + a1.hashCode());
16         System.out.println("a1 객체 문자열 : " + a1.toString());
17         System.out.println();
18         System.out.println("a2 클래스 이름 : " + a2.getClass());
19         System.out.println("a2 해 시 코 드 : " + a2.hashCode());
20         System.out.println("a2 객체 문자열 : " + a2.toString());
21     }
22 }
```

1번	• class ABC extends Object 와 같은 의미의 문장으로 ABC 클래스를 작성한다.
6번	• class ObjectEx01 extends Object 와 같은 의미의 문장으로 ObjectEx01 클래스를 작성한다.
11-12번	• 객체 a1과 a2가 같은지 비교한 결과를 출력한다.
14-20번	• 객체 a1과 a2의 클래스 이름, 해시코드, 객체 문자열을 출력한다.

실행 결과	a1과 a2는 다르다. a1 클래스 이름: class ABC a1 해시코드: 551940123 a1 객체 문자열: ABC@20e5f01b a2 클래스 이름: **class** ABC a2 해시코드: 1475775868 a2 객체 문자열: ABC@57f68d7c

랩퍼 클래스

자바 프로그램에서 기본 자료형을 사용할 수 없는 경우에 기본 자료형에 해당하는 랩퍼(Wrapper) 클래스를 사용할 수 있다. 랩퍼 클래스는 표 5-4와 같이 자바의 기본 자료형을 객체로 표현한 8개의 클래스를 의미하는 것으로 'Wrapper' 라는 이름의 클래스가 존재하는 것은 아니다. 사용 예를 살펴보면 'Character' 클래스를 제외한 나머지 7개의 랩퍼 클래스는 문자열도 매개변수로 사용할 수 있다는 것을 알 수 있다.

표 5-4 기본 자료형과 랩퍼 클래스

기본형	랩퍼 클래스	생성자	사용 예
byte	Byte	Byte(byte value) Byte(String str)	Byte b = new Byte(3); Byte b = new Byte("3");
short	Short	Short(byte value) Short(String str)	Short s = new Short(30); Short s = new Short("30");
int	Integer	Integer(byte value) Integer(String str)	Integer i = new Integer(300); Integer i = new Integer("300");
long	Long	Long(byte value) Long(String str)	Long l = new Long(3000); Long l = new Long("3000");
float	Float	Float(byte value) Float(String str)	Float f = new Float(3.14); Float f = new Float("3.14");
double	Double	Double(byte value) Double(String str)	Double d = new Double(3.1415); Double d = new Double("3.1415");
boolean	Boolean	Boolean(boolean value) Boolean(String str)	Boolean b = new Boolean(true); Boolean b = new Boolean("true");
char	Character	Char(char c)	Character c = new Character('a');

박싱과 언박싱

박싱(Boxing)은 표 5-5와 같이 기본 자료형을 랩퍼 클래스로 변환하는 것을 의미하고 그 반대의 경우를 언박싱(Unboxing)이라고 한다.

표 5-5 박싱과 언박싱의 예

박싱	언박싱
Byte wb = new Byte(3);	byte b = wb.byteValue();
Short ws = new Short(30);	short s = ws.shortValue();
Integer wi = new Integer(300);	int i = wi.intValue();
Long wl = new Long(3000);	long l = wl.longValue();
Float wf = new Float(3.14);	float f = wf.floatValue();
Double wd = new Double(3.1415);	double d = wd.doubleValue();
Boolean wb = new Boolean(true);	boolean b = wb.booleanValue();
Character wc = new Character('a');	char c = wc.charValue();

JDK 5.0부터 박싱과 언박싱이 자동으로 수행되어 자동 박싱(auto boxing)과 자동 언박싱 (auto unboxing)이라고 불리며 문법도 표 5-6과 같이 단순화되었다.

표 5-6 자동 박싱과 자동 언박싱의 예

박싱	언박싱
Byte wb = 3;	byte b = wb;
Short ws = 30;	short s = ws;
Integer wi = 300;	int i = wi;
Long wl = 3000;	long l = wl;
Float wf = 3.14;	float f = wf;
Double wd = 3.1415;	double d = wd;
Boolean wb = true;	boolean b = wb;
Character wc = 'a';	char c = wc;

예제 5-2는 랩퍼 클래스와 주요 메소드를 사용하여 자동 박싱과 자동 언박싱을 구현하고 그 결과를 출력하는 프로그램이다.

예제 5-2 · WrapperEx01.java

```
1  public class WrapperEx01 {
2      public static void main(String[] args) {
3          int i = 1;
4          int j;
5          Integer wi;
6          Integer wj = new Integer(100);
7
8          wi = i;
9          j = wj;
10
11         int k = wj.intValue();
12         k++;
13         System.out.println(wi);
14         System.out.println(j);
15         System.out.println(k);
16     }
17 }
```

3-4번	• 기본 자료형으로 i와 j를 선언하고 i를 1로 초기화한다.
5-6번	• 랩퍼 자료형으로 wi와 wj를 선언하고 기본 자료형 100을 wj로 박싱한다.
8번	• JVM이 i를 랩핑하여 wi에 자동 박싱한다.
9번	• JVM이 wj를 기본형으로 만들어 j에 자동 언박싱한다.
11번	• 랩퍼 자료형 wj를 intValue() 메소드를 이용하여 기본 자료형으로 언박싱한다.

| 실행
결과 | 1
100
101 |

Math 클래스

Math 클래스는 수학적인 계산을 위한 상수와 다양한 메소드를 제공한다. Math 클래스의 생성자는 private 접근제한을 가지므로 외부에서 접근할 수 없다. 즉, 객체를 생성할 수 없다. 하지만 Math 클래스의 모든 필드와 메소드가 표 5-7처럼 static으로 선언되어 있기 때문에 객체를 생성할 필요없이 클래스 이름으로 직접 접근하여 사용하면 된다.

표 5-7 Math 클래스의 상수, 생성자와 주요 메소드

상수

이름	설명
public static final double E	자연로그 상수 : 2.718281828459045
public static final double PI	원주율 상수 : 3.141592653589793

생성자

이름	설명
private Math()	Math 클래스의 생성자는 private 접근제한을 가지므로 객체를 생성할 수 없다.

주요 메소드

이름	설명
public static int abs(int x) public static long abs(long x) public static float abs(float x) public static double abs(double x)	인수 x의 절대값을 반환한다
public static type max(type x, type y)	x와 y값 중 큰 값을 반환한다.
public static type min(type x, type y)	x와 y값 중 작은 값을 반환한다.
public static double log(double x)	$\log_e x$값을 반환한다

주요 메소드(계속)

이름	설명
public static int round(float x) public static long round(double x)	x를 반올림하여 반환한다.
public static double ceil(double x)	x보다 크거나 같은 정수를 반환한다.
public static double floor(double x)	x보다 작거나 같은 정수를 반환한다.
public static double rint(double x)	x와 가장 가까운 정수를 반환한다.
public static double sin(double x) public static double cos(double x) public static double tan(double x)	라디안 값 x에 대한 sine, cosine, tangent 값을 반환한다. 1라디안은 약 57.17도 이다.
public static double toRadians(double x)	각도 x를 라디안으로 변환한다.
public static double toDegrees(double x)	라디안 x를 각도로 변환한다.
public static double sqrt(double x)	$\sqrt{x}$ 값을 반환한다.
public static double random()	0.0에서 1.0 사이의 난수를 반환한다.

예제 5-3은 Math 클래스의 주요 메소드를 사용하여 자연로그 상수, 원주율, 절대값, 최대값, 최소값, 로그값 등 다양한 수학적인 계산을 수행하고 그 결과를 출력하는 프로그램이다.

 예제 5-3 · MathEx01.java

```java
1  public class MathEx01 {
2     public static void main(String[] args){
3        System.out.println(Math.E);
4        System.out.println(Math.PI);
5        System.out.println(Math.abs(-5.25));
6        System.out.println(Math.max(10,20));;;
7        System.out.println(Math.min(10,20));
8        System.out.println(Math.log(5));
9        System.out.println(Math.pow(2,10));
10       System.out.println(Math.exp(3));
11       System.out.println(Math.round(5.25));
12       System.out.println(Math.ceil(5.25));
13       System.out.println(Math.floor(5.25));
```

```
14        System.out.println(Math.rint(5.25));
15        System.out.println(Math.sin(0.5));
16        System.out.println(Math.cos(0.5));
17        System.out.println(Math.tan(0.5));
18        System.out.println(Math.toRadians(180));
19        System.out.println(Math.toDegrees(3.141592653589793));
20        System.out.println(Math.sqrt(25));
21        System.out.println(Math.random());
22    }
23 }
```

| 3-4번 | • 자연로그 상수와 원주율을 출력한다. |
| 5-21번 | • 다양한 수학적인 계산을 수행하고 그 결과를 출력한다. |

| 실행 결과 | 2.718281828459045
3.141592653589793
5.25
20
10
1.6094379124341003
1024.0
20.085536923187668
5
6.0
5.0
5.0
0.479425538604203
0.8775825618903728
0.5463024898437905
3.141592653589793
180.0
5.0
0.3853700603809026 |

String 클래스

String 클래스는 문자열을 표현하는 클래스로 문자열을 쉽게 다루기 위하여 사용된다. 문자열은 문자들의 배열로도 표현할 수 있으며 String 클래스의 주요 생성자와 메소드는 표 5-8과 같다.

표 5-8 String 클래스의 주요 생성자와 메소드

생성자

이름	설명
public String()	문자열의 길이가 0인 null 문자열("")을 생성한다.
public String(String original)	original을 문자열로 가지는 객체를 생성한다.
public String(char[] value)	char 배열 value를 문자열로 가지는 객체를 생성한다.
public String (char[] value, int offset, int count)	char 배열 value의 문자열 중에서 offset(시작번호)부터 count(개수)개의 문자를 문자열로 가지는 객체를 생성한다.

주요 메소드

이름	설명
public char charAt(int index)	index 위치에 있는 문자를 반환한다. index는 0부터 시작한다.
public String concat(String str)	문자열 뒤에 str을 추가하여 반환한다.
public boolean equals (Object anObject)	anObject와 this가 같은 문자열을 가지면 true를 반환한다.
public int indexOf(int ch)	this의 문자열을 앞에서부터 검색하여 문자 ch가 처음 나타난 위치를 반환한다.
public int lastIndexOf(char ch)	this의 문자열을 뒤에서부터 검색하여 문자 ch가 처음 나타난 위치를 반환한다.
public int length()	문자열의 길이(문자의 개수)를 반환한다.
public String replace (char old_ch, char new_ch)	문자열의 old_ch 문자를 모두 new_ch 문자로 변경해서 반환한다.
public String substring (int beginIndex)	beginIndex부터 끝가지의 문자열을 반환한다.
public String substring (int beginIndex, int endIndex)	beginIndex부터 endIndex 앞까지의 문자열을 반환한다.
public String toLowerCase()	소문자로 변경한 문자열을 반환한다.
public String toUpperCase()	대문자로 변경한 문자열을 반환한다.
public String trim()	문자열의 앞뒤 공백을 제외한 문자열을 반환한다.

예제 5-4는 문자열을 생성한 후에 String 클래스의 주요 메소드를 사용하여 문자열을 다루는 다양한 방법을 보여주는 프로그램이다.

예제 5-4 · StringEx01.java

```java
1  public class StringEx01 {
2      public static void main(String[] agrs){
3          String s1="Hello Java";
4          char[] c1={'H','i',' ','E','v','e','r','y','o','n','e','.'};
5          String s2=new String(c1);
6
7          System.out.println(s1);
8          System.out.println(c1);
9          System.out.println(s2);
10
11         System.out.println(s1.charAt(0));
12         System.out.println(s1.concat(" World!"));
13         System.out.println(s1+" World!");
14         System.out.println(s1.equals("Hello Java"));
15
16         System.out.println(s2.indexOf('e'));
17         System.out.println(s2.indexOf('e',6));
18         System.out.println(s2.lastIndexOf('.'));
19
20         System.out.println(s1.length());
21         System.out.println(s2.replace('e','o'));
22         System.out.println(s1.substring(6));
23         System.out.println(s2.substring(3,8));
24         System.out.println(s1.toLowerCase());
25         System.out.println(s2.toUpperCase());
26         System.out.println("   Hi~   ".trim());
27     }
28 }
```

4-5번	• char 배열을 사용하여 문자열을 생성한다.
7-26번	• 문자열을 다루는 다양한 메소드를 사용해보고 그 결과를 출력한다.

실행 결과	Hello Java Hi Everyone. Hi Everyone. H Hello Java World! Hello Java World!

```
실행      true
결과      5
         10
         11
         10
         Hi Evoryono.
         Java
         Every
         hello java
         HI EVERYONE.
         Hi~
```

│ System 클래스

System 클래스의 필드에는 그림 5-9처럼 in, out, err의 세 변수가 제공된다. 이 변수들은 모두 static으로 선언되었기 때문에 System 클래스의 객체를 생성하지 않고 'System.out.println();'과 같이 사용한다. System 클래스의 getProperty()메소드를 이용하면 시스템의 시간과 속성 등을 확인할 수 있다.

표 5-9 System 클래스의 필드와 주요 메소드

필드

이름	설명
static PrintStream in	표준 입력 스트림
static PrintStream out	표준 출력 스트림
static PrintStream err	표준 에러 출력 스트림

주요 메소드

이름	설명
static long currentTimeMillis()	1970년 1월 1일 오전 0시부터 현재까지의 시간을 밀리 세컨드로 반환한다.
static Properties getProperties()	현재 시스템의 속성을 반환한다.
static String getProperty(String key)	key에 대응하는 시스템의 속성을 반환한다.

시스템의 주요 속성

키	설명
java.vm.name	자바가상머신(JVM)의 이름
java.vm.version	자바가상머신의 버전
java.vm.vendor	자바가상머신의 벤더
java.vendor.url	Java 벤더의 URL
java.runtime.name	자바실행환경(JRE)의 이름
java.runtime.version	자바실행환경(JRE)의 버전
os.name	운영체제(OS)의 이름
path.separator	패스 구분 문자 (윈도우에서는 ';')
user.dir	사용자의 현재 작업 디렉토리

예제 5-5는 System 클래스의 주요 메소드를 이용하여 시스템의 시간과 주요 속성을 알아보는 프로그램이다. 실행결과는 시스템의 속성 항목이 너무 많아 일부만 보이도록 편집하였다.

예제 5-5 · SystemEx01.java

```
1   import java.util.*;
2
3   class SystemEx01 {
4       public static void main(String[] args) {
5           Properties p1 = System.getProperties();
6           Enumeration e1 = p1.keys();
7
8           System.out.println("시스템 시간: " +System.currentTimeMillis() + "\n");
9
10          while (e1.hasMoreElements()) {
11              String key = (String) e1.nextElement();
12              String value = (String) p1.get(key);
13              System.out.println("키: " + key);
14              System.out.println(" 킷값: " + value);
15          }
16      }
1/  }
```

5번 6번 10-15번	• 시스템의 속성을 Properties 객체 p1에 저장한다. • 키의 목록(enumeration)을 e1에 저장한다. • 키의 목록이 남아있으면 키와 킷값을 하나씩 출력한다.
실행 결과	시스템 시간: 1335027295852 키: java.runtime.name 킷값: Java(TM) SE Runtime Environment 키: sun.boot.library.path 킷값: C:\Program Files\Java\jdk1.7.0_03\jre\bin 키: java.vm.version 킷값: 22.1-b02 키: java.vm.vendor 킷값: Oracle Corporation 키: java.vendor.url 킷값: http://java.oracle.com/ 키: path.separator 킷값: ; 키: java.vm.name 킷값: Java HotSpot(TM) 64-Bit Server VM ⋮ 중간생략 ⋮ 키: java.vendor 킷값: Oracle Corporation 키: file.separator 킷값: \ 키: java.vendor.url.bug 킷값: http://bugreport.sun.com/bugreport/ 키: sun.io.unicode.encoding 킷값: UnicodeLittle 키: sun.cpu.endian 킷값: little 키: sun.desktop 킷값: windows 키: sun.cpu.isalist 킷값: amd64

java.util 패키지

    java.util 패키지의 상속구조는 그림 5-4와 같으며 프로그램에서 필요로 하는 편리한 기능 즉, 시스템의 날짜와 시간을 설정하고 정교한 난수를 발생시키고 스택과 해시테이블 등 자료구조를 사용하는 클래스들을 제공한다.

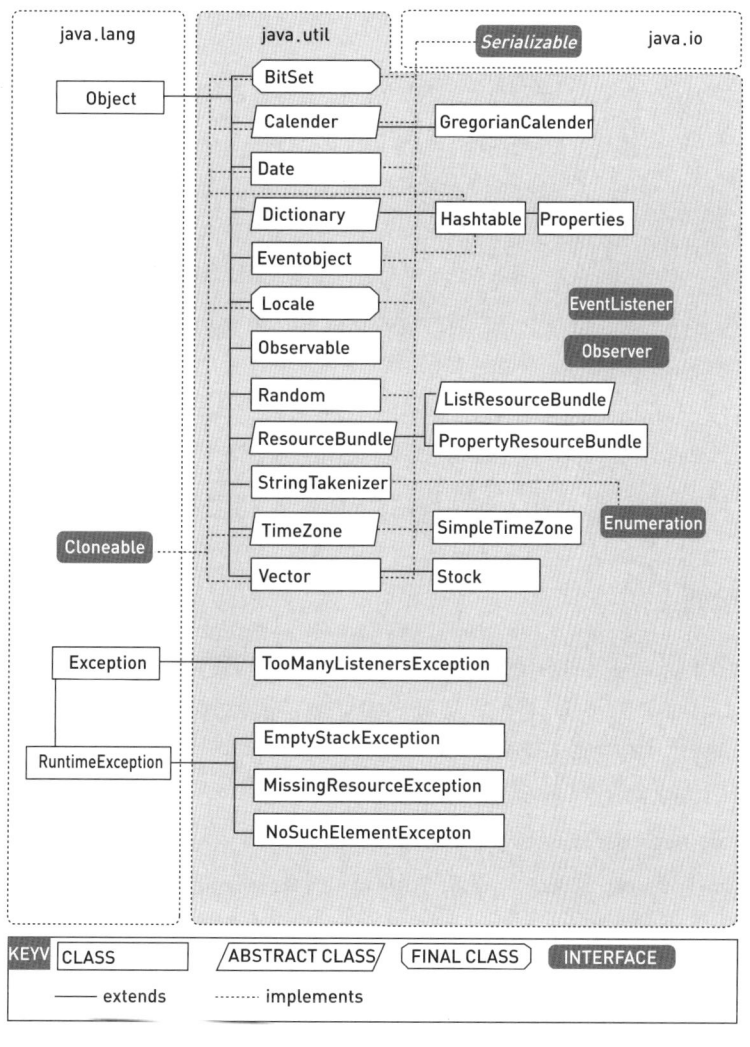

▲ **그림 5-4**   java.util 패키지의 상속 구조

java.util 패키지의 주요 인터페이스와 클래스는 표 5-10과 같으며 여기서는 Date 클래스, Random 클래스, StringTokenizer 클래스, Vector 클래스에 대하여 알아본다.

표 5-10 java.util 패키지의 인터페이스와 클래스

주요 인터페이스

이름	설명
Enumeration	객체의 집합에서 객체를 한번에 하나씩 처리하기 위한 인터페이스
Observer	observable 객체를 관찰하기 위한 인터페이스

주요 클래스

BitSet	크기가 가변적인 비트 벡터를 다루기 위한 클래스
Date	시스템 날짜와 시간을 위한 클래스
Dictionary	키와 값을 대응시키는 클래스
Hashtable	해시 테이블을 다루기 위한 클래스
Observable	관찰이 가능한 객체를 표현하기 위한 클래스
Properties	시스템의 속성 집합을 표현하기 위한 클래스
Random	의사 난수를 생성하기 위한 클래스
Stack	LIFO(last in first out) 구조의 스택을 표현하기 위한 클래스
StringTokenizer	스트링을 토큰으로 나누기 위한 클래스
Vector	크기가 가변적인 객체의 배열을 구현하기 위한 클래스

▌Date 클래스

Date 클래스는 날짜와 시간을 관리하는 대표적인 클래스로 GMT 시간을 기준으로 밀리초 즉, 1/1000초까지 확인할 수 있다. getYear()처럼 1900년을 기준으로 하는 메소드와 getTime()처럼 1970년을 기준으로 하는 메소드들이 존재한다.

대부분의 setXXX(), getXXX() 메소드들은 java.util 패키지의 Calender 클래스의 메소드로 대체(deprecated)하도록 권장된다.

표 5-11은 Object 클래스의 주요 생성자와 메소드에 대한 설명이다.

표 5-11 Object 클래스의 생성자와 메소드

주요 생성자

이름	설명
Date()	현재 시스템의 날짜에 해당하는 객체를 생성한다.

Date(long msec)	1970년을 기준으로 밀리초 단위로 날짜 객체를 생성한다.
Date(int year, int month, int day)	년, 월, 일을 지정하여 날짜 객체를 생성한다. 이때 year는 1900년부터 시작하므로 year의 값이 100이면 100 + 1900 즉, 2000년이 된다. month는 0부터 11까지 사용가능하며 month 값이 2이면 3월을 의미한다. day는 1부터 31까지 사용할 수 있다.

주요 메소드(계속)

이름	설명
boolean after(Date when)	현재 날짜가 주어진 when 보다 나중이면 true를 반환한다.
boolean before(Date when)	현재 날짜가 주어진 when 보다 빠르면 true를 반환한다.
int compareTo(Date anotherDate)	현재 날짜와 anotherDate가 같으면 0, 현재 날짜가 빠르면 음수, 나중이면 양수를 반환한다.
boolean equals(Object obj)	두 날짜가 같으면 true를 반환한다.
long getTime()	1970년부터 현재까지의 시간을 밀리초 단위로 계산하여 반환한다.
void setTime(long time)	1970년을 기준으로 밀리초 단위로 시간을 설정한다.
String toString()	Date 객체를 문자열로 변환하여 반환한다.

예제 5-6은 Date 객체를 다양한 방법으로 생성하고 주요 메소드를 이용하여 Date 객체의 정보를 출력하는 프로그램이다. 이 예제에서는 날짜를 다양한 형태로 출력하기 위하여 java.text 패키지의 SimpleDateFormat 클래스를 이용하였다.

예제 5-6 · DateEx01.java

```
1  import java.util.Date;
2  import java.text.SimpleDateFormat;
3
4  class DateEx01{
5      public static void main(String[] args) {
6          Date d1 = new Date();
7          Date d2 = new Date(134, 2, 1);
8          Date d3 = new Date(1400000000000L);
9
10         System.out.println(d1);
11         System.out.println(d2);
12         System.out.println(d2.toString());
13         System.out.println(d3);
14         System.out.println(d1.after(d2));
15         System.out.println(d1.compareTo(d2));
16         System.out.println(d1.equals(d2));
```

```
17        System.out.println(d2.getTime());
18
19        SimpleDateFormat sd1,sd2,sd3;
20        sd1=new SimpleDateFormat("yyyy년 MM월 dd일 E요일");
21        sd2=new SimpleDateFormat("yyyy-MM-dd a hh:mm:ss");
22        sd3=new SimpleDateFormat("오늘은 yyyy년의 D번째 날입니다."");
23        System.out.println(sd1.format(d1));
24        System.out.println(sd2.format(d2));
25        System.out.println(sd3.format(d1));
26    }
27 }
```

2번	• java.text 패키지의 SimpleDateFormat 클래스를 import한다.
6-8번	• 다양한 방법으로 Date 객체를 생성한다.
10-11번	• Date 객체를 출력한다.
12번	• Date 객체의 내용을 문자열로 출력한다.
14-17번	• 다양한 메소드를 이용하여 Date 객체의 정보를 출력한다.
19번	• SimpleDateFormat 객체를 선언한다.
20-22번	• 날짜 표시 형식을 지정한 SimpleDateFormat 객체를 생성한다.
23-26번	• 지정한 형식에 맞게 Date 객체를 출력한다.

실행 결과	Sun Apr 22 14:57:03 KST 2012 Wed Mar 01 00:00:00 KST 2034 Wed Mar 01 00:00:00 KST 2034 Wed May 14 01:53:20 KST 2014 false -1 false 2024751600000 2012년 04월 22일 일요일 2034-03-01 오전 12:00:00 오늘은 2012년의 113번째 날입니다.

Random 클래스

java.lang 패키지의 Math.random() 메소드와 비교할 때 Random 클래스는 보다 정교한 난수를 생성할 수 있는 메소드들을 제공한다. nextGaussian() 메소드의 경우 정규분포를 따르는 난수를 생성할 수 있다.

표 5-12는 Random 클래스의 주요 생성자와 메소드에 대한 설명이다.

표 5-12 Random 클래스의 생성자와 메소드

주요 생성자

이름	설명
public Random()	난수 발생기를 생성한다.
public Random(long seed)	seed를 기초로 난수 발생기를 생성한다.

주요 메소드

이름	설명
int nextInt()	Integer.MIN_VALUE와 Integer.MAX_VALUE 사이에 균일하게 분포하는 int 형 난수를 반환한다.
int nextInt(int n)	0부터 주어진 수 n보다 작고 균일하게 분포하는 난수를 반환한다. n은 음수나 '0'이 될 수 없다.
long nextLong()	Long.MIN_VALUE와 Long.MAX_VALUE 사이에 균일하게 분포하는 long 형 난수를 반환한다.
double nextDouble()	0.0부터 1.0보다 작고 균일하게 분포하는 double 형 난수를 반환한다.
double nextGaussian()	평균이 0이고 표준편차가 1인 가우스 분포값을 반환한다. 정규분포라고도 하며 평균을 중심으로 좌우로 대칭인 종 모양의 곡선 형태를 보인다.

예제 5-7은 Random 클래스의 주요 메소드를 사용하여 난수를 생성해보는 프로그램이다.

예제 5-7 · RandomEx01.java

```java
1  import java.util.Random;
2
3  public class RandomEx01 {
4      public static void main(String[] args) {
5          Random r1 = new Random();
6
7          for(int i = 0 ; i < 10 ; i++) {
8              float x1 = r1.nextFloat();
9              int x2 = r1.nextInt(10);
10             double x3 = r1.nextGaussian();
11             System.out.print("Float형 난수: " + x1);
12             System.out.print(" \tInt형 난수: " + x2);
13             System.out.println("   \t 가우스형 난수: " + x3);
14         }
15     }
16 }
```

5번 7-14번	• 난수를 만들기 위하여 Random 객체 r1을 생성한다. • 실수형, 정수형, 가우스형 난수를 만들어 화면에 출력한다.
실행 결과	Float형 난수: 0.7939733 Int형 난수: 1 가우스형 난수: 0.4262308053992325 Float형 난수: 0.18293881 Int형 난수: 2 가우스형 난수: -0.6640490222629826 Float형 난수: 0.13517904 Int형 난수: 7 가우스형 난수: -0.062273241141354733 Float형 난수: 0.649474 Int형 난수: 1 가우스형 난수: 1.3675992037880964 Float형 난수: 0.34070307 Int형 난수: 2 가우스형 난수: 0.9259668296452287 Float형 난수: 0.97718316 Int형 난수: 8 가우스형 난수: 0.5456648892731104 Float형 난수: 0.9789253 Int형 난수: 9 가우스형 난수: 1.2179398062608224 Float형 난수: 0.6716638 Int형 난수: 3 가우스형 난수: 1.3627384106422424 Float형 난수: 0.14829993 Int형 난수: 9 가우스형 난수: 1.4762717266724261 Float형 난수: 0.66850334 Int형 난수: 8 가우스형 난수: -0.021802512625608117

StringTokenizer 클래스

StringTokenizer 클래스는 주어진 문자열을 여백과 같은 구분 문자를 이용하여 토큰으로 분리하는 데 사용하는 생성자와 메소드를 제공한다. 여기서 토큰이란 주어진 문장을 의미를 가지는 최소의 단위로 분리한 것을 의미한다.

표 5-13은 StringTokenizer 클래스의 생성자와 주요 메소드에 대한 설명이다.

표 5-13 StringTokenizer 클래스의 생성자와 메소드

생성자

이름	설명
public StringTokenizer (String str)	주어진 문자열을 기본 구분자("\t\n\r")를 이용해서 토큰으로 분리한다. \t는 tab, \n은 newline, \r은 return을 의미한다.
public StringTokenizer (String str, String delim)	문자열 str을 지정한 구분자 delim를 이용해서 토큰으로 분리한다.
public StringTokenizer (String str, String delim, boolean returnDelims)	문자열 str을 지정한 구분자 delim를 이용해서 토큰으로 분리하되 returnDelims가 true이면 구분자도 토큰으로 분리한다.

주요 메소드(계속)

이름	설명
int countTokens()	토큰의 갯수를 반환한다.
boolean hasMoreTokens()	토큰이 남아 있으면 true를 반환한다
String nextToken()	다음 토큰을 반환한다.
String nextToken(String delimiter)	새로운 구분자 delimiter를 이용해서 다음 토큰을 반환한다.

예제 5-8은 StringTokenizer 클래스의 생성자와 주요 메소드를 사용하여 "pulic static void main(String[] args) {" 문장을 토큰으로 분리하여 그 결과를 출력하는 프로그램이다.

예제 5-8 · StringTokenizerEx01.java

```
1   import java.util.StringTokenizer;
2
3   class StringTokenizerEx01 {
4      public static void main(String[] args) {
5         int i=0;
6         String s1 = "pulic static void main(String[] args) {";
7         StringTokenizer st1 = new StringTokenizer(s1, " ()");
8
9         System.out.println("토큰의 갯수 : "+st1.countTokens());
10        while(st1.hasMoreTokens()) {
11           i++;
12           System.out.println(i+"번 토큰: " + st1.nextToken());
13        }
14     }
15 }
```

6번	• 문자열 s1을 생성한다.
7번	• 문자열 s1을 스페이스(' '), 괄호 열기('('), 괄호 닫기(')') 문자를 구분자로 사용하여 토큰으로 분리한다.
9-13번	• 토큰의 개수와 토큰을 출력한다.

실행 결과	토큰의 갯수: 7 1번 토큰: pulic 2번 토큰: static 3번 토큰: void 4번 토큰: main

실행 결과	5번 토큰: `String[]` 6번 토큰: `args` 7번 토큰: `{`

▌Vector 클래스

자바에서 배열은 한 번 생성되면 길이가 고정되어 늘이거나 줄일 수 없다. 하지만 Vector 클래스는 객체에 대한 참조인 메모리 주소를 가지는 배열로 하나의 Vector 객체에 다양한 객체들을 저장할 수 있으며 필요하면 동적으로 Vector의 용량을 늘이거나 줄일 수 있다.

표 5-14는 Vector 클래스의 주요 생성자와 메소드에 대한 설명이다.

표 5-14 Vector 클래스의 생성자와 메소드

주요 생성자

이름	설명
Vector()	용량이 10인 벡터를 생성한다.
Vector(int initialCapacity)	지정한 initialCapacity의 용량을 가지는 벡터를 생성한다. 벡터의 용량이 부족하면 지정한 용량을 2배씩 늘인다.
Vector(int initialCapacity, int capacityIncrement)	지정한 initialCapacity의 용량을 가지는 벡터를 생성한다. 벡터의 용량이 부족하면 capacityIncrement 만큼 벡터의 용량을 늘인다.

주요 메소드

이름	설명
void addElement(Object element)	벡터의 끝 부분에 객체를 추가한다.
int capacity()	벡터의 용량을 반환한다.
void remove(int index)	지정한 index 위치의 원소를 삭제한다.
void removeElement(Object obj)	벡터에서 처음 일치되는 원소를 삭제한다.
void removeAllElements()	벡터의 원소를 모두 비우고 크기를 0으로 만든다
Object elementAt(int index)	지정한 index의 위치에 있는 원소를 반환한다.
int size()	벡터에 있는 원소들의 개수를 반환한다.
boolean isEmpty()	벡터가 비어 있는지 확인한다

예제 5-9는 다양한 생성자를 이용하여 Vector 객체를 생성하고 벡터의 주요 메소드를 이용하여 벡터의 내용을 변경해 보고 그 결과를 출력하는 프로그램이다.

예제 5-9 · VectorEx01.java

```java
1   import java.util.Vector;
2
3   class VectorEx01{
4       public static void main(String[] args) {
5           Vector[] v = new Vector[3];
6           v[0]=new Vector();
7           v[1]=new Vector(3);
8           v[2]=new Vector(3, 3);
9
10          for (int i=0; i<v.length; i++)  {
11              System.out.print("벡터 v["+i+"]의 원소 갯수= "+v[i].size());
12              System.out.println("\tv["+i+"]의 용량= "+v[i].capacity());
13          }
14
15          for (int i=0; i<v.length; i++ )
16              for (int j=0; j<10;j++ )
17                  v[i].addElement(j);
18
19          v[2].removeAllElements();
20          System.out.println("벡터 v[2]가 비어있는가? "+v[2].isEmpty());
21
22          for (int i=0; i<v.length; i++)  {
23              System.out.print("v["+i+"]의 원소 갯수= "+v[i].size());
24              System.out.println("\tv["+i+"]의 용량= "+v[i].capacity());
25          }
26
27          v[0].addElement(10);
28          for (int i=0; i<v[0].size(); i++){
29              System.out.println("v[0]의 "+i+"번째 원소: "+v[0].elementAt(i));
30          }
31      }
32  }
```

6번	• 용량이 10인 기본 벡터를 생성한다.
7번	• 용량이 3인 벡터를 생성하되 용량이 부족하면 2배씩 용량을 늘인다.
8번	• 용량이 3인 벡터를 생성하되 용량이 부족하면 3개씩 용량을 늘인다.
10-13번	• 벡터의 원소 갯수와 용량을 출력한다.
15-17번	• 벡터에 원소를 추가한다.
19-20번	• 벡터 v[2]의 모든 원소를 삭제하고 결과를 출력한다.
22-25번	• 벡터의 원소 갯수와 용량을 다시 출력한다.
27-30번	• 벡터 v[0]에 원소를 추가한 후 모든 원소를 출력힌다.

```
                벡터 v[0]의 원소 갯수= 0        v[0]의 용량= 10
                벡터 v[1]의 원소 갯수= 0        v[1]의 용량= 3
                벡터 v[2]의 원소 갯수= 0        v[2]의 용량= 3
                벡터 v[2]가 비어있는가? true
                v[0]의 원소 갯수= 10           v[0]의 용량= 10
                v[1]의 원소 갯수= 10           v[1]의 용량= 12
                v[2]의 원소 갯수= 0            v[2]의 용량= 12
                v[0]의 0번째 원소: 0
     실행        v[0]의 1번째 원소: 1
     결과        v[0]의 2번째 원소: 2
                v[0]의 3번째 원소: 3
                v[0]의 4번째 원소: 4
                v[0]의 5번째 원소: 5
                v[0]의 6번째 원소: 6
                v[0]의 7번째 원소: 7
                v[0]의 8번째 원소: 8
                v[0]의 9번째 원소: 9
                v[0]의 10번째 원소: 10
```

Scanner 클래스

Scanner 클래스는 콘솔창에서 표준입력장치인 키보드로부터 직접 데이터를 입력받기 위한 클래스로 자바 5.0부터 제공된다. Scanner 클래스는 문자열을 처리할 때 공백문자, 개행문자, 탭문자 등의 화이트스페이스 문자로 토큰을 구분하기 때문에 기존에 스트림을 이용하는 방법에 비해 보다 간편하게 콘솔 입력을 처리할 수 있다. 또한 정규 표현식을 이용한 패턴 검색 기능을 제공한다.

표 5-15는 Scanner 클래스의 주요 생성자와 메소드에 대한 설명이다.

표 5-15 Scanner 클래스의 생성자와 메소드

주요 생성자

이름	설명
Scanner(InputStream source)	콘솔로부터 표준입력을 받아 Scanner 객체를 생성한다.
Scanner(String source)	문자열로부터 입력을 받아 Scanner 객체를 생성한다.
Scanner(File source)	파일로부터 입력을 받아 Scanner 객체를 생성한다.

주요 메소드(계속)

이름	설명
Scanner useDelimiter(Pattern pattern) Scanner useDelimiter(String pattern)	지정한 pattern을 토큰 구분자로 사용한다.
String findInLine(Pattern pattern)	구분자를 제외하고 지정한 패턴이 발생한 곳을 찾는다.
MatchResult match()	스캐너가 실행한 마지막 스캐닝 작업의 match 결과를 반환한다.
Pattern delimiter()	현재 사용하는 구분자의 패턴을 반환한다.
boolean hasNext()	토큰이 남아 있으면 true를 반환한다.
int nextInt()	토큰을 int 형으로 변환하여 반환한다.
double nextDouble()	토큰을 double 형으로 변환하여 반환한다.

예제 5-10은 Scanner 클래스와 정규 표현식을 이용하여 사용자가 입력한 우편번호와 핸드폰 번호의 형식이 적절한지 여부를 확인하고 그 결과를 출력하는 프로그램이다.

예제 5-10 • ScannerEx01.java

```
1   import java.util.Scanner;
2   import java.util.regex.Pattern;
3
4   public class ScannerEx02 {
5   public static void main(String[] args) {
6       System.out.println("우편번호(xxx-xxx)와" +
7               " 핸드폰 번호(01x-xxxx-xxxx)를 입력하세요.");
8           Pattern p1 = Pattern.compile("\\d{3}-*\\d{3}");
9           Pattern p2 = Pattern.compile("01\\d-*\\d{3,4}-*\\d{4}");
10
11          Scanner s1 = new Scanner(System.in);
12          String zc = s1.next().trim();
13          String hp = s1.next().trim();
14
15          if(p1.matcher(zc).matches()) {
16              System.out.println("우편번호 형식이 맞습니다.");
17          } else {
18              System.out.println("우편번호가 틀립니다.");
19          }
20
```

```
21        if(p2.matcher(hp).matches()) {
22            System.out.println("핸드폰 번호 형식이 맞습니다.");
23        } else {
24            System.out.println("핸드폰 번호가 틀립니다.");
25        }
26    }
27 }
```

2번	• 정규 표현식을 사용하기 위하여 `java.util.Pattern` 클래스를 `import`한다.
8-9번	• 우편 번호와 핸드폰 번호의 정규 표현식을 작성한다. 정규 표현식에서 \d는 0부터 9까지의 숫자를 의미하며 \d{3}는 3자리 숫자이다. -*는 -가 0개 이상, \d{3,4}는 3, 4자리의 숫자를 의미한다.
11번	• Scanner를 이용하여 콘솔 입력을 받는다.
12-13번	• 첫 번째 토큰과 두 번째 토큰을 저장한다.
15-19번	• 첫 번째 토큰이 우편번호 정규 표현식과 형식이 맞는지 확인한다.
21-25번	• 두 번째 토큰이 핸드폰 번호 정규 표현식과 형식이 맞는지 확인한다.

실행 결과	우편번호(xxx-xxx)와 핸드폰 번호(01x-xxxx-xxxx)를 입력하세요. 100-100 012-34563456 우편번호 형식이 맞습니다. 핸드폰 번호 형식이 맞습니다.

••• **요약** •••

- 자바 API

  응용 프로그램을 작성하는 데 필요한 수백 개의 클래스와 인터페이스를 용도에 따라 패키지 단위로 묶어서 제공한다.

  모든 패키지 명은 폴더의 경로와 동일하며 모두 소문자를 사용한다.

  클래스명은 영단어의 첫글자 마다 대문자가 사용되는 것을 주의한다.

  'http://docs.oracle.com/javase/7/docs/api/' 에서 자세한 자바 API 문서를 제공한다.

- java.lang 패키지

  자바 프로그램의 기본적인 요소인 Object 클래스, Wrapper 클래스, System 클래스 등을 제공하므로 import 문을 생략해도 자동으로 포함된다.

- Object 클래스

  자바 클래스의 최상위 클래스로 자동 상속되기 때문에 클래스를 선언할 때 'extends Object'를 생략할 수 있다.

- 랩퍼 클래스

  기본 자료형을 객체로 표현한 클래스로 'Wrapper' 라는 클래스는 존재하지 않는다.

- 박싱(Boxing)은 기본 자료형을 랩퍼 클래스로 변환하는 것을 의미하고 그 반대의 경우를 언박싱(Unboxing)이라고 한다.

- Math 클래스

  수학적인 계산 방법을 제공하며 모든 필드와 메소드가 static 으로 선언되어 있기 때문에 클래스 이름으로 직접 접근하여 사용한다.

- java.util 패키지

  프로그램에서 필요로 하는 편리한 기능 즉, 날짜 설정, 난수 발생, 자료구조 등을 지원한다.

- Date 클래스

  날짜와 시간을 관리하는 클래스로 GMT 시간을 기준으로 밀리초 즉, 1/1000초 까지 확인할 수 있다.

- Random 클래스

  java.lang 패키지의 Math.random() 메소드 보다 정교한 난수를 생성할 수 있다.

  nextGaussian() 메소드의 경우 정규분포를 따르는 난수를 생성할 수 있다.

- StringTokenizer 클래스

  주어진 문자열을 여백과 같은 구분 문자를 이용하여 토큰으로 분리하는데 사용한다.

  토큰은 주어진 문장을 의미를 가지는 최소의 단위로 분리한 것을 의미한다.

- Vector 클래스

  다양한 객체들을 저장할 수 있으며 배열이 고정 길이인 반면에 동적으로 용량을 늘이거나 줄일 수 있다.

- Scanner 클래스

  콘솔창에서 키보드 입력을 받을 때 기존에 스트림을 이용하는 방법보다 간편하게 데이터를 입력받을 수 있다.

••• 연습문제 •••

1. 자바 API와 패키지의 개념을 설명하여라.
2. 패키지 명과 클래스 명을 작성하는 규칙을 설명하여라.
3. 자바의 주요 패키지에 대하여 설명하여라.
4. java.lang 패키지의 특징을 설명하여라.
5. java.lang 패키지의 주요 클래스에 대하여 설명하여라.
6. 랩퍼 클래스와 박싱, 언박싱에 대하여 설명하여라.
7. Math 클래스의 특징을 설명하여라.
8. java.util 패키지에 대하여 설명하여라.
9. StringTokenizer 클래스에 대하여 설명하여라.
10. Vector 클래스에 대하여 설명하여라.
11. Scanner 클래스에 대하여 설명하여라.
12. 다음 예제를 실행한 결과를 작성하여라.

StringEx01.java

```
1  public class StringEx01 {
2      public static void main(String[] agrs){
3          String s1="Hello Java";
4          char[] c1={'H','i',' ','E','v','e','r','y','o','n','e','.'};
5          String s2=new String(c1);
6
7          System.out.println(s1);
8          System.out.println(s2);
9
10         System.out.println(s1.charAt(0));
11         System.out.println(s1.concat("World!"));
12         System.out.println(s1.equals("Hello Java""));
13         System.out.println(s2.indexOf('e'));
14         System.out.println(s1.length());
15         System.out.println("   Hi~   ".trim());
16     }
17 }
```

06

스레드

학습 목표

- 멀티태스킹의 개념을 이해한다.
- 스레드, 멀티스레드의 의미를 이해하고 스레드를 생성하는 방법을 배운다.
- 스레드의 우선순위와 스케줄링을 이해하고 sleep()과 yield() 메소드의 사용방법을 배운다.
- 스레드의 생명주기를 이해하고 주요 메소드의 사용방법을 배운다.
- 스레드 동기화와 wait(), notify() 메소드의 사용방법을 배운다.
- 스레드 그룹을 이해하고 사용방법을 배운다.

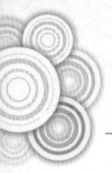

6.1 멀티태스킹

　일반적으로 실생활에서 말하는 멀티태스킹^(multitasking)은 그림 6-1처럼 하나의 개체가 동시에 여러 개의 작업^(task)을 처리하는 것을 의미한다.

▲ 그림 6-1　멀티태스킹의 개념

　컴퓨터 분야에서 멀티태스킹은 운영체제나 웹브라우저 같은 하나의 프로그램이 동시에 여러 개의 작업을 처리하는 것을 의미한다. 컴퓨터에서 멀티태스킹을 구현하려면 멀티프로세싱과 멀티스레딩의 두 가지 방법을 사용할 수 있다.

　멀티프로세싱은 운영체제에서 지원하는 것으로 그림 6-2처럼 여러 개의 프로세스에 프로그램을 할당하고 각 프로세스가 하나의 작업을 담당하게 된다. 이때 각 프로세스가 별도의 메모리 영역을 사용하기 때문에 프로세스 사이에 메모리 참조를 위한 통신 과정의 오버헤드가 발생하여 운영체제에 부담을 줄 수 있다. 여기서 프로세스는 실행중인 프로그램을 의미하며 프로세스를 생성하면 하나의 메인 스레드가 생성되어 작업을 처리하고 메인 스레드가 종료되면 프로세스도 종료된다. 하나의 프로세스 내에서 여러 개의 스레드가 동시에 실행되는 것이 멀티스레딩이다.

멀티스레딩은 프로그래밍을 통해 구현이 가능하며 그림 6-2처럼 하나의 프로그램을 여러 개의 스레드로 구성하고 각 스레드가 하나의 작업을 담당하게 하되 각 스레드가 메모리 영역을 공유하기 때문에 스레드 사이의 통신 오버헤드를 줄일 수 있다. 자바에서는 멀티스레딩을 이용하여 멀티태스킹을 구현할 수 있다.

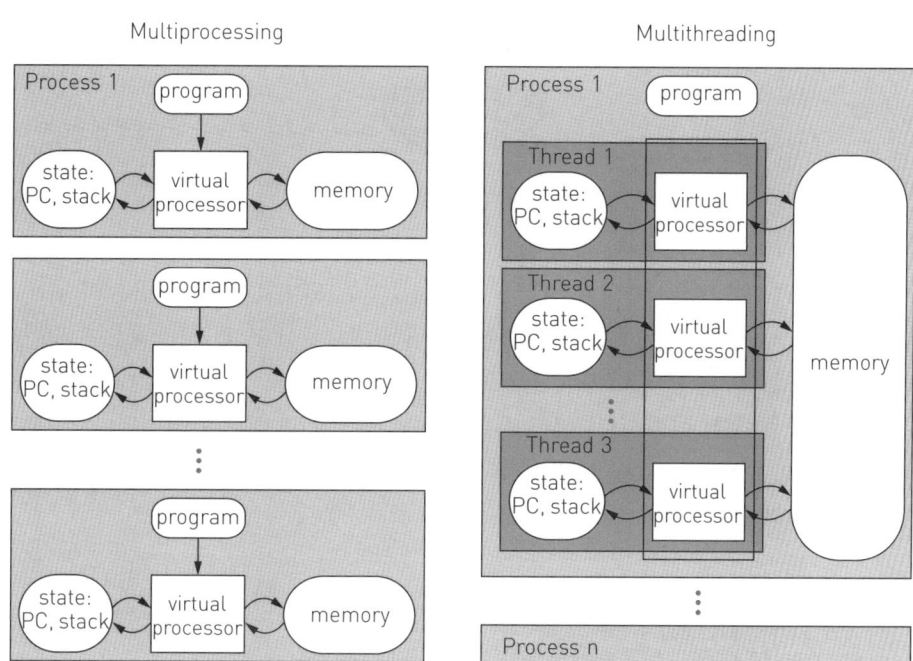

▲ 그림 6-2 멀티프로세싱과 멀티스레딩

6.2 스레드

스레드(Thread)는 프로세스에서 실행되고 시작점과 종료점을 가지는 하나의 작업 흐름을 의미한다. 일반적으로 자바 프로그램은 main() 메소드를 사용하는데, 이 메소드 내부에 하나의 작업 흐름을 기술하므로, 그림 6-3처럼 main() 메소드가 main 스레드가 된다. main 메소드의 시작을 의미하는 '{' 가 main 스레드의 시작점, '}'가 main 스레드의 종료점이 된다.

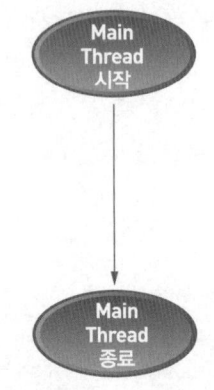

▲ 그림 6-3   main 스레드

멀티스레드(Multi-Thread)는 하나의 프로세스에 하나의 스레드가 아닌 여러 개의 스레드를 사용하는 것을 의미한다. 즉, 그림 6-4처럼 main 스레드에서 또 다른 스레드를 생성하는 것이다. 스레드는 다른 용어로 경량 프로세스(LWP:Light Weight Process)라고 부르기도 한다. 이 때 각 스레드는 일정한 실행 순서 없이 서로 비동기적(asynchronous)으로 실행된다. 프로그램에서 독립적으로 실행되는 것이 바람직하다고 볼 수 있는 부분을 하나의 스레드로 정의하여 사용하면 편리하다.

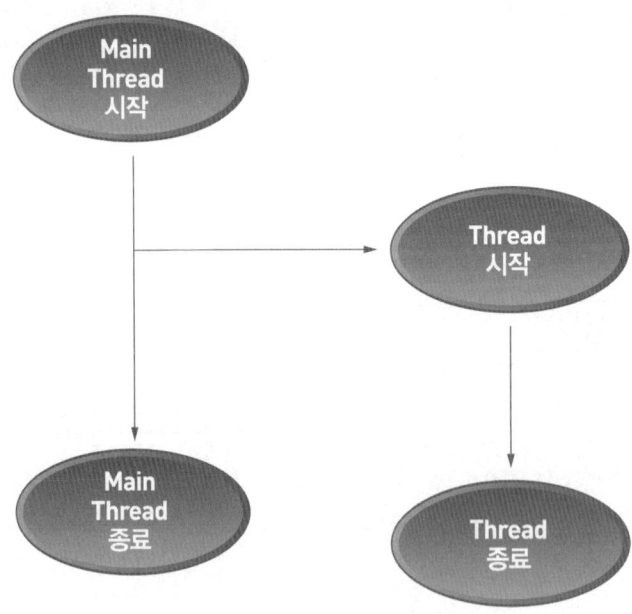

▲ 그림 6-4   멀티스레드

▌스레드 생성

자바에서는 스레드를 지원하기 위해 Thread 클래스를 제공한다. 이 Thread 클래스의 주요 생성자는 표 6-1과 같다.

표 6-1 Thread 클래스의 주요 생성자

public Thread()	새로운 스레드 객체를 생성한다.
public Thread(Runnable target)	주어진 target을 사용하여 스레드 객체를 생성한다.
public Thread(Runnable target, String name)	주어진 target를 사용하여 스레드 객체를 생성하고 이름을 붙인다.
public Thread(String name)	이름을 가지는 스레드 객체를 생성한다.
public Thread(ThreadGroup group, Runnable target, String name)	target을 실행 스레드로 가지고 주어진 스레드 그룹에 속하는 이름을 가지는 스레드 객체를 생성한다.

자바에서 스레드를 생성하려면 표 6-2와 같이 Thread 클래스를 상속하거나 Runnable 인터페이스를 구현하면 된다. 일반적으로 어느 쪽을 사용해도 되지만 다른 클래스로부터 상속이 필요한 경우에는 Runnable 인터페이스를 구현하는 방법을 사용한다.

표 6-2 Thread 스레드를 생성하는 과정

1. Thread를 상속받는 클래스를 작성하거나 Runnable 인터페이스를 구현하는 클래스를 작성한다. 예1) class MyThread01 extends Thread { } 예2) class MyThread02 implements Runnable { }
2. run() 메소드를 재정의(overriding)하여 스레드의 내용을 작성한다. 예) public void run() { }
3. main() 메소드에서 Thread 객체를 생성한다. 예1) MyThread01 t = new MyThread01(); 예2) Thread t = new Thread(new MyThread02());
4. 생성된 객체의 start() 메소드를 호출한다. 예) t.start();

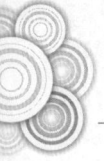

예제 6-1은 Thread 클래스를 상속하여 스레드를 생성하는 예제로 스레드가 화면에 A 부터 Z까지 출력하는 프로그램이다.

 6-1 · ThreadEx01.java

```
1   class MyThread01 extends Thread {
2       @Override
3       public void run() {
4           for(char i = 'A'; i<='Z'; i++) {
5               System.out.print(i+" ");
6               try {
7                   sleep(1);
8               } catch(InterruptedException e) {}
9           }
10      }
11  }
12
13  public class ThreadEx01 {
14      public static void main(String[] args) {
15          MyThread01 t1 = new MyThread01();
16          t1.start();
17      }
18  }
```

1-11번	• Thread 클래스를 상속하는 MyThread01 클래스를 작성한다.
1-10번	• 스레드의 주 메소드인 run() 메소드를 작성한다.
4-5번	• 화면에 A부터 Z까지 출력한다.
7번	• 1밀리 초만큼 실행을 멈추고 다른 스레드에게 자원을 양보한다.
15번	• 스레드 객체를 생성한다.
16번	• 스레드 객체를 실행한다.

실행 결과	A B C D E F G H I J K L M N O P Q R S T U V W X Y Z

예제 6-2는 Runnable 인터페이스를 구현하여 스레드를 생성하는 예제로 스레드 가 화면에 1부터 10까지 출력하는 프로그램이다. 이 프로그램은 예제 6-1에 포함된 'MyThread01' 스레드 클래스의 객체를 생성하고 새로 작성한 'MyThread02' 스레드 클래 스의 객체를 생성하여 실행한다. 이때 두 스레드는 sleep() 메소드를 이용하여 자원을 양 보하기 때문에 아래와 같은 실행결과를 확인할 수 있다. 실행결과는 스레드의 스케줄링에 따라 매번 달라질 수 있다.

6-2 · ThreadEx02.java

```
1   class MyThread02 implements Runnable {
2       @Override
3       public void run() {
4           for(int i=1; i<=10; i++){
5               System.out.print(i+" ");
6               try {
7                   Thread.sleep(1);
8               } catch(InterruptedException e) {}
9           }
10      }
11  }
12
13  public class ThreadEx02 {
14      public static void main(String[] args) {
15          MyThread01 t1 = new MyThread01();
16          t1.start();
17
18          MyThread02 mt = new MyThread02();
19          Thread t2 = new Thread(mt);
20          t2.start();
21      }
22  }
```

1-11번	• Runnable 인터페이스를 구현하는 MyThread02 클래스를 작성한다.
3-10번	• 스레드의 주 메소드인 run() 메소드를 작성한다.
4-5번	• 화면에 1부터 10까지 출력한다.
7번	• 1밀리 초 만큼 실행을 멈추고 다른 스레드에게 자원을 양보한다.
15번	• MyThread01 스레드 객체 t1을 생성한다.
16번	• t1 스레드 객체를 실행한다.
18번	• Runnable 인터페이스를 구현한 클래스의 객체 mt를 생성한다.
19번	• Runnable을 구현한 객체를 스레드 객체 t2로 생성한다.
20번	• t2 스레드 객체를 실행한다.

실행 결과	1 A 2 B 3 C D 4 E F G H I J K 5 6 L M 7 8 N 9 O P 10 Q R S T U V W X Y Z

예제 6-2에서 스레드는 그림 6-5처럼 main 스레드가 먼저 시작되고 나서 t1 스레드가 시작되고 그 다음으로 t2 스레드가 시작된다.

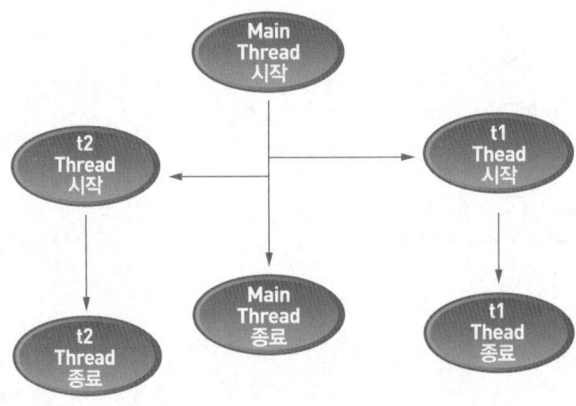

▲ 그림 6-5   ThreadEx02의 스레드

 ## 6.3 스레드 스케줄링

각 스레드는 우선순위(priority)를 가지고 비동기적(asynchronous)으로 경쟁에 의해 스케줄링 된다. 멀티스레드 프로그램에서 각 스레드들의 실행 순서 전체를 미리 지정한다는 것은 불가능하지만 우선순위를 이용하면 어느 정도의 실행 흐름을 제어할 수 있다. 스레드의 우선순위는 'setPriority(int newPriority)' 메소드를 사용하여 1부터 10까지 지정할 수 있으며 우선순위를 지정하지 않으면 기본값인 5로 설정된다. 우선순위는 10이 가장 높고 1이 가장 낮다.

Thread 클래스의 우선순위(priority)

```
public static final int MIN_PRIORITY // 우선순위 1
public static final int NORM_PRIORITY // 우선순위 5, 기본값
public static final int MAX_PRIORITY // 우선순위 10
```

자바 스레드는 선점형(pre-emptive)이므로 우선순위가 높은 스레드가 우선순위가 낮은 스레드의 자원을 선점한다. 예를 들어, 우선순위가 6, 5, 4인 세 개의 스레드 A, B, C가 동일한 자원을 사용하려 한다면 그림 6-6처럼 A의 실행이 끝난 뒤 B, C가 차례로 실행된다. 이러한 상황은 멀티스레드라고 할 수 없다.

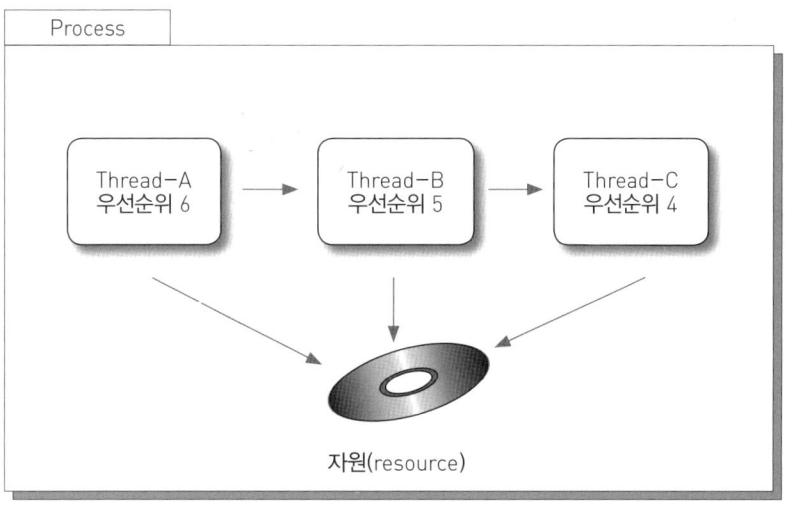

▲ **그림 6-6**　우선순위가 지정된 스레드의 실행 순서

이번에는 우선순위가 5, 5, 5로 같은 세 개의 스레드 A, B, C가 동일한 자원을 사용하려고 할 때 A 스레드가 자원을 먼저 차지했을 경우를 생각해보자. 이 경우에 A 스레드가 다른 스레드에 대하여 자원을 양보하지 않는다면 앞의 경우와 마찬가지로 그림 6-6처럼 A 스레드의 실행이 끝난 후에 B 또는 C 스레드가 실행될 것이다. 이때 A 스레드를 이기적인 스레드(selfish thread)라고 한다. 이러한 상황도 멀티스레드라고 할 수 없다.

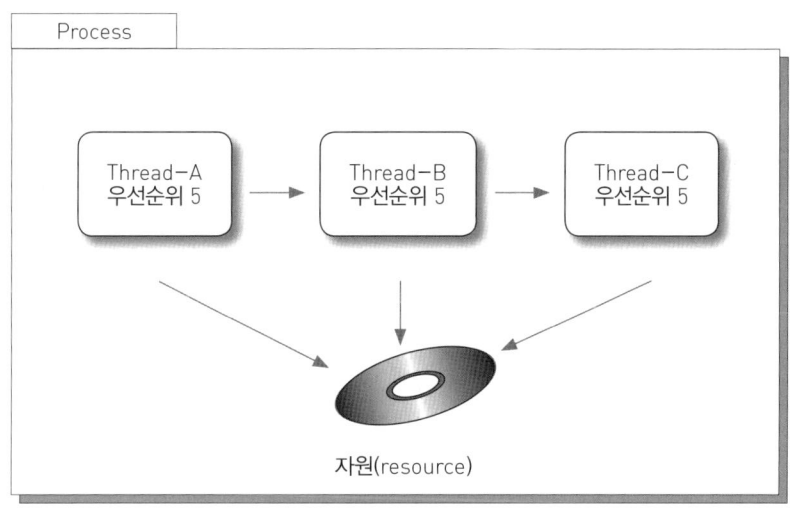

▲ **그림 6-6**　이기적인 스레드의 동작

스레드를 이기적인 스레드가 되지 않게 하고 멀티스레드로 동작하도록 하는 데에는 두 가지 방법이 있다. 첫 번째 방법은 sleep()메소드를 이용하는 것이고 두 번째 방법은 yield()메소드를 이용하는 것이다.

sleep(long)

첫 번째 방법은 각 스레드가 실행되는 동안 일정한 시간만큼 멈추도록 sleep(long)메소드를 이용하는 것이다. sleep(long)의 시간 단위는 밀리세컨드(millisecond), 즉 1000분의 1초로 해당 시간만큼 스레드가 실행되지 않는 것을 의미하며, 이때 같은 자원을 두고 경쟁하던 다른 스레드가 실행될 수 있다. sleep(long)으로 다른 스레드에게 제어권을 넘길 때는 자신보다 우선순위가 낮은 스레드도 그 권한을 받을 수 있다.

사용 예

```
public class MyThread extends Thread {
    public MyThread() {
    }
    public void run() {
        while(true) {
            System.out.println("Hello World");
            try {
                sleep(500);
            } catch(InterruptedException e) {}
        }
    }
}
```

yield()

두 번째 방법은 현재 스레드를 멈추고 다음에 계획된 스레드를 실행하는 yield()메소드를 사용하는 것이다. yield()메소드를 실행하면 같은 자원을 두고 경쟁하던 다른 스레드가 실행될 수 있다. yield()로 다른 스레드에게 제어권을 넘길 때는 자신보다 우선순위가 낮은 스레드는 그 권한을 받을 수 없고 스레드 우선순위가 같은 스레드만 그 권한을 받을 수 있다.

사용 예

```
public class MyThread extends Thread {
   public MyThread() {
   }
   public void run() {
      while(true) {
         System.out.println("Hello World");
         yield();
      }
   }
}
```

예제 6-3은 Runnable 인터페이스를 이용하여 두 개의 스레드를 생성한 후 각 스레드의 우선순위를 다르게 설정하여 그 결과를 화면에 출력하는 프로그램이다.

예제 6-3 · ThreadEx03.java

```
1   public class ThreadEx03 {
2      public static void main(String[] args) {
3         new ThreadEx03().init();
4      }
5
6      public void init(){
7         Thread thread1 = new Thread(new TestThread(1));
8         Thread thread2 = new Thread(new TestThread(2));
9
10        thread1.setPriority(Thread.MIN_PRIORITY);
11        thread2.setPriority(Thread.MAX_PRIORITY);
12
13        thread1.start();
14        thread2.start();
15     }
16  }
17
```

```
18 class TestThread implements Runnable{
19    int id;
20    public TestThread(int id) {
21       this.id = id;
22    }
23
24    @Override
25    public void run() {
26       for (int i = 1 ; i <= 5 ; i ++){
27          System.out.println("Thread_"+id+": "+i);
28       }
29    }
30 }
```

7-8번 10-11번 13-14번 26-27번	• Runnable 인터페이스를 구현하여 스레드 객체를 두 개 생성한다. • 스래드 객체에 각각 최소 우선순위와 최대 우선순위를 설정한다. • 스레드 객체를 실행시킨다. • 스레드가 실행되면 스레드의 번호와 실행번호를 출력한다.
실행 결과	Thread_2: 1 Thread_2: 2 Thread_2: 3 Thread_2: 4 Thread_2: 5 Thread_1: 1 Thread_1: 2 Thread_1: 3 Thread_1: 4 Thread_1: 5

6.4 스레드의 생명주기

모든 스레드는 그림 6-8과 같이 여섯 가지 상태로 구성된 생명주기(life cycle)를 가지며 각 스레드의 생명주기는 운영체제와 자바가상머신에 의해 관리된다. 표 6-3과 같은 스레드의 상태는 start(), yield(), sleep(), wait(), notify(), notifyAll() 등의 메소드 호출에 의해 변환된다.

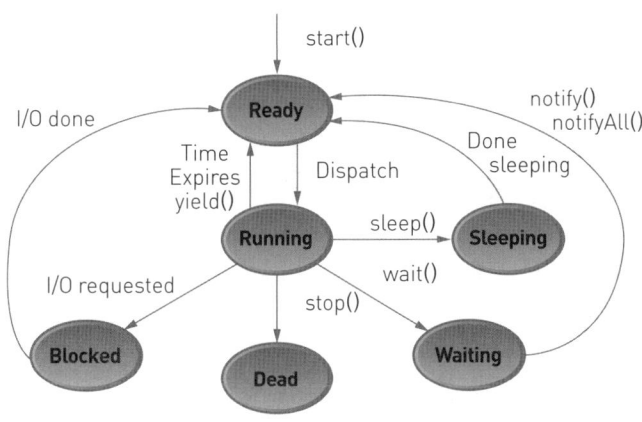

▲ 그림 6-8　스레드의 생명주기

표 6-3 스레드의 상태

상태	설명
Ready	스레드가 생성된 후 start() 메소드를 호출하면 실행 가능한 상태가 되어 스케줄러에 의해 선택되기를 기다린다. 스케줄러는 각 스레드의 우선순위를 고려하여 CPU를 할당한다.
Running	스케줄러에 의해 CPU를 할당받아 실제로 실행되는 상태로 yield() 메소드를 호출하면 Ready 상태로 전환된다.
Sleeping	Running 상태에서 sleep() 메소드를 호출하여 스레드가 멈춘 상태로 지정한 시간이 지나면 Ready 상태로 전환된다.
Waiting	Running 상태에서 wait() 메소드를 호출하여 스레드를 중단시킨 상태로 notify()나 notifyAll() 메소드를 호출하면 Ready 상태로 전환된다.
Blocked	Running 상태에서 입출력 작업이 발생하면 작업이 끝날 때까지 Blodced 상태로 대기하다가 입출력 작업이 끝나면 Ready 상태로 선환된다.
Dead	Running 상태에서 스레드가 해야 할 일을 모두 마친 상태를 말한다.

▌ 스레드의 주요 메소드

스레드의 상태 변화와 관련된 메소드 외에도 표 6-4와 같이 스레드와 관련된 정보를 확인할 수 있는 다양한 메소드를 사용할 수 있다.

표 6-4 스레드의 주요 메소드

메소드	설명
static Thread currentThread()	현재 시점에 수행 중인 스레드 객체를 반환.
long getId()	스레드의 식별자를 얻음.
final String getName()	스레드의 이름을 얻음.
final int getPriority()	스레드의 우선순위 값을 얻음.
ThreadGroup getThreadGroup ()	thread가 속한 thread 그룹을 반환.
final boolean isAlive()	스레드가 살아있는지 확인.
final boolean isDaemon()	데몬 스레드인지 확인.
void join()	thread가 종료될 때까지 대기.
void join(long millis)	주워진 시간만큼 기다리고 스레드를 반환.
void run()	스레드가 처리해야 할 작업을 기술하는 메소드로 start()에 의해 호출됨.
final void setName(String threadName)	스레드의 이름값 설정.
final void setPriority(int priority)	스레드의 우선순위 설정.
static void sleep(long millis)	주어진 시간만큼 스레드를 멈춤.
void start()	run() 메소드를 호출하여 스레드를 실행함.
static void yield()	실행 권한을 다른 스레드에게 양보.

예제 6-4는 Runnable 인터페이스를 이용하여 두 개의 스레드를 생성한 후 스레드의 주요 메소드를 이용하여 각 스레드의 ID, 이름, 우선순위, 생존여부를 출력하는 프로그램이다.

6-4 · ThreadEx04.java

```java
1   public class ThreadEx04 implements Runnable {
2       String s;
3       ThreadEx04(String title){
4           this.s = title;
5       }
6
7       public void run(){
8           for(int i=0; i<5; i++) {
9               System.out.println(s);
10              try{
11                  Thread.sleep(500);
12              } catch(InterruptedException e){}
13          }
14          System.out.println("스레드종료: " + s);
15      }
16
17      public static void main(String[] args) {
18          ThreadEx04 r1 = new ThreadEx04("스레드1");
19          ThreadEx04 r2 = new ThreadEx04("스레드2");
20
21          Thread t1 = new Thread(r1);
22          Thread t2 = new Thread(r2);
23
24          t1.start();
25          t2.start();
26
27          System.out.println("스레드 t1의 ID: "+ t1.getId());
28          System.out.println("스레드 t1의 이름: "+ t1.getName());
29          System.out.println("스레드 t1의 우선순위: "+ t1.getPriority());
30          System.out.println("스레드 t1의 생존여부: "+ t1.isAlive()+"\n");
31
32          System.out.println("스레드 t2의 ID: "+ t2.getId());
33          System.out.println("스레드 t2의 이름: "+ t2.getName());
34          System.out.println("스레드 t2의 우선순위: "+ t2.getPriority());
35          System.out.println("스레드 t2의 생존여부: "+ t2.isAlive()+"\n");
36      }
37  }
```

27-30번 32-35번	• 첫 번째 스레드의 정보를 출력한다. • 두 번째 스레드의 정보를 출력한다.
실행 결과	스레드1 스레드 t1의 ID: 9 스레드 t1의 이름: Thread-0 스레드 t1의 우선순위: 5 스레드 t1의 생존여부: true 스레드 t2의 ID: 10 스레드 t2의 이름: Thread-1 스레드 t2의 우선순위: 5 스레드 t2의 생존여부: true 스레드2 스레드2 스레드1 스레드2 스레드1 스레드2 스레드1 스레드2 스레드1 스레드종료: 스레드1 스레드종료: 스레드2

6.5 스레드 동기화

그림 6-9처럼 두 개 이상의 스레드가 공유 데이터에 동시에 접근하여 값을 변경하면 일부 작업이 무시되어 전혀 예상하지 못한 결과를 초래할 수 있다.

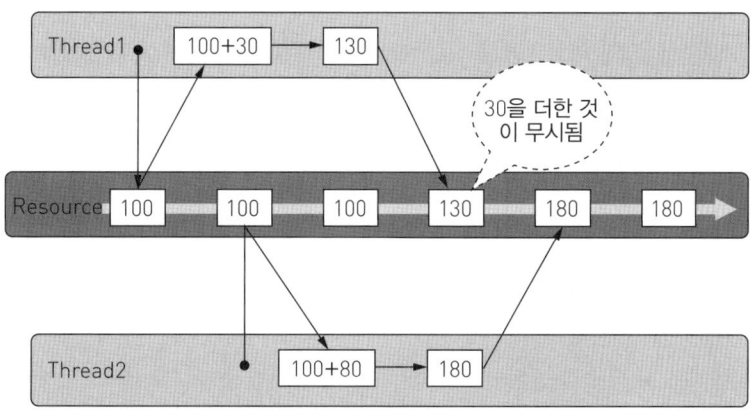

▲ 그림 6-9　스레드 동기화 미사용

　이런 경우에 그림 6-10처럼 하나의 스레드가 공유 데이터를 사용할 때 다른 스레드가
접근하지 못하도록 하는 스레드 동기화(synchronization) 기법을 사용하여 문제를 해결할 수 있
다. 하나의 스레드가 동기화 블록에 진입하면 잠금 상태(lock)가 되고 동기화 블록을 나오면
풀림 상태(unlock)가 된다. 만약 다른 스레드가 잠금 상태의 동기화 블록을 호출하면 풀림
상태가 될 때까지 자동으로 대기하게 된다.

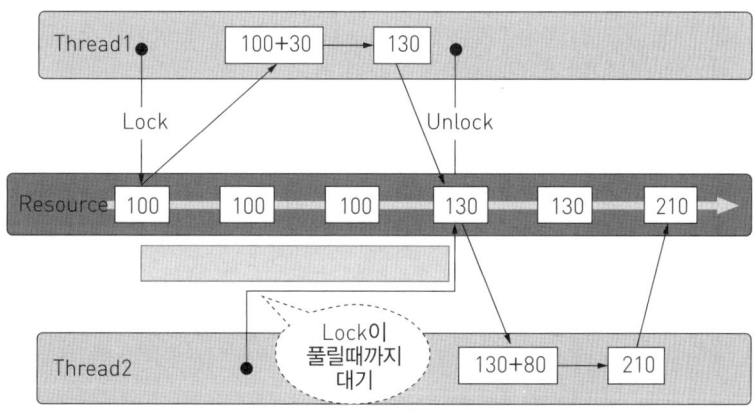

▲ 그림 6-10　스레드 동기화 사용

　동기화 방법에는 두 가지가 있는데 다음 사용 예와 같이 메소드 단위로 동기화를 설정
하는 방법과 객체 단위로 동기화를 설정하는 방법이 있다. 하지만 객체에 동기화를 설정
하는 경우, 교착상태(dead lock)가 발생할 수 있어서 가급적 메소드 단위의 동기화 방법을 권
장한다.

사용 예

```
// 메소드 단위의 동기화
public synchronized void saveMoney(int money) {
    // 공유 자원의 사용
}

// 객체 단위의 동기화
public void saveMoney(int money) {
    synchronized(this) {
        // 공유 자원의 사용
    }
}
```

예제 6-5는 자전거 대여점에서 자전거를 대여하는 과정을 스레드 동기화 기법으로 작성한 프로그램이다.

예제 6-5 · BikeRental01.java

```
1  import java.util.*;
2
3  class BikeRentalShop01 {
4      private Vector v = new Vector();
5      public BikeRentalShop01() {
6          v.addElement("MTB 자전거-3");
7          v.addElement("MTB 자전거-2");
8          v.addElement("MTB 자전거-1");
9      }
10     public synchronized String lendBike() {
11         if (v.size() > 0) {
12             String s = (String)this.v.remove(v.size()-1);
13             return s;
14         } else {
15             return null;
16         }
17     }
18     public synchronized void returnBike(String bike) {
19         this.v.addElement(bike);
20     }
21 }
22
23 class Someone extends Thread {
```

```
24    public void run() {
25        String v = BikeRental01.brs.lendBike();
26        if( v == null) {
27            System.out.println(this.getName() + ": 빌릴 자전거가 없음!");
28            return;
29        }
30        try {
31            System.out.println(this.getName() + ": " + v + " 대여중");
32            this.sleep(3000);
33            BikeRental01.brs.returnBike(v);
34            System.out.println(this.getName() + ": " + v + " 반납");
35        } catch (InterruptedException e) {
36            e.printStackTrace();
37        }
38    }
39 }
40
41 public class BikeRental01 {
42    public static BikeRentalShop01 brs = new BikeRentalShop01();
43    public static void main(String[] args) {
44        Someone p1 = new Someone();
45        Someone p2 = new Someone();
46        Someone p3 = new Someone();
47        Someone p4 = new Someone();
48        p1.start();
49        p2.start();
50        p3.start();
51        p4.start();
52    }
53 }
```

1번	• Vector 클래스를 제공하는 java.util 패키지를 import한다.
6-8번	• 빌릴 수 있는 자전거 리스트를 작성한다.
10번	• 자전거 대여 메소드를 동기화 메소드로 설정하여 하나의 메소드만 대여 작업을 할 수 있도록 한다.
11-16번	• 자전거 대여 리스트를 확인해서 대여가 가능하면 자전거 이름을 반환하고 불가능하면 null을 반환한다.
18번	• 자전거 반납 메소드를 동기화 메소드로 설정하여 하나의 메소드만 반납 작업을 할 수 있도록 한다.
19번	• 반납한 자전거 이름을 대여 리스트에 추가한다.
25번	• 자전거를 대여한다.
26-29번	• 자전거 대여 리스트가 null이면 더 이상 빌릴 자전거가 없다고 알린다.
31-34번	• 대여중인 자전거 이름을 출력하고 3초 후에 반납하고 결과를 출력한다.

44-47번 48-51번	• 4개의 스레드를 생성한다. • 4개의 스레드를 실행한다.
실행 결과	Thread-0: MTB 자전거-1 대여중 Thread-2: MTB 자전거-3 대여중 Thread-1: MTB 자전거-2 대여중 Thread-3: 빌릴 자전거가 없음! Thread-1: MTB 자전거-2 반납 Thread-2: MTB 자전거-3 반납 Thread-0: MTB 자전거-1 반납

위의 동기화 예제에서 Thread-3 스레드는 더 이상 빌릴 자전거가 없기 때문에 자전거를 대여하지 못한 상태로 프로그램이 종료되었다. 더 이상 빌릴 자전거가 없는 경우에 wait() 메소드를 이용하여 프로그램을 종료하지 않고 대기하고 있다가 누군가 자전거를 반납하면 그때 notify() 메소드를 이용하여 자전거를 대여하도록 프로그램을 수정할 수 있다. 이처럼 동기화의 효율을 높이고자 할 때 wait()와 notify() 메소드를 사용할 수 있다.

▌wait()와 notify() 메소드

예제 6-5처럼 하나의 스레드가 메소드를 잠금 상태로 설정해놓고 어떤 조건이 만족될 때를 기다려야 한다면, 이 메소드를 사용해야 하는 다른 스레드들은 잠금 상태가 풀릴 때까지 모두 기다려야 하는 상황이 발생한다. 이런 경우에 wait()와 notify() 메소드를 사용하여 동기화의 효율을 높일 수 있다. 하나의 스레드가 메소드를 잠금 상태로 설정해놓고 기다리는 대신, wait() 메소드를 호출해서 다른 스레드에게 제어권을 넘겨주고 대기하다가 다른 스레드가 notify() 메소드를 호출하면 다시 준비상태가 되도록 하는 것이다.

아래의 사용 예에서 예금인출(withdraw) 동기화 메소드를 호출했을 때 통장잔액(balance)이 부족하면 wait() 메소드를 호출해서 제어권을 넘겨주고 대기하다가 다른 스레드가 예금적립(doposit) 동기화 메소드를 호출하면 통장잔고가 늘어나면서 notify() 메소드를 호출하게 된다. 이때 대기하던 스레드는 준비상태로 전환되고 스케줄링에 의해 실행상태가 되면 다시 통장잔액을 확인하는 과정을 수행하게 된다.

사용 예

```java
class Account {
    int balance = 1000;

    public synchronized void withDraw(int money) {
        while(balance < money) {
```

```
    try{
        wait();
    }catch (Exception e) { }
  }
  balance -= money;
}

public synchronized void deposit(int money) {
  balance += money;
    notify();
  }
}
```

예제 6-6은 앞의 동기화 예제를 wait()와 notify() 메소드를 이용하여 더 이상 빌릴 자전거가 없는 경우에 프로그램을 종료하지 않고 대기하고 있다가 누군가 자전거를 반납하면 그때 자전거를 대여하도록 수정한 프로그램이다.

예제 6-6 · BikeRental.java

```
1    import java.util.*;
2
3    class BikeRentalShop02 {
4        private Vector v = new Vector();
5        public BikeRentalShop02() {
6            v.addElement("MTB 자전거-3");
7            v.addElement("MTB 자전거-2");
8            v.addElement("MTB 자전거-1");
9        }
10
11       public synchronized String lendBike() throws InterruptedException {
12           Thread t = Thread.currentThread();
13           String s="";
14           if(v.size()==0) {
15               System.out.println(t.getName() + ": 대기 상태");
16               this.wait();
17               System.out.println("\n"+t.getName() + ": 대여 가능");
18           }
19           if(v.size()>0) {
20               s = (String)this.v.remove(v.size()-1);
21           }
22           return s;
```

```
23      }
24
25      public synchronized void returnBike(String bike) {
26          this.v.addElement(bike);
27          this.notify();
28      }
29 }
30
31 class Someone02 extends Thread {
32      public void run() {
33          try {
34              String s = BikeRental02.vrs.lendBike();
35              System.out.println(this.getName() + ": " + s + " 대여중");
36              this.sleep(3000);
37              System.out.println(this.getName() + ": " + s + " 반납");
38              BikeRental02.vrs.returnBike(s);
39          } catch (InterruptedException e) {
40              e.printStackTrace();
41          }
42      }
43 }
44
45 public class BikeRental02 {
46      public static BikeRentalShop02 vrs = new BikeRentalShop02();
47      public static void main(String[] args) {
48          someone02 p1 = new Someone02();
49          Someone02 p2 = new Someone02();
50          Someone02 p3 = new Someone02();
51          Someone02 p4 = new Someone02();
52          p1.start();
53          p2.start();
54          p3.start();
55          p4.start();
56      }
57 }
```

16번	• 대여할 자전거가 없으면 wait() 메소드를 호출하여 제어권을 다른 스레드로 넘기고 대기한다.
17번	• 다른 스레드가 notify() 메소드를 호출하면 프로그램을 계속 실행한다.
19-21번	• 자전거 리스트를 확인해서 대여가 가능하면 자전거 이름을 반환한다.
25-29번	• 자전거를 반납하고 대기 중인 스레드를 깨운다.

실행 결과	Thread-0: MTB 자전거-1 대여중 Thread-2: MTB 자전거-3 대여중 Thread-1: MTB 자전거-2 대여중 Thread-3: 대기 상태 Thread-1: MTB 자전거-2 반납 Thread-2: MTB 자전거-3 반납 Thread-0: MTB 자전거-1 반납 Thread-3: 대여 가능 Thread-3: MTB 자전거-2 대여중 Thread-3: MTB 자전거-2 반납

6.6 스레드 그룹

서로 관련된 스레드들은 하나의 그룹으로 지정하여 관리할 수 있는데, 이것을 스레드 그룹이라고 한다. 스레드 그룹을 이용하면 그룹 내의 스레드들을 관리하고 제어하기가 용이해진다. 스레드 그룹은 표 6-5와 같이 ThreadGroup 클래스의 생성자를 사용하여 생성한다.

표 6-5 ThreadGroup 클래스의 주요 생성자

public ThreadGroup(String name)	지정된 그룹 이름을 이용하여 스레드 그룹을 생성한다.
public ThreadGroup(ThreadGroup parent, String name)	지정된 그룹에 포함되는 새로운 스레드 그룹을 생성한다.

아래와 같이 ThreadGroup 클래스의 주요 메소드를 이용하면 스레드 그룹의 다양한 정보를 확인할 수 있다.

표 6-6 ThreadGroup 클래스의 주요 메소드

int activeCount()	스레드 그룹 내의 액티브 스레드의 개수를 반환
int activeGroupCount()	스레드 그룹 내의 액티브 그룹의 개수를 반환
int getMaxPriority()	스레드 그룹의 최고 우선순위를 반환
String getName()	스레드 그룹의 이름을 반환

ThreadGroup getParent()	스레드 그룹의 부모 스레드 그룹을 반환
void list()	스레드 그룹에 대한 정보를 표준 출력에 출력
void setMaxPriority(int pri)	스레드 그룹의 최고 우선순위를 설정
String toString()	스레드 그룹의 기본 정보를 문자열로 반환

예제 6–7은 네 개의 스레드를 두 개의 스레드 그룹에 두 개씩 모아놓고 스레드 그룹과 각 스레드의 정보를 출력하는 프로그램이다.

 6-7 · BikeRental.java

```
1   class MyThread extends Thread {
2       String name;
3
4       public MyThread(ThreadGroup tg, String name) {
5           super(tg, name);
6           this.name = name;
7       }
8
9       public void run() {
10          try {
11              System.out.println("\n"+Thread.currentThread());
12              for(int i=0; i<5; i++)
13                  System.out.println(name+": "+i);
14              sleep(100);
15          } catch(InterruptedException e) { }
16      }
17  }
18
19  public class ThreadGroupEx {
20      MyThread mt1, mt2, mt3, mt4;
21      ThreadGroup tg1, tg2;
22
23      public ThreadGroupEx() {
24          tg1 = new ThreadGroup("스레드 그룹 1");
25          tg2 = new ThreadGroup("스레드 그룹 2");
26          tg1.setMaxPriority(5);
27
28          mt1 = new MyThread(tg1, "스레드 1");
29          mt2 = new MyThread(tg1, "스레드 2");
30          mt3 = new MyThread(tg2, "스레드 3");
```

```
31        mt4 = new MyThread(tg2, "스레드 4");
32
33        mt1.start();
34        mt2.start();
35        mt3.start();
36        mt4.start();
37    }
38
39    public static void main(String[] args) {
40        ThreadGroupEx tge = new ThreadGroupEx();
41            tge.info();
42    }
43
44    public void info() {
45        System.out.println("스레드 그룹의 이름: " + tg1.getName());
46        System.out.println("그룹의 최대우선순위: " + tg1.getMaxPriority());
47        System.out.println("실행중인 스레드의 수: " + tg1.activeCount());
48        tg1.list();
49        tg2.list();
50    }
51 }
```

11번	• 스레드 객체의 정보를 출력한다.
21번	• 스레드 그룹 tg1과 tg2를 선언한다.
24-25번	• 스레드 그룹 tg1과 tg2를 생성한다.
26번	• 스레드 그룹 tg1의 최대 우선순위를 설정한다.
28-31번	• 스레드를 생성하여 스레드 그룹에 할당한다.
45-49번	• 스레드 그룹의 정보를 출력한다.

실행
결과
	스레드 그룹의 이름: 스레드 그룹 1
	그룹의 최대우선순위: 5
	실행중인 스레드의 수: 2
	java.lang.ThreadGroup[name=스레드 그룹 1,maxpri=5]
	  Thread[스레드 1,5,스레드 그룹 1]
	  Thread[스레드 2,5,스레드 그룹 1]
	java.lang.ThreadGroup[name=스레드 그룹 2,maxpri=10]
	  Thread[스레드 3,5,스레드 그룹 2]
	
	Thread[스레드 3,5,스레드 그룹 2]
	스레드 3: 0
	스레드 3: 1
	스레드 3: 2
	스레드 3: 3
	스레드 3: 4

실행 결과	Thread[스레드 1,5,스레드 그룹 1] 스레드 1: 0 스레드 1: 1 스레드 1: 2 스레드 1: 3 스레드 1: 4 Thread[스레드 4,5,스레드 그룹 2] 스레드 4: 0 스레드 4: 1 스레드 4: 2 스레드 4: 3 스레드 4: 4 Thread[스레드 2,5,스레드 그룹 1] 스레드 2: 0 스레드 2: 1 스레드 2: 2 스레드 2: 3 스레드 2: 4

••• 요약 •••

- 멀티태스킹

  운영체제나 웹브라우저 같은 하나의 프로그램이 동시에 여러 개의 작업을 처리하는 것을 의미하며 자바에서는 멀티스레딩을 이용하여 구현한다.

- 스레드

  프로세스에는 실행되고 시작점과 종료점을 가지는 하나의 작업흐름을 의미한다.
  main() 메소드는 main 스레드이다.

- 멀티스레드

  멀티스레드는 하나의 프로세스에 여러 개의 스레드를 사용하는 것을 의미한다.
  스레드는 서로 비동기적(asynchronous)으로 실행된다.
  프로그램에서 독립적으로 실행 가능한 부분을 스레드로 정의한다.

- 스레드 생성

  Thread 클래스를 상속하거나 Runnable 인터페이스를 구현하여 스레드를 생성한다. 다른 클래스로부터 상속이 필요한 경우에는 Runnable 인터페이스를 사용한다.

- 스레드 스케줄링

  스레드는 우선순위를 가지며 비동기적으로 경쟁에 의해 스케줄링 된다.
  우선순위는 최소 1부터 최대 10까지이며, 기본 값은 5이다.
  자바 스레드는 선점형(pre-emptive)이다.
  sleep()과 yield() 메소드를 이용하면 이기적인 스레드를 방지하고 동기화의 효율을 높일 수 있다.

- 스레드의 생명주기

  스레드는 Ready, Running, Sleeping, Waiting, Blocked, Dead의 상태를 가진다.
  스레드의 상태는 start(), yield(), sleep(), wait(), notify(), notifyAll() 등의 메소드 호출에 의해 변환된다.

- 스레드의 동기화를 이용하면 하나의 스레드가 공유 데이터를 사용할 때 다른 스레드가 접근하는 것을 방지하여 예상치 못한 결과가 발생하는 문제를 해결할 수 있다.

- 스레드 그룹(ThreadGroup)

  서로 관련된 스레드들을 하나의 그룹으로 연결한 것이다.
  그룹에 포함된 여러 개의 스레드를 관리하고 제어하기가 쉬워진다.

••• 연습문제 •••

1. 멀티태스킹에 대하여 설명하여라.

2. 스레드와 멀티스레드에 대하여 설명하여라.

3. 멀티스레드를 사용하는 이유를 설명하여라.

4. 스레드를 생성하는 방법을 설명하여라.

5. 스레드의 우선순위와 스케줄링에 대하여 설명하여라.

6. 이기적인 스레드 작성을 방지하는 방법을 설명하여라.

7. 스레드의 생명주기 그리고 이와 관련된 메소드에 대하여 설명하여라.

8. 스레드의 동기화에 대하여 설명하여라.

9. 동기화의 효율을 높이는 방법에 대하여 설명하여라.

10. 스레드 그룹에 대하여 설명하여라.

11. 다음은 실습에 사용한 스레드 예제로 오류가 포함되어 있다. 디버깅하여 프로그램을 완성하고 오류의 이유를 설명하여라.

ThreadEx01.java

```
1  class MyThread01 extends Thread {
2     @Override
3     public void run() {
4        for(char i = 'A'; i<='Z'; i+) {
5           System.out.print(i+" ");
6           try {
7              sleep(1);
8           } catch(Interruptedexception e) {}
9        }
10    }
11 }
12
13 public class ThreadEx01 {
14    public static void main(String args) {
15       MyThread01 t1 = new myThread01();
16       t1.start();
17    }
18 }
```

07

입출력 스트림

학습 목표

- 입출력 스트림과 java.io 패키지의 개념을 이해한다.
- 표준 입출력 스트림을 이해하고 관련 메소드의 사용방법을 배운다.
- File 클래스의 생성자와 주요 메소드를 알아보고 사용방법을 배운다.
- 버퍼를 사용하지 않는 입출력 바이트 스트림의 사용방법을 배운다.
- 버퍼를 사용하지 않는 입출력 문자 스트림의 사용방법을 배운다.
- 버퍼를 사용하는 입출력 바이트 스트림의 사용방법을 배운다.
- 버퍼를 사용하는 입줄력 분자 스트림의 사용뱝빕을 배운다.

입출력 스트림

자바에서 입출력은 스트림이라는 일련의 연속적인 데이터의 흐름을 이용하여 처리된다. 입출력 스트림은 입력 스트림과 출력 스트림을 합쳐놓은 용어로 입력 스트림은 그림 7-1 처럼 키보드, 마우스, 파일, 네트워크 등의 입력장치로부터 데이터를 프로그램으로 읽어 오는 것을 의미하고 출력 스트림은 그림 7-2처럼 프로그램에서 출력된 데이터를 모니터, 프린터, 파일, 네트워크 등의 출력장치로 내보내는 것을 의미한다.

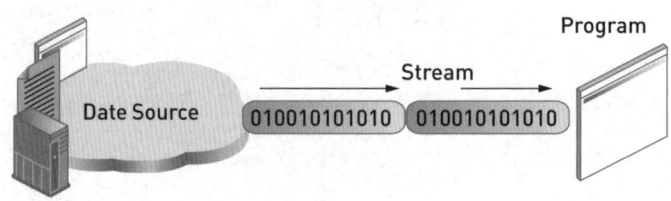

▲ 그림 7-1   입력 스트림

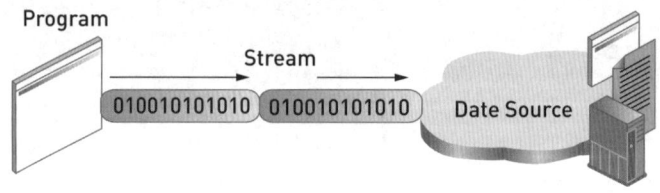

▲ 그림 7-2   출력 스트림

자바에서는 입출력 스트림을 지원하기 위하여 그림 7-3 같은 java.io 패키지를 제공한다. 이 패키지는 바이너리 파일을 처리할 때 사용하는 바이트 입출력 스트림과 텍스트 파일을 처리할 때 사용하는 문자 입출력 스트림으로 구분할 수 있다.

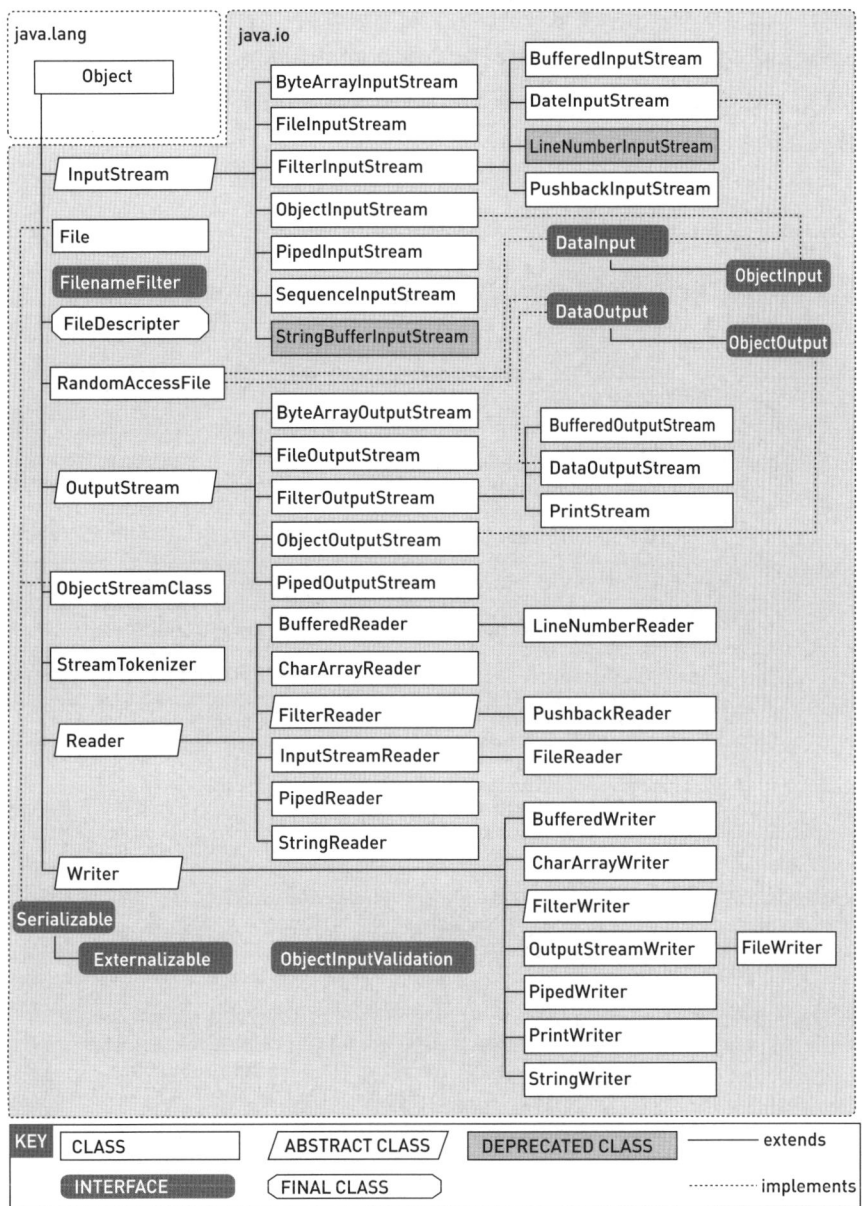

▲ **그림 7-3** java.io 패키지의 상속 구조

입출력 스트림을 구분할 때 표 7-1과 같이 클래스의 이름에 Input이 포함되어 있으면 바이트 입력, Output이 있으면 바이트 출력을 의미하고 Reader가 있으면 문자 입력, Writer이 있으면 문자 출력을 의미한다. 클래스 이름에 Buffered가 포함되어 있으면 버퍼를 지원하는 입출력 스트림을 의미한다.

표 7-1 입출력 스트림의 구분

구분	입력	출력
바이트	InputStream └ FileInputStream └ FilterInputStream 　　└ BufferedInputStream 　　└ DataInputStream 　　└ LineNumberInputStream 　　└ PushbackInputStream └ PipedInputStream └ SequenceInputStream └ ByteArrayInputStream └ StringBufferInputStream └ ObjectInputStream	OutputStream └ FileOutputStream └ FilterOutputStream 　　└ BufferedOutputStream 　　└ DataOutputStream 　　└ PrintStream └ PipedOutputStream └ ByteArrayOutputStream └ ObjectOutputStream
문자	Reader └ InputStreamReader 　　└ FileReader └ BufferedReader 　　└ LineNumberReader └ FilterReader 　　└ PushbackReader └ CharArrayReader └ PipedReader └ StringReader	Writer └ OutputStreamWriter 　　└ FileWriter └ BufferedWriter └ FileterWriter └ CharArrayWriter └ PipedWriter └ StringWriter

표준 입출력 스트림

표준 입출력 스트림은 표준 입력장치인 키보드와 표준 출력장치인 콘솔 즉, 도스창을 이용하여 데이터를 입출력하는 스트림이다. 자바에서는 표준 입출력 스트림을 위하여 java.lang 패키지의 System 클래스에서 표 7-2와 같이 세 가지 스트림 변수를 제공한다. 표준 입출력 스트림 변수인 in, out, err는 정적 변수로 선언되어 별도의 객체를 생성하지 않아도 클래스 이름으로 바로 참조할 수 있다.

표 7-2 표준 입출력 스트림과 스트림 변수

구분	스트림 이름	변수 이름	관련 메소드
표준 입력 스트림	InputStream	in	read()
표준 출력 스트림	PrintStream	out	print(), println()
표준 에러 스트림	PrintStream	err	

표준 입출력 스트림을 처리하려면 표 7-3과 같이 표준 입력/출력/에러 스트림과 관련 메소드를 연결하여 사용하면 된다.

표 7-3 표준 입력/출력/에러 메소드

구분	메소드 명	설명
표준 입력 메소드	System.in.read()	콘솔에 문자열을 입력한 후 [Enter↵]를 누르면 한 문자씩 읽어 그 문자에 해당하는 유니코드 값을 int 형으로 반환한다. [Ctrl] + [Z]를 누르면 입력을 종료한다는 의미로 −1을 반환한다.
표준 출력 메소드	System.out.print()	줄 바꿈 없이 콘솔에 매개변수의 값을 출력한다.
	System.out.println()	콘솔에 매개변수의 값을 출력한 후 다음 줄의 첫 번째 칸으로 이동한다.
표준 에러 메소드	System.err.print() System.err.println()	사용방법은 out과 동일하지만 에러 처리에 사용한다.

예제 7-1은 표준입력 스트림을 생성하는 키보드로부디 문자열을 읽어 표준출력 스트림인 콘솔 즉, 도스 창으로 출력하는 프로그램이다.

 7-1 · StarndardIOEx01.java

```
1   import java.io.*;
2
3   public class StandardIOEx01 {
4       public static void main(String[] args) throws IOException {
5
6           int code;
7           int count = 0;
8
9           System.out.println("1. 문장을 입력하세요.");
10          while ((code = System.in.read()) != '\r') {
11              System.out.print((char)code);
12              count++;
13          }
14
15          System.out.println();
16          System.out.println(" 모두 " + count + "문자입니다.");
17          code = System.in.read();
18          System.out.println(" 마지막으로 "+Character.getName(code)+"가
            입력되었습니다.");
19          System.out.println();
20
21          System.out.print("2. 한 자리 수를 입력하세요=>");
22          code = System.in.read() - 48;
23          System.out.println(" 입력한 숫자는 " + code+"입니다.");
24      }
25  }
```

4번	• main() 메소드에서 예외상황이 발생하면 JVM에 처리를 넘긴다.
10번	• 키보드에서 생성된 표준입력 스트림으로부터 한 문자를 읽어 그 문자의 유니코드 값을 int형으로 반환하여 code에 저장한다.
11번	• 변수 code를 유니코드 문자로 캐스팅하여 표준출력 스트림으로 출력한다.
12,16번	• 문자열에 포함된 문자의 개수를 계산하고 출력한다.
18번	• 문장의 마지막 문자의 이름을 출력한다.
22번	• 한자리 수를 입력받아 변수에 저장한다. 이때 숫자 0부터 9까지의 유니코드 값이 48부터 57이므로 48을 감산한 후 저장한다.

실행 결과	1. 문장을 입력하세요. I like Java Programming. <- 사용자 입력 I like Java Programming. 　모두 24문자입니다. 　마지막으로 LINE FEED (LF)가 입력되었습니다. 2. 한자리 수를 입력하세요=>3 <- 사용자 입력 　입력한 숫자는 3입니다.

▌버퍼를 이용한 표준 입출력 스트림 다루기

System.in.read()는 콘솔에서 입력한 문자열을 한 번에 한 문자씩 처리한다. 만약 문자열 전체를 한 번에 처리해야 한다면 그림 7-4처럼 표준입력 스트림인 InputStream을 문자입력 스트림 InputStreamReader, 문자 버퍼 스트림 BuffererReader와 차례대로 연결해서 사용하거나 5장에서 다룬 java.util 패키지의 Scanner 클래스를 이용하면 된다.

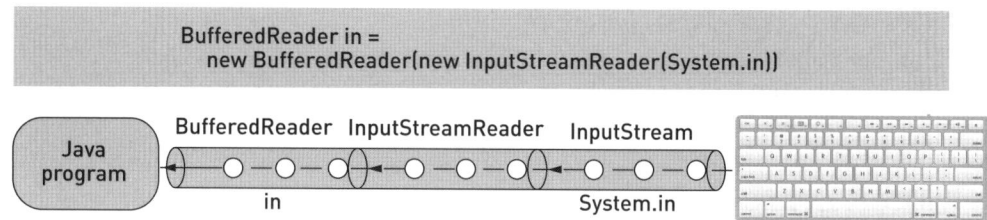

▲ 그림 7-4   입력 스트림 연결

문자 버퍼 스트림 in에 입력된 자료는 표 7-4의 메소드를 이용하여 알맞은 자료형으로 변환한 후 사용한다.

표 7-4 자료형 변환 메소드

자료형	메소드
byte	Byte.parseByte(in.readLine());
short	Short.parseShort(in.readLine());
int	Integer.parseInt(in.readLine());
long	Long.parseLong(in.readLine());
float	Float.parseFloat(in.readLine()).floatValue();
double	Double.parseDouble(in.readLine()).doubleValue();
String	in.readLine();

예제 7-2는 표준입력 스트림을 생성하는 키보드로부터 정수, 실수, 문자열을 읽어 표
준출력 스트림인 콘솔 즉, 도스 창으로 출력하는 프로그램이다.

예제 7-2 · StarndardIOEx02.java

```java
1   import java.io.*;
2
3   public class StandardIOEx02 {
4       public static void main(String[] args) throws IOException {
5           int i;
6           double d;
7           String s;
8
9           BufferedReader in =
10              new BufferedReader(new InputStreamReader(System.in));
11
12          System.out.print( "정수 값 입력 : " );
13          i = Integer.parseInt(in.readLine());
14          System.out.println( "입력된 정수 값 + 100 = " + (i+100));
15
16          System.out.print( "실수 값 입력 : " );
17          d = Double.parseDouble(in.readLine());
18          System.out.println( "입력된 실수 값 + 100.0 = " + (d+100.0));
19
20          System.out.print( "문자열 입력 : " );
21          s = in.readLine();
22          System.out.println( "입력된 문자열 = " + s);
23      }
24  }
```

9번	• 키보드에서 생성될 표준입력 스트림과 문자 버퍼스트림 in을 연결한다.
13번	• 표준입력 스트림에서 문자열을 읽어 int형으로 변환한다.
17번	• 표준입력 스트림에서 문자열을 읽어 double형으로 변환한다.
21번	• 표준입력 스트림에서 문자열을 읽어 문자열 변수 s에 저장한다.

실행 결과	정수 값 입력 : 100 입력된 정수 값 + 100 = 200 실수 값 입력 : 100.001 입력된 실수 값 + 100.0 = 200.001 문자열 입력 : java input stream 입력된 문자열 = java input stream

7.3 File 클래스

File 클래스는 물리적으로 저장되어 있는 파일을 다룰 때 사용하는 클래스로 실제로 파일을 읽거나 쓸 때 유용하게 사용한다. File 클래스의 생성자와 주요 메소드는 표 7-5와 같다.

표 7-5 생성자와 주요 메소드

이름	설명
public File(String path)	경로와 파일 이름이 포함된 path에 해당하는 파일을 생성한다.
public File(String path, String name)	지정한 경로 path에 지정한 파일 이름인 name에 해당하는 파일을 생성한다.
public File(File dir, String name)	dir이라는 File 클래스의 인스턴스와 파일 이름을 이용하여 파일을 생성한다. 만약 dir이 null이면 현재 디렉터리에 파일을 생성한다.

주요 메소드

이름	설명
public String getName()	파일의 이름을 반환한다.
public String getPath()	파일의 경로를 반환한다.
public String getAbsolutePath()	파일의 절대경로를 반환한다.
public String getParent()	파일의 상위 디렉터리 이름을 반환한다.
public boolean exists()	파일의 존재 여부를 반환한다.
public boolean canWrite()	파일의 기록 가능 여부를 반환한다.
public boolean canRead()	파일의 읽기 가능 여부를 반환한다.
public boolean isFile()	파일인지 여부를 반환한다.
public boolean isDirectory()	디렉터리인지 여부를 반환한다.
public boolean isAbsolute()	절대 경로인지 여부를 반환한다.
public long lastModified()	파일의 최근 수정 시각을 반환한다.
public long length()	파일의 길이를 반환한다.
public boolean mkdir()	새로운 디렉터리 생성하고 결과를 반환한다.
public boolean renameTo(File dest)	파일을 새 이름으로 변경하고 결과를 반환한다.
public boolean mkdirs()	여러 개의 디렉터리를 생성하고 결과를 반환한다.

주요 메소드 (계속)

이름	설명
public String[] list()	디렉터리 내의 모든 파일이름을 반환한다.
public File[] listFiles()	디렉터리 내의 모든 파일정보를 반환한다.
public boolean delete()	파일을 삭제한다.
public int hashCode()	파일을 구분하는 해시코드를 반환한다.
public boolean equals(Object obj)	파일 내용이 같은지 여부를 반환한다.
public String toString()	파일의 값을 문자열로 반환한다.

예를 들어 아래의 세 가지 방법을 이용하여 sample 디렉터리에 test.txt 파일을 생성할 수 있다.

사용 예

```
File f1 = new File("c:\sample\test.txt");

File f2 = new File("c:\sample", "test.txt");

File f = new File("c:\sample");
File f3 = new File(f, "test.txt");
```

예제 7-3은 File 클래스를 이용하여 지정한 디렉터리의 정보를 읽어서 출력하는 프로그램이다. 디렉터리를 지정하지 않으면 현재 디렉터리에 대한 정보를 출력한다.

예제 7-3 · FileEx01.java

```
1   import java.io.*;
2   import java.util.*;
3
4   public class FileEx01 {
5       String dir;
6
7       public FileEx01(String dir) {
8           this.dir = dir;
9       }
10
```

```
11   public static void main(String args[]) {
12       if(args.length < 1) {
13           FileEx01 fe = new FileEx01(".");
14           fe.list();
15       } else {
16           FileEx01 fe = new FileEx01(args[0]);
17           fe.list();
18       }
19   }
20
21   public void list() {
22       File f = new File(dir);
23
24       if(f.exists()) {
25           File[] files = f.listFiles();
26           System.out.println("현재 경로 : "+f.getAbsolutePath());
27
28           for(int i=0; i < files.length; i++) {
29               Date date = new Date(files[i].lastModified());
30               System.out.println(files[i].getName() + "\t\t" +
31                   files[i].length() + "\t" + date.toString());
32           }
33       } else {
34           System.out.println("디렉터리가 존재하지 않습니다.");
35       }
36   }
37 }
```

2번	• Date 클래스를 사용하기 위해 `java.util` 패키지를 **import** 한다.
5번	• 디렉터리를 저장할 변수 `dir`을 선언한다.
12-14번	• 매개변수가 없으면 현재 디렉터리(".")로 `dir` 변수를 초기화하고 21번 `list()` 메소드를 호출한다.
15-17번	• 매개변수가 있으면 매개변수로 `dir` 변수를 초기화하고 21번 `list()` 메소드를 호출한다.
22번	• `dir` 변수의 값으로 `File` 객체를 생성한다.
24번	• `File` 객체가 존재하는지 확인한다.
25번	• 디렉터리의 파일 목록을 `File`형으로 저장한다.
28-32번	• 디렉터리 내의 파일 목록을 파일이름, 크기, 시간 순으로 출력한다.

실행 결과	현재 경로 : C:\workspace\07장\. .classpath 301 Tue Apr 24 00:39:31 KST 2012 .project 381 Tue Apr 24 00:39:31 KST 2012 .settings 0 Tue Apr 24 00:39:31 KST 2012 bin 4096 Sun May 20 15:29:36 KST 2012 src 4096 Sun May 20 15:29:36 KST 2012

버퍼가 없는 입출력 스트림

버퍼가 없는 입출력 스트림에는 그림 7-5와 같이 문자 데이터를 다루는 문자 스트림으로 FileReader/FileWriter와 InputStreamReader/OutputStreamReader, 바이너리 데이터를 다루는 바이트 스트림으로 FileInputStream/FileOutputStream과 DataInputStream/DataOutputStream 등이 있다.

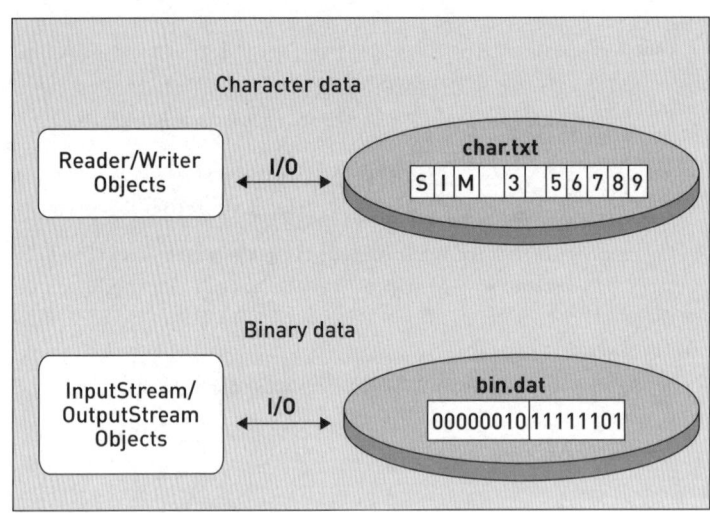

▲ 그림 7-5   버퍼가 없는 입출력 스트림

┃ 바이트 스트림

바이트 스트림은 1바이트 즉, 8비트 단위의 자료가 입출력되는 스트림이다. 이 스트림은 원시 데이터를 그대로 사용하기 때문에 동영상이나 이미지 같은 이진 파일과 텍스트 파일 모두 다루기 적합하다.

1 입력 바이트 스트림

대표적인 입력 바이트 스트림에는 FileInputStream과 DataInputStream이 있다. FileInputStream은 파일의 내용을 읽어오는 클래스로 파일입력과 관련해서 예외 상황이 발생하면 IOException을 생성한다. 따라서 입력 스트림 클래스의 메소드를 다룰 때 IO-

Exception이 발생 가능한지 확인해보고, try-catch문을 사용해서 예외상황을 처리해야 한다. DataInputStream은 데이터를 8가지 기본 자료형 단위로 처리할 수 있다.

다음 두 가지 사용 예는 모두 "test.txt"라는 파일을 열어 필요한 입력 작업을 수행한 후 파일을 닫는 예이다.

사용 예 1
```
FileInputStream fis = new FileInputStream("c:\test.txt");
// 필요한 입력 작업 수행
fis.close();
```

사용 예 2
```
File f = new File("c:\test.txt");
FileInputStream fis = new FileInputStream(f);
// 필요한 입력 작업 수행
fis.close();
```

표 7-6은 FileInputStream과 DataInputStream의 생성자, 공통 메소드 그리고 DataInputStream의 주요 메소드에 대한 설명이다.

표 7-6 바이트 입력 스트림 생성자와 주요 메소드

생성자

이름	설명
FileInputStream(File file)	지정된 File 객체에서 데이터를 읽기 위해 파일 입력 스트림을 생성한다.
FileInputStream(String name)	지정된 name의 파일에서 데이터를 읽기 위해 파일 입력 스트림을 생성한다.
DataInputStream (InputStream in)	지정된 in 입력 스트림에서 데이터를 읽기 위해 데이터 입력 스트림을 생성한다.

FileInputStream과 DataInputStream의 공통 메소드

이름	설명
int read()	입력 스트림에서 한 바이트를 읽어 int형으로 반환한다. 파일 끝에 도달하여 더 이상 데이터가 없는 경우 -1을 반환한다.
int read(byte[] b)	입력 스트림에서 최대 b.length 개의 데이터를 바이트 배열로 읽은 후, 읽어 온 총 바이트 수를 반환한다. 더 이상 데이터가 없는 경우 1을 반환한다.

FileInputStream과 DataInputStream의 공통 메소드(계속)

이름	설명
int available()	입력 스트림에서 읽어 올 수 있는 바이트의 수를 반환한다.
void close()	입력 스트림을 닫고 사용하던 자원을 반환한다.

DataInputStream의 주요 메소드

이름	설명
void readFully(byte[] b)	입력 스트림에서 b.length 개의 데이터를 읽어서 b에 저장한다.
boolean readBoolean()	1바이트를 읽어서 0이면 false, 아니면 true를 반환한다.
byte readByte()	1바이트를 읽어서 반환한다.
char readChar()	2바이트를 읽어서 char형으로 반환한다.
short readShort()	2바이트를 읽어서 short형으로 반환한다.
int readInt()	4바이트를 읽어서 int형으로 반환한다.
long readLong()	8바이트를 읽어서 long형으로 반환한다.
float readFloat()	4바이트를 읽어서 float형으로 반환한다.
double readDouble()	8바이트를 읽어서 double형으로 반환한다.
int readUnsignedByte()	1바이트를 읽어서 0부터 255사이의 int형으로 반환한다.
int readUnsignedShort()	2바이트를 읽어서 0부터 65535사이의 int형으로 반환한다.
String readUTF(String str)	데이터 입력 스트림을 수정된 UTF-8 형식의 문자열로 읽어서 반환한다.

2 출력 바이트 스트림

대표적인 출력 바이트 스트림에는 FileOutputStream과 DataOutputStream이 있다. FileOutputStream은 파일에 내용을 저장하는 클래스로 파일출력과 관련해서 예외 상황이 발생하면 FileNotFoundException을 생성한다. FileNotFound Exception은 파일이 존재하지만 디렉터리인 경우, 파일이 존재하지 않고 작성할 수도 없는 등의 경우에 발생하므로 try-catch문을 사용해서 예외상황을 처리해야 한다. DataOutputStream은 DataInputStream과 마찬가지로 데이터를 8가지 기본 자료형 단위로 처리할 수 있다.

다음 두 가지 사용 예는 모두 "test.txt"라는 파일에 필요한 출력 작업을 수행한 후 파일을 닫는 예이다.

사용 예 1

```
FileOutputStream fos = new FileOutputStream("c:\test.txt");
// 필요한 출력 작업 수행
fos.close();
```

사용 예 2

```
File f = new File("c:\test.txt");
FileOutputStream fos = new FileOutputStream(f);
// 필요한 출력 작업 수행
fos.close();
```

표 7-7은 FileOutputStream과 DataOutputStream의 생성자, 공통 메소드 그리고 DataOutputStream의 주요 메소드에 대한 설명이다.

표 7-7 바이트 출력 스트림 생성자와 주요 메소드

생성자

이름	설명
FileOutputStream(File file)	지정된 File 객체에 데이터를 쓰기 위해 파일 출력 스트림을 생성한다. 파일이 존재하면 내용을 지우고 새로운 파일을 생성한다.
FileOutputStream(String name)	지정된 name의 파일에 데이터를 쓰기 위해 파일 출력 스트림을 생성한다.
DataOutputStream (OutputStream out)	지정된 out 출력 스트림에 데이터를 쓰기 위해 데이터 출력 스트림을 생성한다.

FileOutputStream과 DataOutputStream의 공통 메소드

이름	설명
int write(int i)	지정된 데이터를 파일 출력 스트림에 출력한다.
int write(byte[] b)	지정된 바이트 배열에서 b.length 개의 바이트를 출력스트림에 출력한다.
void close()	출력 스트림을 닫고 사용하던 자원을 반환한다.

DataOutputStream의 주요 메소드

이름	설명
void flush()	스트림에 남아 있는 데이터를 모두 출력한다.
boolean writeBoolean (boolean b)	boolean 값을 출력 스트림에 1바이트로 출력한다.

DataOutputStream의 주요 메소드(계속)

이름	설명
byte writeByte(int i)	byte 값을 출력 스트림에 1바이트로 출력한다.
char writeChar(int i)	char 값을 출력 스트림에 2바이트로 출력한다.
short writeShort(int i)	short 값을 출력 스트림에 2바이트로 출력한다.
int writeInt(int i)	int 값을 출력 스트림에 4바이트로 출력한다.
long writeLong(long l)	long 값을 출력 스트림에 8바이트로 출력한다.
float writeFloat(float f)	float 값을 출력 스트림에 4바이트로 출력한다.
double writeDouble(double d)	double 값을 출력 스트림에 8바이트로 출력한다.
String writeUTF(String str)	주어진 문자열 str을 수정된 UTF-8 형식으로 출력 스트림에 출력한다.

　　예제 7-4는 File 클래스를 이용하여 지정한 test.txt 파일의 내용을 화면에 출력한 후에 그 내용을 수정하거나 초기화할 수 있는 프로그램이다. 수정된 내용은 저장 버튼을 누르면 test.txt 파일에 다시 저장할 수 있다.

예제 7-4 · ByteStreamEx01.java

```
1    import java.io.*;
2    import java.awt.*;
3    import javax.swing.*;
4
5    public class ByteStreamEx01 extends Frame {
6        int fsize;
7        static TextArea ta;
8        static String s;
9        static byte[] buf = new byte[10000];
10
11       public ByteStreamEx01() {
12           setTitle("바이트 스트림 예제");
13           Button saveBtn = new Button("저장");
14           Button initBtn = new Button("초기화");
15           Button exitBtn = new Button("종료");
16           add(saveBtn);
17           add(initBtn);
18           add(exitBtn);
19           ta = new TextArea(s);
20           add(ta);
```

```
21
22        saveBtn.setBounds(10, 180, 80, 30);
23        initBtn.setBounds(10, 210, 80, 30);
24        exitBtn.setBounds(10, 240, 80, 30);
25        ta.setBounds(70, 40, 420, 300);
26    }
27
28    public boolean action(Event evt, Object arg) {
29        if (arg.equals("저장")) {
30            fWrite();
31            return true;
32        } else if (arg.equals("초기화")) {
33            ta.setText("");
34            return true;
35        } else {
36            System.exit(0);
37            return true;
38        }
39    }
40
41    public static void fRead() {
42        try {
43            DataInputStream dis = new DataInputStream(new
44                FileInputStream("/test.txt"));
45            dis.readFully(buf);
46        } catch (java.io.IOException e) { }
47
48        s = new String(buf);
49    }
50
51    public void fWrite() {
52        try {
53            DataOutputStream dos = new DataOutputStream(new
54                FileOutputStream("/test.txt"));
55            dos.writeBytes(ta.getText());
56            dos.close();
57        } catch (java.io.IOException e) { }
58    }
59
60    public boolean handleEvent(Event evt) {
61        if (evt.id == Event.WINDOW_DESTROY)
62            System.exit(0);
63        return super.handleEvent(evt);
64    }
```

```
65
66    public static void main(String[] args) {
67        fRead();
68        Frame frm = new ByteStreamEx01();
69        frm.setSize(500, 300);
70        frm.setVisible(true);
71    }
72 }
```

1번	• DataInputStream, FileInputStream 클래스를 사용하기 위해 java. io 패키지를 import 한다.
5번	• 윈도우 프레임을 이용하여 예제 프로그램을 작성한다.
12-25번	• 프로그램의 인터페이스를 작성한다.
28-39번	• 저장, 초기화, 종료 버튼의 이벤트를 처리한다.
41-49번	• 입력스트림을 이용하여 test.txt 파일의 내용을 읽어온다.
51-58번	• 출력스트림을 이용하여 텍스트 영역의 내용을 test.txt 파일에 저장한다.

실행 결과	![바이트 스트림 예제 실행 화면 - Hello Java! 텍스트와 저장, 초기화, 종료 버튼]

█ 문자 스트림

문자 스트림은 그림 7-6처럼 유니코드 문자가 입출력되는 스트림으로 한글이나 영문 등의 문자로 이루어진 텍스트 파일만을 다룰 수 있다. 문자 스트림은 문자집합(charset)을 이용하여 바이트를 문자로 디코딩한다. 이때 문자집합은 시스템의 기본 문자집합을 이용하거나 수정된 UTF-8 형식 등의 이름을 지정할 수 있다.

▲ 그림 7-6　문자 입출력 스트림

　　수정된 UTF-8은 표 7-8과 같이 표준 UTF-8과는 다르게 1-byte, 2-byte, 3-byte 형식만 사용하는 방식으로 유니코드를 표현한다.

표 7-8 수정된 UTF-8 형식

표현방법	설명
0 | 비트 0~6 ◀── 1 byte ──▶	\u0001부터 \u007F까지 모든 문자들을 1바이트로 표현한다.
110 | 비트 6~10 ◀── 1 byte ──▶ 10 | 비트 0~5 ◀── 1 byte ──▶	널(null) 문자인 \u0000과 \u0080부터 \u07FF까지 모든 문자들을 2 바이트로 표현한다. 널 문자는 2 바이트 즉, 11000000 10000000으로 표현한다.
110 | 비트 12~15 ◀── 1 byte ──▶ 10 | 비트 6~11 ◀── 1 byte ──▶ 10 | 비트 0~5 ◀── 1 byte ──▶	\u0800부터 \uFFFF까지 모든 문자들을 3바이트로 표현한다.

■ 입력 문자 스트림

　　대표적인 입력 문자 스트림에는 FileReader와 InputStreamReader가 있다. FileReader는 파일에 저장된 데이터를 문자단위로 읽어오는 데 사용하고, InputStreamReader는 이미 열어놓은 InputStream에 Reader를 연결하여 바이트 스트림을 문자 스트림으로 변환하여 문자 단위의 입력이 가능하도록 한다. 만약 read() 메소드가 읽어온 데이터가 '0x80'이

라면 최상위 비트가 1이므로 멀티바이트 문자로 인식하여 뒤따르는 1 바이트 또는 2 바이트와 조합한 유니코드를 반환한다. FileReader와 InputStreamReader 클래스의 생성자와 공통 메소드는 표 7-9와 같다.

표 7-9 입력 문자 스트림의 생성자와 공통 메소드

생성자

이름	설명
FileReader (File file)	지정된 File 객체에서 데이터를 읽기 위해 입력 문자 스트림을 생성한다.
FileReader (String name)	지정된 이름의 파일에서 데이터를 읽기 위해 입력 문자 스트림을 생성한다.
InputStreamReader (InputStream in)	지정된 입력 스트림에서 데이터를 읽기 위해 새로운 입력 문자 스트림을 생성한다.
InputStreamReader (InputStream in, String encoding)	지정된 입력 스트림에서 지정한 인코딩 방식으로 데이터를 읽기 위해 새로운 입력 문자 스트림을 생성한다.

공통 메소드

이름	설명
void close()	스트림을 닫고 관련된 시스템 자원을 모두 해제한다.
String getEncoding()	현재 사용하는 인코딩 방식의 이름을 반환한다.
int read()	입력 스트림에서 한 바이트를 읽어 int형으로 반환한다.
int read(char[] cbuf)	최대 cbuf.length 개의 문자를 읽어 cbuf에 저장하고 읽은 총 문자 수를 반환한다.
boolean ready()	입력 스트림이 문자를 읽을 수 있는지를 반환한다.
long skip(long n)	n개의 문자를 건너뛴다.

❷ 출력 문자 스트림

대표적인 출력 문자 스트림에는 FileWriter와 OutputStreamWriter가 있다. FileWriter는 문자를 파일에 저장할 때 바이트 단위가 아니고 문자단위로 출력하는데 사용된다. 이미 파일이 존재하는 경우에는 덮어쓴다. OutputStreamWriter는 문자 스트림을 바이트 스트림으로 전환해준다. FileWriter와 OutputStreamWriter 클래스의 생성자와 공통 메소드는 표 7-10과 같다.

표 7-10 출력 문자 스트림의 생성자와 공통 메소드

생성자

이름	설명
FileWriter(File file)	지정된 File 객체에 데이터를 저장하기 위해 출력 문자 스트림을 생성한다.
FileWriter(String name)	지정된 이름의 파일에 데이터를 저장하기 위해 출력 문자 스트림을 생성한다.
OutputStreamWriter (OutputStream out)	지정된 출력 스트림에 데이터를 쓰기 위해 새로운 출력 문자 스트림을 생성한다.
OutputStreamWriter (OutputStream out, String encoding)	지정된 출력 스트림에 지정된 인코딩 방식으로 데이터를 쓰기 위해 새로운 출력 문자 스트림을 생성한다.

공통 메소드

이름	설명
void close()	스트림을 닫고 관련된 시스템 자원을 모두 해제한다.
void flush()	스트림에 남아 있는 데이터를 모두 출력한다.
String getEncoding()	스트림에서 사용하는 문자 인코딩 방식의 이름을 반환한다.
int write(char[] cbuf, int off, int len)	문자 배열 cbuf에서 off번 문자부터 len 개의 문자를 출력한다.
int write(int c)	c를 한 개의 문자로 변환하여 출력한다.
int write(String str, int off, int len)	문자열 str에서 off번 문자부터 len 개의 문자를 출력한다.

예제 7-5는 텍스트 파일을 복사하는 프로그램으로 그림 7-7처럼 명령행 매개변수를 이용한다. 첫 번째 매개변수에 해당하는 텍스트 파일을 두 번째 매개변수의 이름으로 복사한다.

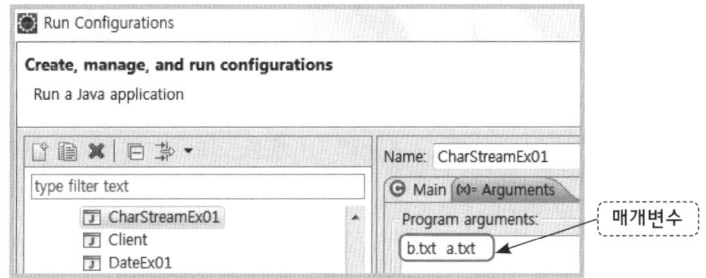

▲ **그림 7-7** 명령행 매개변수 설정

예제 7-5 · CharStreamEx01.java

```java
1  import java.io.*;
2
3  public class CharStreamEx01 {
4      public static void main(String[] agrs) {
5          if(agrs.length != 2){
6              System.out.println("사용법: java 원본파일명 복사할_파일명");
7              System.exit(0);
8          }
9
10         FileReader fr=null;
11         FileWriter fw=null;
12
13         try {
14             fr = new FileReader(agrs[0]);
15             fw = new FileWriter(agrs[1]);
16             char[] buf = new char[1024];
17             int count = 0;
18
19             while((count=fr.read(buf)) != -1) {
20                 fw.write(buf, 0, count);
21             }
22             System.out.println("파일 복사를 완료하였습니다.");
23             System.out.println("인코딩 방식은 "+fr.getEncoding()+" 입니다.");
24         } catch(Exception e) {
25             System.out.println(e);
26         } finally {
27             try {
28                 fr.close();
29                 fw.close();
30             } catch(Exception e) { }
31         }
32     }
33 }
```

5-8번	• 두 개의 명령행 매개변수를 지정하지 않은 경우에 올바른 사용법을 보여준다.
10-11번	• 입출력 문자 스트림을 선언한다.
14-15번	• 매개변수를 이용하여 입출력 문자 스트림을 생성한다.
16번	• 입력 문자 스트림에서 문자를 읽어올 버퍼의 크기를 설정한다.
17번	• 원본 파일의 문자 수를 저장할 변수를 설정한다.
19-21번	• buf에 불러온 문자들을 출력 문자 스트림에 출력한다.
26-30번	• 입출력 문자 스트림을 종료하고 자원을 모두 해제한다.

실행 결과	사용법: java 원본파일명 복사할_파일명 <---- 명령행 매개변수가 없는 경우 파일 복사를 완료하였습니다. <---- 정상적으로 실행된 경우 인코딩 방식은 MS949입니다.

7.5 버퍼를 지원하는 입출력 스트림

프로그램에서 스트림을 이용하여 자료를 출력할 때, 출력할 자료를 프린터로 보내는 속도보다 프린터의 처리속도가 느리다면 프로그램은 프린터가 출력 스트림을 다 처리할 때까지 대기해야 한다. 이런 경우 버퍼가 완충 역할을 한다면 프로그램은 프린터와 상관 없이 버퍼에 출력 스트림을 보내기만 하면 된다. 버퍼에 저장된 출력 스트림을 프린터가 처리하는 동안 프로그램은 다른 작업을 할 수 있다. 이와 같이 프로그램의 처리속도보다 입출력 장치의 처리속도가 느릴 때 표 7-11과 같은 버퍼 지원 입출력 스트림을 사용하면 보다 효율적인 프로그래밍이 가능하다.

표 7-11 버퍼지원 입출력 스트림

구분	설명
BufferedInputStream/BufferedOutputStream	버퍼를 지원하는 바이트 스트림
BufferedReader/BufferedWriter	버퍼를 지원하는 문자 스트림

▎ 버퍼 바이트 스트림

바이트 입출력 스트림은 한 번에 한 바이트씩 읽어오기 때문에 성능이 떨어지지만 버퍼 바이트 입출력 스트림인 BufferedInputStream과 BufferedOutputStream은 바이트 입출력 스트림으로부터 데이터를 미리 버퍼에 갖다 놓기 때문에 입출력 작업을 효율적으로 처리할 수 있다. BufferedInputStream과 BufferedOutputStream 클래스의 생성자와 주요 메소드는 표 7-12와 같다.

표 7–12 생성자와 주요 메소드

생성자

이름	설명
BufferedInputStream (InputStream in)	입력 스트림에 대한 버퍼 바이트 입력 스트림을 생성하고 버퍼의 크기를 512바이트로 설정한다.
BufferedInputStream (InputStream in, int size)	입력 스트림에 대한 버퍼 바이트 입력 스트림을 생성하고 버퍼의 크기를 size로 지정한다.
BufferedOutputStream (OutputStream out)	출력 스트림에 대한 버퍼 바이트 출력 스트림을 생성하고 버퍼의 크기를 512바이트로 설정한다.
BufferedOutputStream(Outp utStream out, int size)	출력 스트림에 대한 버퍼 바이트 출력 스트림을 생성하고 버퍼의 크기를 size로 지정한다.

BufferedInputStream의 주요 메소드

이름	설명
int available()	입력 스트림에서 읽어올 수 있는 바이트의 수를 반환한다.
int close()	입력 스트림을 닫고 관련된 시스템 자원을 모두 해제한다.
void mark(int readlimit)	스트림의 현재 위치에 마크를 설정한다.
boolean markSupported()	입력 스트림이 mark와 reset 메소드를 지원하는지 여부를 반환한다.
int read()	입력 스트림에서 한 바이트를 읽어 int형으로 반환한다.
int read (byte[] b, int off, int len)	입력스트림에서 최대 len 바이트의 데이터를 읽어 off부터 저장하고 실제 읽어온 바이트 수를 반환한다.
void reset()	스트림을 리셋한다. 스트림에 마크가 있으면 그 위치부터 시작한다.
long skip(long n)	n개의 문자를 건너뛴다.

BufferedOutputStream의 주요 메소드

이름	설명
void flush()	입력 스트림에 남아있는 바이트를 모두 출력한다.
void write (byte[] b, int offf, int len)	배열 b의 off부터 len 개의 바이트를 스트림으로 출력한다.
void write(int b)	int 형으로 전달된 바이트를 스트림으로 출력한다.

예제 7–6은 예제 7–5를 수정하여 바이너리 파일도 복사할 수 있도록 수정한 프로그램이다. 예제 7–5처럼 첫 번째 매개변수에 해당하는 파일을 두 번째 매개변수의 이름으로 복사한다.

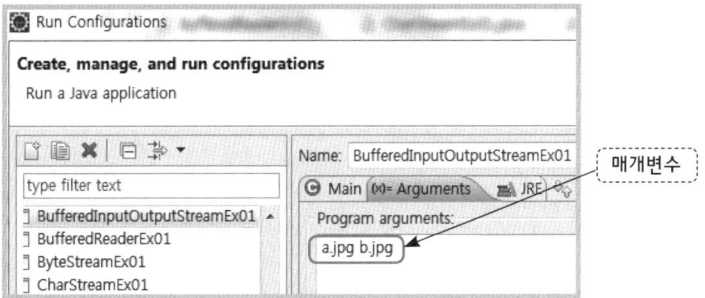

▲ 그림 7-8 명령행 매개변수 지정

예제 7-6 · BufferedInputOutputStreamEx01.java

```
1   import java.io.*;
2
3   public class BufferedInputOutputStreamEx01 {
4       public static void main(String[] agrs) {
5           if(agrs.length != 2){
6               System.out.println("사용법: java 원본파일명 복사할_파일명");
7               System.exit(0);
8           }
9
10          FileInputStream fis=null;
11          FileOutputStream fos=null;
12          BufferedInputStream bis=null;
13          BufferedOutputStream bos=null;
14
15          try {
16              fis = new FileInputStream(agrs[0]);
17              fos = new FileOutputStream(agrs[1]);
18              bis=new BufferedInputStream(fis);
19              bos=new BufferedOutputStream(fos);
20
21              byte[] buf = new byte[1024];
22              int count = 0;
23              int totalcount = 0;
24
25              while((count=bis.read(buf)) != -1) {
26                  bos.write(buf, 0, count);
27                  bos.flush();
28                  totalcount += count;
```

```
29              }
30
31          System.out.println("파일 복사를 완료하였습니다.");
32          System.out.println("파일의 크기는 "+totalcount+" 바이트입니다.");
33      } catch(Exception e) {
34          System.out.println(e);
35      } finally {
36          try {
37              fis.close();
38              fos.close();
39              bis.close();
40              bos.close();
41          } catch(Exception e) { }
42      }
43   }
44 }
```

12-13번	• 입출력 버퍼 바이트 스트림을 선언한다.
16-19번	• 매개변수를 이용하여 입출력 버퍼 바이트 스트림을 생성한다.
21번	• 입력 버퍼 바이트 스트림에서 한 번에 읽어올 버퍼의 크기를 설정한다.
23번	• 복사할 파일의 크기를 저장할 변수를 설정한다.
25-27번	• buf에 불러온 바이트들을 출력 버퍼 바이트 스트림에 출력한다.
37-40번	• 입출력 문자 스트림을 종료하고 자원을 모두 해제한다.

실행 결과	사용법: java 원본파일명 복사할_파일명 <---- 명령행 매개변수가 없는 경우 파일 복사를 완료하였습니다. <---- 정상적으로 실행된 경우 파일의 크기는 1590180 바이트입니다.

▎버퍼 문자 스트림

버퍼 문자 입출력 스트림인 BufferedReader와 BufferedWriter는 버퍼 바이트 입출력 스트림처럼 미리 버퍼에 문자열을 가져오기 때문에 입출력 작업을 효율적으로 처리할 수 있다. BufferedReader와 BufferedWriter는 텍스트 파일을 읽고 쓸 때 속도가 가장 빠른 스트림으로 버퍼링을 제공하기 때문에 문자, 문자배열, 문자열 등을 효율적으로 다룰 수 있다.

프로그램의 효율성을 위해 키보드나 파일로부터 문자열을 입력받을 때는 아래의 사용예나 그림 7-9와 같이 InputStreamReader나 BufferedReader와 FileReader를 연결하여 사용한다.

사용 예

```
BufferedReader in
    = new BufferedReader(new InputStreamReader(System.in));

BufferedReader in
    = new BufferedReader(new FileReader(filename));
```

▲ **그림 7-9** FileReader과 BufferedReader의 연결

BufferedReader와 BufferedWriter 클래스의 생성자와 주요 메소드는 표 7-13와 같다.

표 7-13 버퍼 문자스트림의 생성자와 주요 메소드

생성자

이름	설명
BufferedReader (Reader in)	Reader 객체를 인수로 전달받아 기본 크기의 버퍼를 갖는 입력 버퍼 문자 스트림을 생성한다.
BufferedReader (Reader in, int size)	Reader 객체를 인수로 전달받아 지정한 size 크기의 버퍼를 갖는 입력 버퍼 문자 스트림을 생성한다.
BufferedWriter (Writer out)	Writer 객체를 인수로 전달받아 기본 크기의 버퍼를 갖는 출력 버퍼 문자 스트림을 생성한다.
BufferedWriter (Writer out, int size)	Writer 객체를 인수로 전달받아 지정한 size 크기의 버퍼를 갖는 출력 버퍼 문자 스트림을 생성한다.

BufferedReader의 주요 메소드

이름	설명
void close()	입력 스트림을 닫고 관련된 시스템 자원을 모두 해제한다.
void mark(int readAheadLimit)	입력 스트림의 현재 위치에 마크를 설정한다.
boolean markSupported()	입력 스트림이 mark와 reset 메소드를 지원하는지 여부를 반환한다.
int read()	입력 스트림에서 한 문자를 읽어 int형으로 반환한다.

int read (char[] cbuf, int off, int len)	입력 스트림에서 최대 len 개의 문자를 읽어 off부터 저장하고 실제 읽어온 문자 수를 반환한다.
String readLine()	\n이나 \r까지 하나의 문자열을 읽어온다.
boolean ready()	문자를 읽어올 수 있는지 반환한다.
void reset()	스트림을 리셋한다. 스트림에 마크가 있으면 그 위치부터 시작한다.
long skip(long n)	n개의 문자를 건너�뛴다.

BufferedWriter의 주요 메소드

이름	설명
void close()	출력 스트림을 닫고 관련된 시스템 자원을 모두 해제한다.
void flush()	출력 스트림에 남아있는 바이트를 모두 출력한다.
void newLine()	개행 문자를 출력한다.
void write (Char[] cbuf, int off, int len)	배열 cbuf의 off번 문자부터 len개의 문자를 스트림으로 출력한다.
void write(int c)	int 형으로 전달된 문자를 스트림으로 출력한다.
void write (String s, int off, int len)	문자열 s의 off번 문자부터 len 개의 문자를 스트림으로 출력한다.

예제 7-7은 텍스트 파일을 편집하는 프로그램으로 스윙 컴포넌트를 이용하여 GUI를 구현하였다.

예제 7-7 · BufferedReaderWriterEx01.java

```
1   import javax.swing.*;
2   import java.io.*;
3   import java.awt.*;
4   import java.awt.event.*;
5
6   public class BufferedReaderWriterEx01 extends JFrame implements
    ActionListener {
7       JFileChooser chooser;
8       JMenuBar mb;
9       JMenu file;
10      JMenuItem open, save, exit;
11      JTextArea ta;
12      JScrollPane spane;
13
```

```
14    public BufferedReaderWriterEx01() {
15        mb = new JMenuBar();
16        file = new JMenu("File");
17        open = new JMenuItem("Open");
18        save = new JMenuItem("Save");
19        exit = new JMenuItem("Exit");
20
21        ta = new JTextArea();
22        spane = new JScrollPane(ta);
23
24        open.addActionListener(this);
25        save.addActionListener(this);
26        exit.addActionListener(this);
27
28        mb.add(file);
29        file.add(open);
30        file.add(save);
31        file.add(exit);
32
33        Container pane = getContentPane();
34        pane.add(spane, BorderLayout.CENTER);
35
36        setJMenuBar(mb);
37    }
38
39    public static void main(String args[]) {
40        BufferedReaderWriterEx01 brw = new BufferedReaderWriterEx01();
41        brw.setSize(400, 400);
42        brw.setVisible(true);
43    }
44
45    public void actionPerformed(ActionEvent e) {
46        String cmd = e.getActionCommand();
47
48        if(cmd.equals("Open")) {
49            JFileChooser chooser = new JFileChooser();
50            int returnVal = chooser.showOpenDialog(this);
51            if(returnVal == JFileChooser.APPROVE_OPTION) {
52                openProc(chooser.getSelectedFile());
53            }
54        } else if(cmd.equals("Save")) {
55            JFileChooser chooser = new JFileChooser();
56            int returnVal = chooser.showSaveDialog(this);
57            if(returnVal == JFileChooser.APPROVE_OPTION) {
```

```
58              saveProc(chooser.getSelectedFile());
59          }
60      } else if(cmd.equals("Exit")) {
61              System.exit(0);
62      }
63  }
64
65  public void openProc(File file) {
66      char cbuf[] = new char[(int)file.length()];
67
68      try{
69          FileInputStream fis = new FileInputStream(file);
70          InputStreamReader isr = new InputStreamReader(fis);
71          isr.read(cbuf, 0, cbuf.length);
72          isr.close();
73          fis.close();
74
75          ta.setText(new String(cbuf));
76      } catch(IOException e) {}
77  }
78
79  public void saveProc(File file) {
80      try {
81          FileOutputStream fos = new FileOutputStream(file);
82          OutputStreamWriter osw = new OutputStreamWriter(fos, "UTF8");
83
84          osw.write(ta.getText(), 0, ta.getText().length());
85
86          osw.close();
87          fos.close();
88      } catch(IOException e) {}
89  }
90 }
```

1번	• 스윙 컴포넌트를 사용하기 위해 javax.swing 패키지를 import한다.
3번	• Container와 BorderLayout 클래스를 사용하기 위해 import한다.
4번	• ActionListener와 ActionEvent 클래스를 사용하기 위해 import한다.
7-12번	• 인터페이스를 구성할 컴포넌트들을 선언한다.
14-37번	• 인터페이스를 생성하고 메뉴항목에 이벤트 리스너를 등록한다.
45-63번	• Open, Save, Exit 이벤트가 발생했을 때 처리할 내용을 기술한다.
65-77번	• Open 이벤트가 발생했을 때 파일을 불러와서 화면에 표시한다.
79-89번	• Save 이벤트가 발생했을 때 편집한 내용을 UTF8 인코딩 방식으로 저장한다.

실행
결과

••• 요약 •••

- 입출력 스트림

  키보드, 마우스, 파일, 네트워크 등의 입력 장치로부터 데이터를 프로그램으로 읽어오는 입력 스트림

  프로그램에서 출력된 데이터를 모니터, 프린터, 파일, 네트워크 등의 출력 장치로 내보내는 출력 스트림

- 자바에서는 입출력 스트림을 지원하기 위하여 java.io 패키지를 제공한다.

  바이너리 파일을 처리할 때 사용하는 바이트 입출력 스트림

  텍스트 파일을 처리할 때 사용하는 문자 입출력 스트림

- 표준 입출력 스트림

  표준 입력장치인 키보드와 표준 출력장치인 콘솔 즉, 도스창을 이용하여 데이터를 입출력하는 스트림

  표준 입출력 스트림 변수인 in, out, err는 정적 변수로 선언되어 별도의 객체를 생성하지 않아도 클래스 이름으로 바로 참조할 수 있다.

- 유니코드

  컴퓨터에서 전 세계의 언어를 통일된 방법으로 표현할 수 있도록 국제표준으로 제정한 2바이트의 국제적인 문자부호 체계(UCS : Universal Code System)를 말한다.

- File 클래스는 물리적으로 저장되어 있는 파일을 다룰 때 사용하는 클래스로 실제로 파일을 읽거나 쓸 때 유용하게 사용한다.

- 바이트 스트림

  1바이트 즉, 8비트 단위의 자료가 입출력되는 스트림으로 원시 데이터를 그대로 사용하기 때문에 동영상이나 이미지 같은 이진 파일과 텍스트 파일 모두 다루기 적합하다.

- 문자 스트림

  유니코드 문자가 입출력 되는 스트림으로 한글이나 영문 등의 문자로 이루어진 텍스트 파일만을 다룰 수 있다.

- 버퍼를 지원하는 입출력 스트림

  일반적인 입출력 스트림은 한 번에 한 바이트씩 읽어오기 때문에 성능이 떨어지지만 버퍼를 지원하는 입출력 스트림은 데이터를 미리 버퍼에 갖다 놓기 때문에 입출력 작업을 효율적으로 처리할 수 있다.

••• **연습문제** •••

1. 입출력 스트림의 개념을 설명하여라.

2. 입출력 스트림을 바이트, 문자, 입력, 출력으로 구분하여 표를 작성하여라.

3. 표준 입출력 스트림의 개념과 표준 입출력 스트림 변수에 대하여 설명하여라.

4. 유니코드에 대하여 설명하여라.

5. File 클래스에 대하여 설명하여라.

6. 바이트 스트림에 대하여 설명하여라.

7. FileInputStream과 DataInputStream의 공통 메소드에 대하여 설명하여라.

8. FileOutputStream과 DataOutputStream의 공통 메소드에 대하여 설명하여라.

9. 문자 스트림에 대하여 설명하여라.

10. FileReader와 InputStreamReader의 공통 메소드에 설명하여라.

11. FileWriter와 OutputStreamWriter의 공통 메소드에 설명하여라.

12. 버퍼를 지원하는 입출력 스트림에 대하여 설명하여라.

13. 다음 예제를 실행한 결과를 작성하여라.

StandardIOEx02.java

```
1   import java.io.*;
2
3   public class StandardIOEx02 {
4       public static void main(String[] args) throws IOException {
5           int i;
6           double d;
7           String s;
8           BufferedReader in =
9               new BufferedReader(new InputStreamReader(System.in));
10
11          System.out.print( "정수 값 입력 : " );
12          i = Integer.parseInt(in.readLine());
13          System.out.println( "입력된 정수 값 + 100 = " + (i+100));
14
15          System.out.print( "실수 값 입력 : " );
16          d = Double.parseDouble(in.readLine());
17          System.out.println( "입력된 실수 값 + 100.0 = " + (d+100.0));
18
19          System.out.print( "문자열 입력 : " );
20          s = in.readLine();
21          System.out.println( "입력된 문자열 = " + s);
22      }
23  }
```

08

그래픽 유저 인터페이스

학습 목표

- 그래픽 유저 인터페이스(GUI)의 역할과 상호작용을 이해한다.
- java.awt 패키지의 구성과 주요 컴포넌트의 형태를 배운다.
- javax.swing 패키지의 구성과 주요 컴포넌트의 형태를 배운다.
- 배치관리자의 역할을 이해하고 주요 배치관리자의 사용방법을 배운다.
- 컨테이너의 역할을 이해하고 독립적인 컨테이너와 종속적인 컨테이너의 사용방법을 배운다.
- 컴포넌트의 기능을 이해하고 사용방법을 배운다.

8.1 그래픽 유저 인터페이스

그래픽 유저 인터페이스(GUI: Graphical User Interface)는 그림 8-1처럼 그래픽으로 구성된 화면에서 사용자가 원하는 기능을 마우스로 선택하거나 마우스 버튼을 누르는 등 이벤트를 이용한 방식을 사용하기 때문에 그림 8-2와 같이 사용자가 키보드만을 사용하

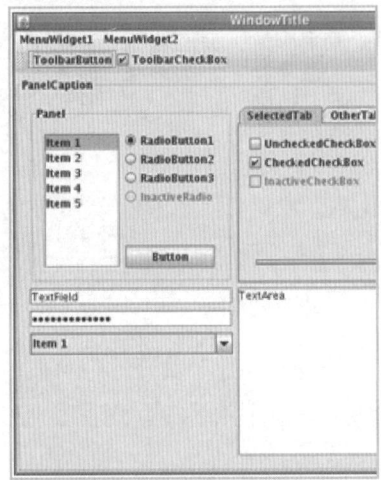

▲ **그림 8-1** 그래픽 유저 인터페이스

▲ **그림 8-2** 텍스트 위주의 인터페이스

여 명령어를 입력하거나 프로그램을 실행시키는 텍스트 위주의 인터페이스와 달리 명령어
를 기억하지 못하거나 명령어를 일일이 입력하지 않아도 프로그램을 사용하기 편리하다.

그림 8-3은 사용자가 GUI에서 이벤트를 생성하여 프로그램을 사용하는 과정을 보여
준다. 만약 사용자가 텍스트 필드에 문장을 입력하거나 리스트에서 항목을 선택하면 각
각 DocumentEvent와 ListSelectionEvent 객체가 생성된다. 버튼을 클릭한 경우라면 Ac-
tionEvent 객체가 생성된다. 이벤트 객체가 생성되면 이벤트 핸들러 즉, 관련된 메소드가
호출되고 해당 메소드를 수행한 결과가 GUI 화면을 업데이트하게 된다.

자바에서는 다양한 플랫폼에서 실행 가능한 GUI를 구현하도록 AWT와 스윙이라고 불
리는 java.awt 패키지와 javax.swing 패키지를 제공한다.

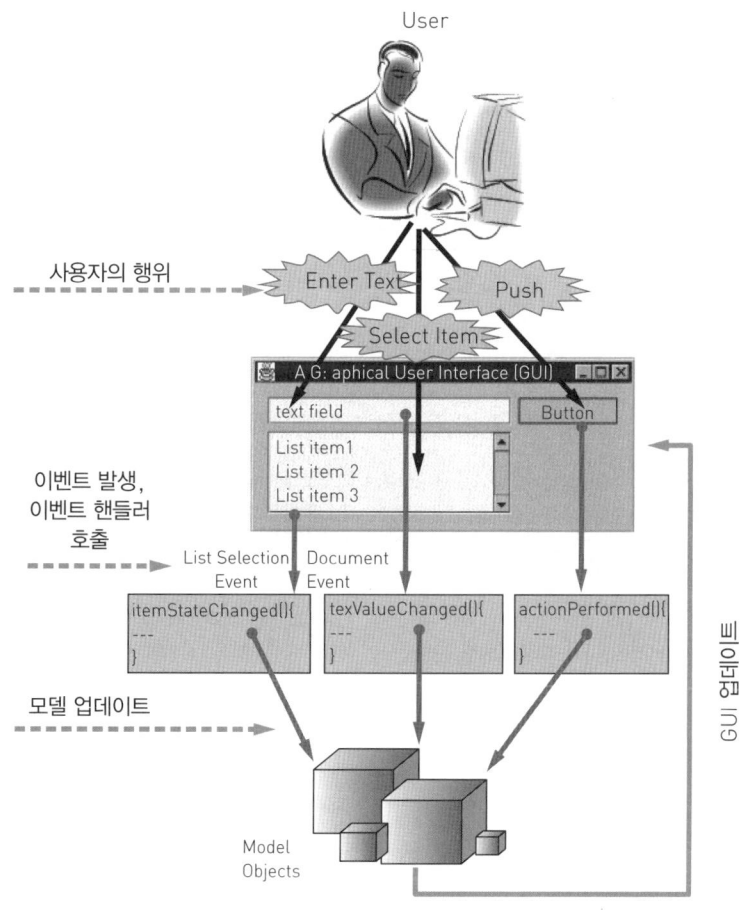

▲ **그림 8-3**　이벤트를 이용한 사용자와 GUI 간 상호작용의 과정

▌java.awt 패키지

java.awt 패키지는 GUI의 구성요소인 컴포넌트와 GUI 컴포넌트를 배치하는 배치관리자 등을 포함한다. AWT에서 제공하는 GUI 컴포넌트는 운영체제의 자원을 이용해서 운영체제에 부담을 주기 때문에 중량 컴포넌트라고도 한다.

java.awt 패키지는 표 8-1과 같이 컴포넌트, 컨테이너, 배치관리자, 기타 클래스 등으로 구성된다. GUI를 구성하는 Button, Canvas, Checkbox, Choice, Label, List, Scrollbar, TextArea, TextField 등의 컴포넌트와 다른 컴포넌트들을 포함할 수 있는 Frame, Dialog, Panel 등의 컨테이너 컴포넌트(이하 컨테이너라고 한다)가 제공된다. 그리고 컴포넌트들을 컨테이너에 배치하는 방식을 지정하는 FlowLayout, GridLayout, BorderLayout, CardLayout, GridbagLayout 등의 배치관리자가 제공된다. 이외에 색상을 생성하는 Color 클래스, 글꼴을 생성하는 Font 클래스 등이 제공된다.

표 8-1 java.awt 패키지의 구성

클래스 구분		설명
컴포넌트		GUI를 구성하는 기본적인 그래픽 구성요소이다. 예) Button, Label, Canvas, Checkbox 등
컨테이너	독립	독립적으로 사용이 가능하고 종속적인 컨테이너나 컴포넌트를 포함할 수 있다. 예) Frame, Dialog
	종속	다른 컨테이너에 포함되어야만 사용 가능하다. 예) Panel, ScrollPane
배치관리자		컨테이너에 컴포넌트나 종속적인 컨테이너를 배치하는 방식을 설정하는 데 사용한다. 예) FlowLayout, GridLayout, BorderLayout 등
기타 클래스		GUI 화면의 색상, 글꼴 등을 설정하는 데 사용한다. 예) Color, Font, FontMetrics 등

AWT는 재사용이 가능한 다양한 GUI 컴포넌트를 제공한다. 아래 그림 8-4는 AWT 의 GUI 컴포넌트 중에서 자주 사용되는 Button, Label, TextField, Choice, Checkbox, CheckboxGroup, List 등의 사용 예이다. 그림 8-5는 AWT에서 제공하는 컴포넌트와 컨 테이너를 이용하여 작성한 간단한 GUI 화면이다.

▲ 그림 8-4   AWT 컴포넌트

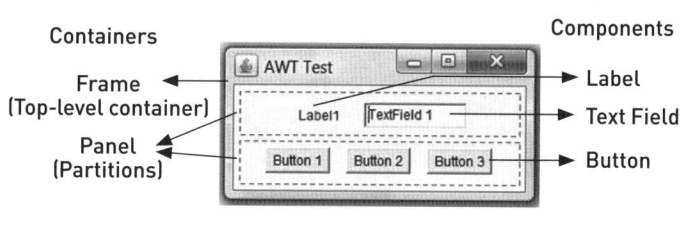

▲ 그림 8-5   AWT로 작성한 GUI의 예

그림 8-6은 java.awt 패키지에서 제공하는 주요 클래스들의 상속 계층도이다. 이 그 림에서 컴포넌트, 컨테이너, 배치관리자에 해당하는 클래스들의 상속 구조를 확인할 수 있다.

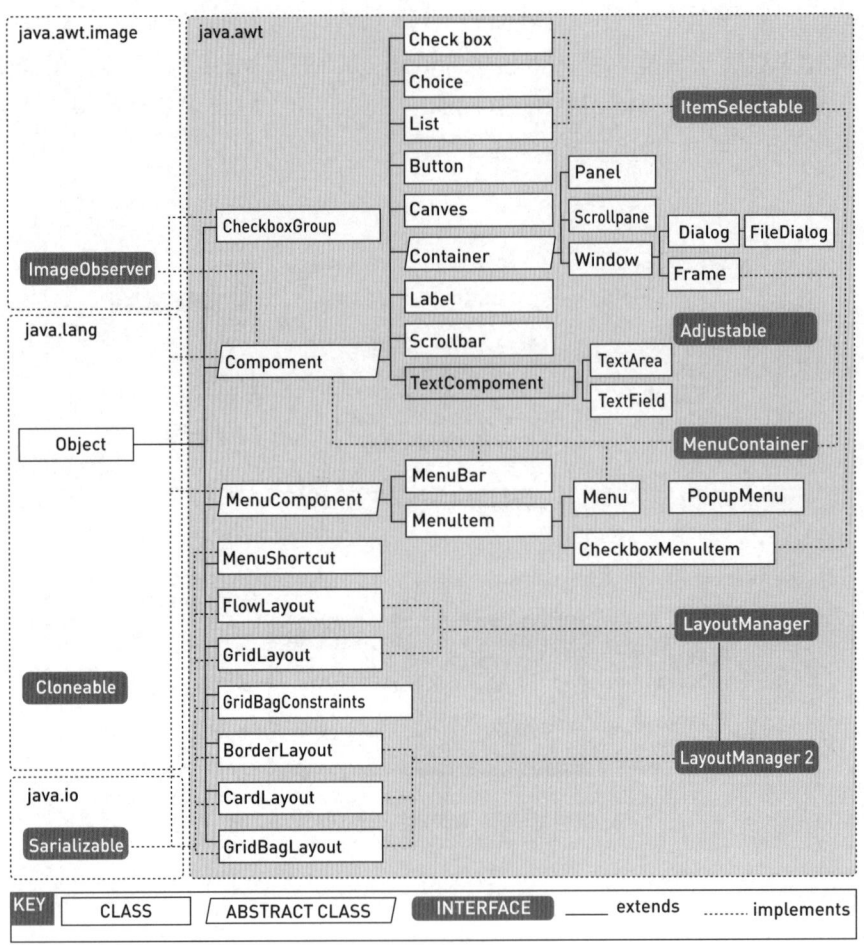

▲ **그림 8-6** java.awt 패키지의 주요 클래스 상속 계층도

┃ javax.swing 패키지

javax.swing 패키지는 AWT의 단점을 해결하기 위해 개발되었으며 스윙에서 제공하는 컴포넌트는 운영체제의 자원을 이용하지 않아 부담이 적기 때문에 경량 컴포넌트라고 한다. 스윙 컴포넌트는 모두 대문자 'J'로 시작하며 AWT의 컴포넌트보다 세련된 디자인의 GUI 프로그램을 개발할 수 있다. 또한 ScrollPaneLayout, ViewportLayout, BoxLayout, OverlayLayout 등의 배치관리자가 제공된다. 스윙 컴포넌트를 AWT와 비교하면 보다 다양한 GUI 컴포넌트들을 제공하고 그 기능도 세분화되어 있지만 기본적인 구성은 표 8-2처럼 AWT와 거의 유사하다.

표 8-2 javax.swing 패키지의 구성

클래스 구분		설명
컴포넌트		GUI를 구성하는 기본적인 그래픽 구성요소이다. 예) JButton, JLabel, JComboBox, JList 등
컨테이너	독립	독립적으로 사용이 가능하고 종속적인 컨테이너나 컴포넌트를 포함할 수 있다. 예) JFrame, JDialog
	종속	다른 컨테이너에 포함되어야만 사용 가능하다. 예) JPanel, JScrollPane
배치관리자		컨테이너에 컴포넌트나 종속적인 컨테이너를 배치하는 방식을 설정하는 데 사용한다. 예) ScrollPaneLayout, ViewportLayout, BoxLayout 등

그림 8-7은 스윙의 GUI 컴포넌트 중에서 자주 사용되는 JButton, JLabel, JCombo-Box, JList, JSlider, JTextArea, JTextField 등의 사용 예이다.

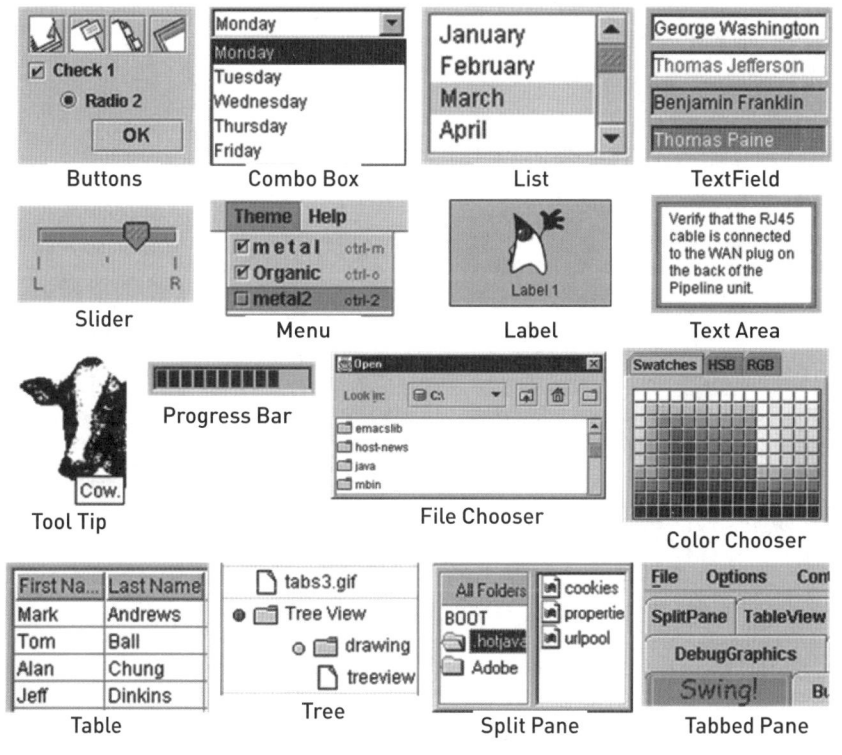

▲ **그림 8-7** 스윙 컴포넌트

그림 8-8은 javax.swing 패키지에서 제공하는 주요 클래스들의 상속 계층도이다. 이 그림에서 컴포넌트와 컨테이너에 해당하는 클래스들의 상속 구조를 확인할 수 있다.

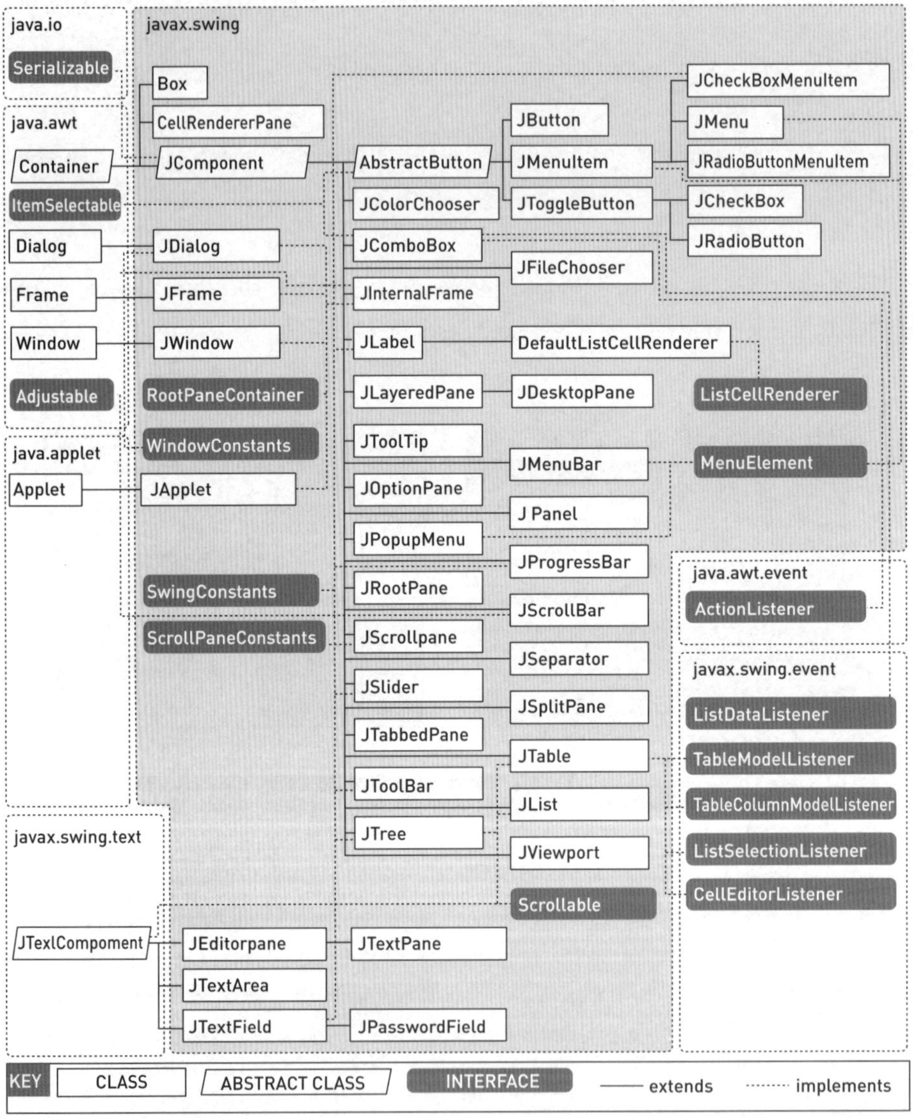

java.io	javax.swing		
Serializable	Box		JCheckBoxMenuItem
	CellRendererPane	JButton	JMenu
java.awt	JComponent	AbstractButton	JMenuItem	JRadioButtonMenuItem
Container	JColorChooser	JToggleButton	JCheckBox
ItemSelectable	JComboBox		JRadioButton
Dialog	JDialog	JFileChooser	
Frame	JFrame	JInternalFrame	
Window	JWindow	JLabel	DefaultListCellRenderer
Adjustable	RootPaneContainer	JLayeredPane	JDesktopPane	ListCellRenderer
java.applet	WindowConstants	JToolTip	JMenuBar	MenuElement
Applet	JApplet	JOptionPane	JPanel	
		JPopupMenu	JProgressBar	
	SwingConstants	JRootPane	JScrollBar	java.awt.event
	ScrollPaneConstants	JScrollpane	JSeparator	ActionListener
		JSlider	JSplitPane	javax.swing.event
		JTabbedPane	JTable	ListDataListener
		JToolBar	JList	TableModelListener
		JTree	JViewport	TableColumnModelListener
			Scrollable	ListSelectionListener
javax.swing.text				CellEditorListener
JTexlCompoment	JEditorpane	JTextPane		
	JTextArea			
	JTextField	JPasswordField		

KEY ⬜ CLASS ▱ ABSTRACT CLASS ▬ INTERFACE —— extends ········ implements

▲ **그림 8-8** javax.swing 패키지의 주요 클래스 상속 계층도

8.2 배치관리자

배치관리자(Layout Manager)는 컨테이너에 컴포넌트들을 배치하는 방식을 설정하기 위해 사용된다. 배치관리자는 java.awt 패키지에서 FlowLayout, GridLayout, BorderLayout, CardLayout 등을 제공하고 javax.swing 패키지에서 BoxLayout, ScrollPaneLayout, ViewportLayout, OverlayLayout 등을 제공한다. 프로그램을 작성할 때 java.awt 패키지와 javax.swing 패키지에서 제공하는 것을 모두 사용할 수 있다.

컨테이너에 배치관리자를 지정하는 메소드와 컴포넌트를 배치하거나 삭제하는 메소드는 Container 클래스에 정의되어 있다. 주요 메소드의 사용방법은 표 8-3과 같다.

표 8-3 배치관리자와 컴포넌트 배치

배치관리자 지정

메소드	설명
void setLayout (LayoutManager mgr)	컨테이너의 배치관리자를 설정한다.

컴포넌트 배치 (계속)

이름	설명
Component add(Component comp)	지정한 컴포넌트를 컨테이너의 마지막에 추가한다.
Component add (Component comp, int pos)	지정한 컴포넌트를 컨테이너의 지정한 위치에 추가한다. pos가 -1 이면 마지막에 추가한다.
Component add (String name, Component comp)	컴포넌트의 이름을 지정한 후 컨테이너의 마지막에 추가한다.

컴포넌트 삭제

이름	설명
void remove (Component comp)	컨테이너에서 지정한 컴포넌트를 삭제한다.
void removeAll()	컨테이너에서 모든 컴포넌트를 삭제한다.

FlowLayout

FlowLayout 배치관리자는 그림 8-9처럼 컴포넌트들을 왼쪽에서 오른쪽으로 위에서 아래로 배치하되 기본값으로 가운데 정렬한다. AWT 컨테이너인 Panel, Applet와 스윙 컨테이너인 JPanel, JApplet의 기본 배치관리자이다.

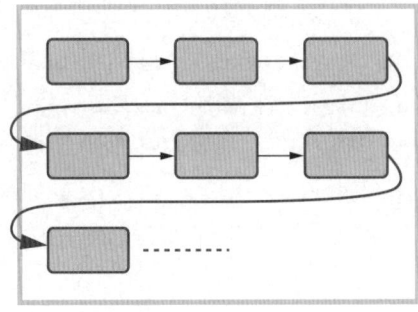

▲ **그림 8-9** FlowLayout의 배치 방식

FlowLayout의 생성자와 매개변수, 필드의 의미를 살펴보면 표 8-4와 같다.

표 8-4 FlowLayout 생성자와 필드

생성자

FlowLayout()	기본(default) 값을 가지는 FlowLayout 배치관리자를 생성한다. alignment의 기본값은 왼쪽 정렬이고 컴포넌트 간의 수평 수직 간격을 의미하는 hGap, vGap의 기본값은 각각 5픽셀이다.
FlowLayout(int alignment)	수평, 수직 간격은 기본값을 가지지만 alignment는 사용자가 지정한 정렬 방식으로 FlowLayout 배치관리자를 생성한다. 정렬 방식은 왼쪽 정렬(FlowLayout.LEFT), 가운데 정렬(FlowLayout.CENTER), 오른쪽 정렬(FlowLayout.RIGHT) 중에서 선택할 수 있다.
FlowLayout (int alignment, int hGap, int vGap)	사용자가 설정한 정렬방식 alignment와 수평, 수직 간격 hGap, vGap을 가지는 FlowLayout 배치관리자를 생성한다.

필드

static int LEFT	각 행의 컴포넌트를 왼쪽으로 정렬한다.
static int CENTER	각 행의 컴포넌트를 가운데로 정렬한다.
static int RIGHT	각 행의 컴포넌트를 오른쪽으로 정렬한다.
static int LEADING	각 행의 컴포넌트 왼쪽을 가지런히 정렬한다.
static int TRAILING	각 행의 컴포넌트 오른쪽을 가지런히 정렬한다.

예제 8-1은 스윙 컨테이너인 프레임의 배치관리자를 FlowLayout으로 설정한 후 스윙 컴포넌트인 라벨, 텍스트필드, 버튼을 배치하는 프로그램이다.

 8-1 · FlowLayoutEx01.java

```java
1   import java.awt.*;
2   import javax.swing.*;
3   import java.awt.event.*;
4
5   public class FlowLayoutEx01 {
6       public static void main(String args[]) {
7
8           JFrame f1 = new JFrame("FlowLayout 예제");
9           f1.setLayout(new FlowLayout(FlowLayout.CENTER, 5, 5));
10
11          f1.add(new JLabel("주소"));
12          f1.add(new JTextField("주소를 입력하세요.", 20));
13          f1.add(new JButton("확인"));
14
15          f1.addWindowListener (
16              new WindowAdapter() {
17                  public void windowClosing(WindowEvent ev) {
18                      System.exit(0);
19                  }
20              }
21          );
22
23          f1.setSize(300, 150);
24          f1.setVisible(true);
25      }
26  }
```

1번	• 배치관리자 설정을 위해 `java.awt` 패키지를 import 한다.
2번	• `JFrame`, `JButton`, `JTextField` 등 스윙 컨테이너와 컴포넌트 클래스를 사용하기 위해 `javax.swing` 패키지를 import 한다.
3번	• 이벤트 핸들러를 작성하기 위해 `java.awt.event` 패키지를 import 한다.
8번	• `JFrame` 객체 f1을 생성한다.
9번	• f1의 배치관리자로 `FlowLayout`을 설정한다.
11-13번	• f1에 라벨, 텍스트필드, 버튼을 배치한다.
15-21번	• 윈도우 종료 이벤트를 처리할 이벤트 핸들러를 생성하여 f1에 부착한다.
23-24번	• f1의 사이즈를 300×150으로 설정한 후 화면에 표시한다.

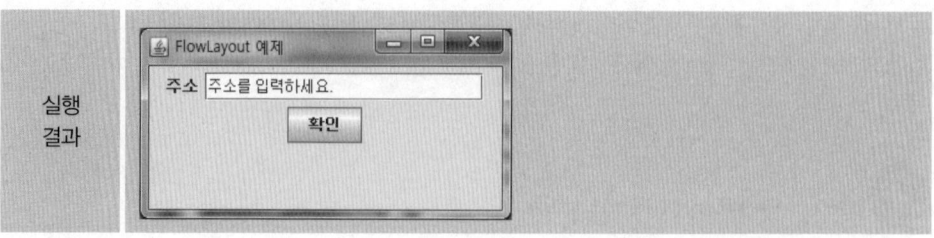

실행
결과

GridLayout

GridLayout 배치관리자는 그림 8-10처럼 표와 같은 형태로 영역을 설정한 후 컴포넌트들을 왼쪽에서 오른쪽으로 위에서 아래로 차례대로 배치한다.

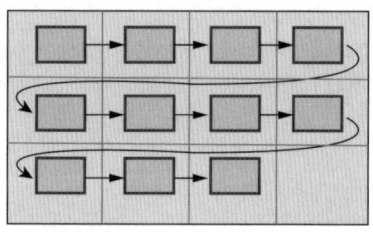

▲ **그림 8-10**   GridLayout의 배치 방식

GridLayout의 생성자와 매개변수의 의미를 살펴보면 표 8-5와 같다.

표 8-5 GridLayout 생성자

GridLayout()	1행 1열의 표와 수평 수직 간격이 0인 기본값으로 GridLayout 배치관리자를 생성한다.
GridLayout(int rows, int cols)	지정한 행과 열을 가지는 GridLayout 배치관리자를 생성한다.
GridLayout (int rows, int cols, int hGap, int vGap)	지정한 행과 열, 수평과 수직 간격을 가지는 GridLayout 배치관리자를 생성한다.

예제 8-2는 스윙 컨테이너인 프레임의 기본 컨테이너에 GridLayout를 배치관리자로 설정한 후 두 개의 패널을 생성하여 컨테이너에 배치하는 프로그램이다.

예제 8-2 · GridLayoutEx01.java

```java
1   import java.awt.*;
2   import java.awt.event.*;
3   import javax.swing.*;
4
5   public class GridLayoutEx01 extends JFrame {
6       public GridLayoutEx01()   {
7           Container c = this.getContentPane();
8           c.setLayout(new GridLayout(2,1,2,2));
9           c.setBackground(Color.MAGENTA);
10
11          JPanel p1 = new JPanel(new GridLayout(1,3,2,2));
12          JPanel p2 = new JPanel(new GridLayout(2,4,2,2));
13          p1.setBackground(Color.YELLOW);
14          p2.setBackground(new Color(170, 170, 170));
15
16          p1.add(new JButton("Button 1"));
17          p1.add(new JButton("Button 2"));
18          p1.add(new JButton("Button 3"));
19
20          p2.add(new JButton("Button 4"));
21          p2.add(new JButton("Button 5"));
22          p2.add(new JButton("Button 6"));
23          p2.add(new JButton("Button 7"));
24          p2.add(new JButton("Button 8"));
25          p2.add(new JButton("Button 9"));
26          p2.add(new JButton("Button 10"));
27          c.add(p1);
28          c.add(p2);
29      }
30
31      public static void main(String[] args) {
32          GridLayoutEx01 gl = new GridLayoutEx01();
33          gl.setTitle("GridLayout 예제");
34
35          gl.addWindowListener (
36              new WindowAdapter() {
37                  public void windowClosing(WindowEvent ev) {
38                      System.exit(0);
39                  }
40              }
41          );
42
```

```
43        gl.pack();
44        gl.setVisible(true);
45    }
46 }
```

7번	• 현재 클래스가 가지고 있는 기본 컨테이너를 반환한다.
8번	• 컨테이너의 배치관리자로 GridLayout을 설정한다. 표는 2행 1열로 설정하고 행 간격과 열 간격은 모두 2픽셀로 설정하였다.
9번	• 컨테이너의 색상을 MAGENTA로 설정한다.
11-14번	• 두 개의 패널을 생성하고 각각의 색상을 설정한다.
16-18번	• 첫 번째 패널에 버튼을 3개 배치한다.
20-26번	• 두 번째 패널에 버튼을 7개 배치한다.
27-28번	• 컨테이너에 두 개의 배널을 배치한다.

실행 결과	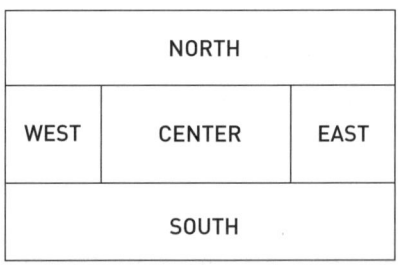

▌ BorderLayout

BorderLayout 배치관리자는 그림 8-11처럼 동서남북과 중앙에 해당하는 5개의 영역 중에서 지정한 영역에 컴포넌트를 배치한다. AWT 컨테이너인 Window, Frame, Dialog 와 스윙 컨테이너인 JWindow, JFrame, JDialog의 기본 배치관리자이다.

```
+-----------------------------------+
|              NORTH                |
+--------+-----------------+--------+
|  WEST  |     CENTER      |  EAST  |
+--------+-----------------+--------+
|              SOUTH                |
+-----------------------------------+
```

▲ 그림 8-11   FlowLayout의 배치 방식

BorderLayout의 생성자와 매개변수 그리고 주요 필드의 의미를 살펴보면 표 8-6과 같다.

표 8-6 BorderLayout 생성자와 주요 필드

생성자

BorderLayout()	기본값을 가지는 BorderLayout 배치관리자를 생성한다. 컴포넌트 간의 수평 수직 간격을 의미하는 hGap, vGap의 기본값은 모두 0픽셀이다.
BorderLayout (int hGap, int vGap)	사용자가 설정한 수평, 수직 간격 hGap, vGap을 가지는 BorderLayout 배치관리자를 생성한다.

주요 필드

static String EAST	BorderLayout의 5개 영역 중 왼쪽 영역을 지정한다.
static String WEST	BorderLayout의 5개 영역 중 오른쪽 영역을 지정한다.
static String SOUTH	BorderLayout의 5개 영역 중 아래쪽 영역을 지정한다.
static String NORTH	BorderLayout의 5개 영역 중 위쪽 영역을 지정한다.
static String CENTER	BorderLayout의 5개 영역 중 가운데 영역을 지정한다.

예제 8-3은 스윙 컨테이너인 프레임의 기본 컨테이너에 BorderLayout를 배치관리자로 설정한 후, 한 개의 패널과 네 개의 버튼을 생성하여 컨테이너에 배치하는 프로그램이다.

예제 8-3 · BorderLayoutEx01.java

```
1  import java.awt.*;
2  import java.awt.event.*;
3  import javax.swing.*;
4
5  public class BorderLayoutEx01 extends JFrame {
6     public BorderLayoutEx01() {
7        Container c = this.getContentPane();
8        c.setLayout(new BorderLayout(5, 5));
9        c.setBackground(Color.LIGHT_GRAY);
10
11       JPanel p1 = new JPanel(new GridLayout(2,1,2,2));
12       p1.setBackground(Color.YELLOW);
13       p1.add(new JButton("West 버튼 1"));
14       p1.add(new JButton("West 버튼 2"));
15
```

```
16        c.add(new JButton("North 버튼"), BorderLayout.NORTH);
17        c.add(new JButton("South 버튼"), BorderLayout.SOUTH);
18        c.add(new JButton("Center 버튼"), BorderLayout.CENTER);
19        c.add(p1, BorderLayout.WEST);
20        c.add(new JButton("East 버튼"), BorderLayout.EAST);
21      }
22
23   public static void main(String[] args) {
24          BorderLayoutEx01 bl = new BorderLayoutEx01();
25      bl.setTitle("BorderLayout 예제");
26
27      bl.addWindowListener (
28         new WindowAdapter() {
29            public void windowClosing(WindowEvent ev) {
30               System.exit(0);
31            }
32         }
33      );
34
35      bl.pack();
36      bl.setVisible(true);
37   }
38 }
```

8번	• 컨테이너의 배치관리자로 BorderLayout을 설정한다. 컴포넌트 간의 간격은 수평과 수직 모두 5픽셀로 설정하였다.
9번	• 컨테이너의 색상을 LIGHT_GRAY로 설정한다.
11-14번	• GridLayout으로 패널 p1을 생성한 후 두 개의 버튼을 배치한다.
16-20번	• BorderLayout의 5영역에 패널과 버튼을 배치한다.

실행 결과	

CardLayout

CardLayout 배치관리자는 그림 8-12처럼 여러 개의 패널을 생성한 후 한 번에 하나의 패널만 보여준다.

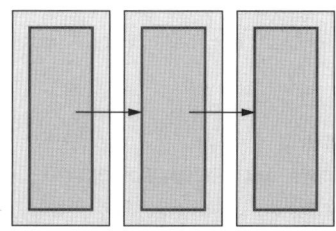

▲ 그림 8-12   CardLayout의 배치 방식

CardLayout의 생성자와 매개변수, 주요 메소드의 의미를 살펴보면 표 8-7과 같다.

표 8-7 CardLayout 생성자와 주요 메소드

생성자

CardLayout()	기본값을 가지는 CardLayout 배치관리자를 생성한다. 컴포넌트 간의 수평 수직 간격을 의미하는 hGap, vGap의 기본값은 모두 0픽셀이다.
CardLayout(int hGap, int vGap)	사용자가 설정한 수평, 수직 간격 hGap, vGap을 가지는 CardLayout 배치관리자를 생성한다.

주요 메소드

void first(Contaner parent)	컨테이너의 첫 번째 카드로 전환한다.
void next(Contaner parent)	컨테이너의 다음 카드로 전환한다.
void previous(Contaner parent)	컨테이너의 이전 카드로 전환한다.
void last(Contaner parent)	컨테이너의 마지막 카드로 전환한다.
void show (Contaner parent, String name)	컨테이너에서 지정한 이름을 가지는 카드로 전환한다.

예제 8-4는 스윙 컨테이너인 프레임의 배치관리자를 BorderLayout으로 설정한 후 화면 상단과 가운데 패널은 배치하였다. 상단 패널은 다시 GridLayout으로 설정하여 네 개의 버튼을 배치하고 중앙 패널은 CardLayout으로 설정하였다. CardLayout에는 네 장의 라벨과 한 징의 이미지를 배치히여 상단의 버튼을 누르면 카드를 전환하도록 작성한 프로그램이다.

8-4 · CardLayoutEx01.java

```java
1   import java.awt.*;
2   import java.awt.event.*;
3   import javax.swing.*;
4
5   public class CardLayoutEx01 extends JFrame implements ActionListener{
6       JPanel p1, p2;
7
8       public CardLayoutEx01() {
9           Container c = this.getContentPane();
10          c.setLayout(new BorderLayout(5, 5));
11          c.setBackground(Color.LIGHT_GRAY);
12
13          p1 = new JPanel(new GridLayout(1,4,2,2));
14          p1.setBackground(Color.YELLOW);
15          c.add(p1, BorderLayout.NORTH);
16
17          p2 = new JPanel();
18          p2.setBackground(Color.YELLOW);
19          c.add(p2, BorderLayout.CENTER);
20
21          JButton b1=new JButton("첫 번째 카드");
22          JButton b2=new JButton("이전 카드");
23          JButton b3=new JButton("다음 카드");
24          JButton b4=new JButton("마지막 카드");
25
26          b1.addActionListener(this);
27          b2.addActionListener(this);
28          b3.addActionListener(this);
29          b4.addActionListener(this);
30
31          p1.add(b1);
32          p1.add(b2);
33          p1.add(b3);
34          p1.add(b4);
35
36          ImageIcon ii1=new ImageIcon("java.jpg");
37          JLabel l1=new JLabel(ii1, JLabel.CENTER);
38          JScrollPane sp1=new JScrollPane(l1);
39          sp1.getViewport().setBackground(Color.BLUE);
40
41          p2.setLayout(new CardLayout());
```

```
42          p2.add(new Label("첫 번째 카드", Label.CENTER), "first");
43          p2.add(sp1,"second");
44          p2.add(new Label("세 번째 카드", Label.CENTER), "third");
45          p2.add(new Label("네 번째 카드", Label.CENTER), "fourth");
46          p2.add(new Label("다섯 번째 카드", Label.CENTER), "fifth");
47      }
48
49      public void actionPerformed(ActionEvent e) {
50          String command = e.getActionCommand();
51          if (command.equals("첫 번째 카드")) {
52              ((CardLayout)p2.getLayout()).first(p2);
53          } else if(command.equals("이전 카드")) {
54              ((CardLayout)p2.getLayout()).previous(p2);
55          } else if(command.equals("다음 카드")) {
56              ((CardLayout)p2.getLayout()).next(p2);
57          } else if(command.equals("마지막 카드")) {
58              ((CardLayout)p2.getLayout()).last(p2);
59          }
60      }
61
62      public static void main(String[] agrs) {
63          CardLayoutEx01 cl = new CardLayoutEx01();
64              cl.setTitle("CardLayout 예제");
65
66          cl.addWindowListener (
67              new WindowAdapter() {
68                  public void windowClosing(WindowEvent ev) {
69                      System.exit(0);
70                  }
71              }
72          );
73
74          cl.pack();
75          cl.setVisible(true);
76      }
77 }
```

9-11번	• 기본 컨테이너 객체 c를 생성하여 배치관리자를 BorderLayout으로 설정한다. 배경색은 LIGHT_GRAY로 설정하였다.
13-15번	• 패널 객체 p1을 GridLayout으로 생성하고 배경색을 YELLOW로 설정한 후 BorderLayout의 NORTH 영역에 배치한다.
17-19번	• 패널 객체 p2를 생성하고 배경색을 YELLOW로 설정한다. p2를 BorderLayout의 CENTER 영역에 배치한다.
21-34번	• 네 개의 버튼을 생성한 후 버튼을 누를 때 이벤트를 발생시킬 이벤트 리스너를

36-39번	각각 설치한다. 네 개의 버튼을 패널 p1에 배치한다. • 이미지로 아이콘을 생성한 후 라벨의 가운데 배치한다. 다시 라벨을 스크롤팬 sp1에 배치하고 스크롤팬의 배경색을 BLUE로 설정한다.
41-46번	• 패널 p2를 CardLayout으로 설정하고 5장의 카드를 추가한다. 방금 생성한 스크롤팬 sp1을 제외한 네 장의 카드는 모두 라벨을 생성하여 사용하였다.
49-60번	• 버튼에서 발생한 이벤트를 처리할 이벤트 핸들러를 정의한다. 패널 p1의 버튼을 누르면 패널 p2의 카드가 변경되도록 구현한다.
실행 결과	

BoxLayout

BoxLayout 배치관리자는 이전까지 설명한 네 가지 배치관리자와 달리 javax.swing 패키지에서 제공하는 배치관리자로 그림 8-13처럼 컴포넌트들을 왼쪽에서 오른쪽으로 또는 위에서 아래로 상자를 쌓듯이 배치한다.

▲ 그림 8-13   BoxLayout의 배치 방식

BoxLayout의 생성자와 주요 필드의 의미를 살펴보면 표 8-8과 같다.

표 8-8 BoxLayout의 생성자와 주요 필드

생성자

BoxLayout (Container target, int axis)	컨테이너 target에 BoxLayout 배치관리자를 사용하도록 설정한다. axis는 컴포넌트를 수평이나 수직으로 배치하도록 한다.

주요 필드

static int X_AXIS	컴포넌트를 왼쪽에서 오른쪽으로 수평으로 배치하도록 한다.
static int Y_AXIS	컴포넌트를 위에서 아래로 수직으로 배치하도록 한다.

예제 8-5는 스윙 컨테이너인 프레임의 배치관리자를 BoxLayout을 이용하여 수평으로 배치하도록 설정한 후 두 개의 패널은 배치하였다. 각각의 패널은 다시 수직 축의 Box-Layout으로 설정하여 5개의 버튼을 배치하였다.

예제 8-5 · BoxLayoutEx01.java

```java
1   import java.awt.*;
2   import javax.swing.*;
3   import java.awt.event.*;
4
5   public class BoxLayoutEx01 extends JFrame {
6       public BoxLayoutEx01() {
7           makeUI();
8       }
9
10      private void makeUI(){
11          JPanel p1, p2;
12          this.setLayout(new BoxLayout(getContentPane(), BoxLayout.X_AXIS));
13          p1 = new JPanel();
14          p1.setBackground(Color.YELLOW);
15          p1.setLayout(new BoxLayout(p1, BoxLayout.Y_AXIS));
16          p1.add(new JButton("버튼 1"));
17          p1.add(new JButton("버튼 2"));
18          p1.add(new JButton("세번째 버튼"));
19          p1.add(new JButton("버튼 4"));
20          p1.add(new JButton("버튼 5"));
21
```

```
22        p2 = new JPanel();
23        p2.setBackground(new Color(200,100,50));
24        p2.setLayout(new BoxLayout(p2, BoxLayout.Y_AXIS));
25        p2.add(new JButton("자바"));
26        p2.add(new JButton("카푸치노"));
27        p2.add(new JButton("에스프레소"));
28        p2.add(new JButton("아메리카노"));
29        p2.add(new JButton("헤이즐럿"));
30
31        this.add(p1);
32        this.add(p2);
33
34
35    }
36
37    public static void main(String[] args) {
38        BoxLayoutEx01 bl = new BoxLayoutEx01();
39        bl.setTitle("BoxLayout 예제");
40
41        bl.addWindowListener (
42           new WindowAdapter() {
43              public void windowClosing(WindowEvent ev) {
44                 System.exit(0);
45              }
46           }
47        );
48
49        bl.pack();
50        bl.setVisible(true);
51    }
52 }
```

12번	• 현재의 컨테이너를 수평 축의 BoxLayout으로 설정한다.
13-15번	• 패널 p1을 수직 축의 BoxLayout으로 설정하고 배경색을 YELLOW로 지정한다.
16-20번	• 패널 p1에 5개의 버튼을 배치한다.
22-24번	• 패널 p2를 수직 축의 BoxLayout으로 설정하고 배경색을 Color(200, 100,50)으로 지정한다.
25-29번	• 패널 p2에 5개의 버튼을 배치한다.

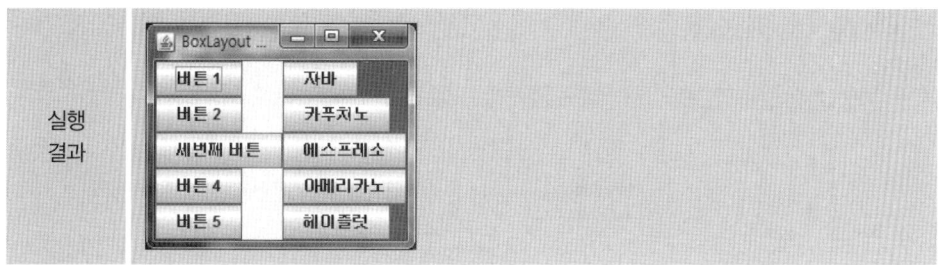

ScrollPaneLayout은 JScrollPane이 사용하는 배치관리자로 그림 8-14처럼 뷰포트, 수평·수직 스크롤바, 행 헤더, 열 헤더, 네 개의 코너 컴포넌트로 구성된다.

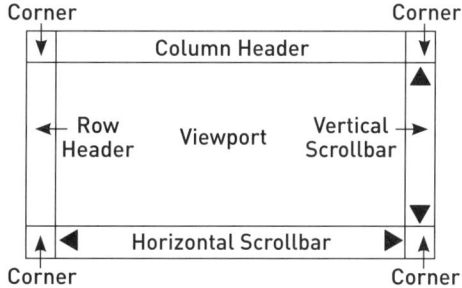

▲ **그림 8-14**   ScrollPaneLayout의 배치 방식

ViewportLayout은 JViewport가 사용하는 배치관리자로 그림 8-15처럼 뷰와 뷰포트를 같은 크기로 설정한다.

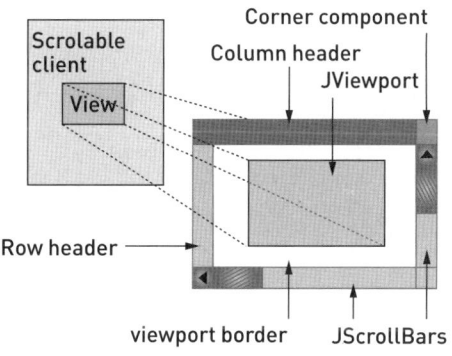

▲ **그림 8-15**   ViewportLayout의 배치 방식

OverlayLayout는 그림 8-16처럼 컴포넌트들이 서로 겹칠 수 있게 해주는 배치관리자이다.

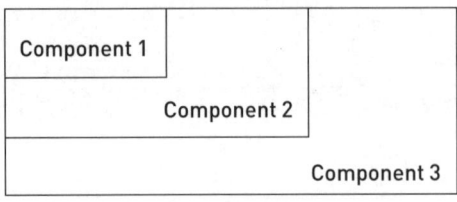

▲ **그림 8-16** OverlayLayout의 배치 방식

8.3 컨테이너

컨테이너는 독립적인 컨테이너와 종속적인 컨테이너로 구분할 수 있다. 독립적인 컨테이너는 JFrame과 JDialog처럼 독립적으로 사용이 가능하고 종속적인 컨테이너나 컴포넌트를 포함할 수 있지만 종속적인 컨테이너는 JPanel과 JScrollPane처럼 다른 컨테이너에 포함되어야만 사용 가능하다.

▎JFrame

메인 윈도우 역할을 하는 독립적인 컨테이너로 프레임, 메뉴바, 콘텐츠팬 등의 부분으로 구성된다. 프레임은 제목표시줄과 테두리를 가지며 메뉴바는 메뉴를 생성할 수 있다. 콘텐츠팬은 종속적인 컨테이너나 컴포넌트를 배치할 수 있다. JFrame은 BorderLayout 배치관리자를 기본으로 사용하며 생성자와 주요 메소드는 표 8-9와 같다.

표 8-9 JFrame 생성자와 주요 메소드

생성자

JFrame()	기본 프레임을 생성한다.
JFrame(String title)	지정한 title을 제목으로 하는 프레임을 생성한다.

주요 메소드 (계속)

Container getContentPane()	이 프레임의 콘텐츠팬 객체를 반환한다.
void pack()	컴포넌트의 크기에 적합하도록 프레임의 크기를 설정한다.
void setContentPane (Container contentPane)	이 프레임의 콘텐츠팬을 설정한다.
void setDefaultCloseOperation (int operation)	이 프레임을 종료할 때 기본으로 실행되는 처리 방식을 설정한다.
void setLayout (LayoutManager manager)	이 프레임의 배치관리자를 설정한다.
void setResizable (boolean resizable)	사용자가 이 프레임의 크기를 변경할 수 있는지 여부를 설정한다.
void setSize(int width, int height)	프레임의 가로와 세로 크기를 지정한다.
void setVisible(boolean b)	이 프레임을 화면에 표시할 지 여부를 설정한다.

▌JPanel

JPanel은 종속적인 컨테이너로 FlowLayout을 기본 배치관리자로 사용하며 JFrame과 같이 독립적인 컨테이너에 포함되어 컴포넌트를 체계적으로 배치할 수 있다. JPanel은 색상을 지정하지 않으면 투명하여 보이지 않으며 그래픽 출력 시 화면이 떨리는 것을 막는 더블 버퍼링 기능을 제공한다. JPanel 클래스의 생성자는 표 8-10과 같다.

표 8-10 JPanel 생성자

생성자

JPanel()	JPanel을 생성한다.
JPanel(boolean isDoubleBuffered)	더블 버퍼 기능의 사용을 지정하는 JPanel을 생성한다.
JPanel(LayoutManager layout)	JPanel을 생성하고 배치관리자를 지정한다.
JPanel(LayoutManager layout, boolean isDoubleBuffered)	더블 버퍼 기능을 지정하여 JPanel을 생성하고 배치관리자를 지정한다.

예제 8-6은 프레임과 패널만을 이용하여 작성한 간단한 프로그램이다. 프레임은 GridLayout을 배치관리자로 설정하고 두 개의 패널은 구별이 가능하도록 색상을 지정한 후 좌우로 배치하였다.

 8-6 · JFrameEx01.java

```
1   import javax.swing.*;
2   import java.awt.*;
3
4   public class JFrameEx01 extends JFrame {
5       public JFrameEx01() {
6           super("JFrame 예제");
7           Container c = this.getContentPane();
8           c.setLayout(new GridLayout(1,2,5,5));
9           c.setBackground(Color.MAGENTA);
10          JPanel p1 = new JPanel();
11          JPanel p2 = new JPanel();
12          p1.setBackground(Color.YELLOW);
13          p2.setBackground(new Color(130, 170, 170));
14          c.add(p1);
15          c.add(p2);
16          setDefaultCloseOperation(JFrame.EXIT_ON_CLOSE);
17          setSize(300,200);
18          setVisible(true);
19      }
20
21      public static void main(String[] args) {
22          JFrameEx01 jf = new JFrameEx01();
23      }
24}
```

6번	• 프레임의 제목을 지정한다.
7번	• 이 프레임의 기본 컨테이너 객체 c를 생성한다.
8번	• 컨테이너 c를 GridLayout으로 설정한다.
9번	• 컨테이너 c의 색상을 지정한다.
10-15번	• 두개의 패널을 생성한 후 색상을 지정하고 컨테이너 c에 배치한다.
16번	• 프레임의 기본 종료동작을 설정한다.

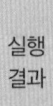실행
결과

8.4 컴포넌트

컴포넌트는 GUI를 구성하는 기본적인 그래픽 구성요소로 스윙에서 제공하는 컴포넌트로는 JLabel, JButton, JCheckBox, JRadioButton, JToggleButton, JScrollPane, JTextField, JTextArea, JTextPane, JPasswordField, JEditorPane, JScrollBar, JSlider, JProgressBar, JComboBox, JList, JSeparator, JMenu, JPopupMenu, JTabbedPane, JSplitPane 등이 있다. 이 중에서 대표적인 컴포넌트의 의미는 표 8-11과 같고 컴포넌트의 형태를 살펴보면 아래의 그림 8-17부터 그림 8-25까지와 같다.

표 8-11 주요 스윙 컴포넌트

컴포넌트	설명
JLabel	레이블에 생성하기 위한 컴포넌트
JButton	버튼을 생성하기 위한 컴포넌트
JComboBox	콤보박스를 생성하기 위한 컴포넌트
JEditorPane	다양한 종류의 콘텐츠를 편집하기 위한 컴포넌트
JList	리스트로부터 한개 이상의 항목을 선택하기 위한 컴포넌트
JDialog	다이얼로그 윈도우를 생성하기 위한 컴포넌트
JSlider	지정된 범위 내에서 노브를 움직이기 위한 컴포넌트
JTable	2차원 테이블 형식을 표시하고 편집하기 위한 컴포넌트
JTree	디렉토리의 계층구조를 표시하기 위한 컴포넌트

▲ 그림 8-17　JLabel의 예

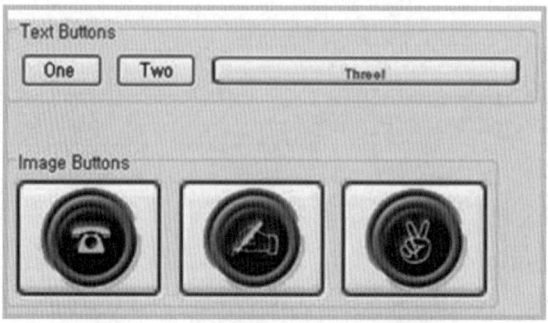

▲ 그림 8-18　JButton의 예

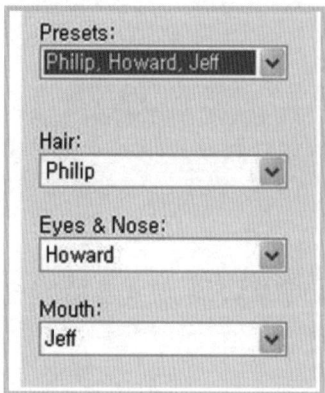

▲ 그림 8-19　JComboBox의 예

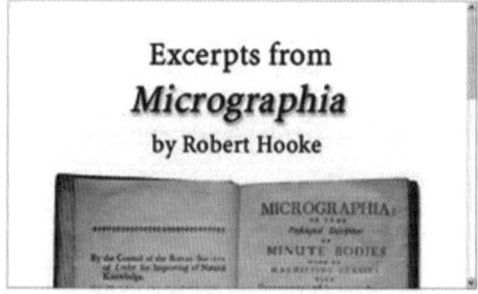

▲ 그림 8-20　JEditorPane의 예

▲ 그림 8-21   JList의 예

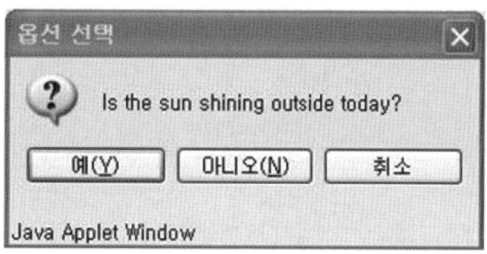

▲ 그림 8-22   JDialog의 예

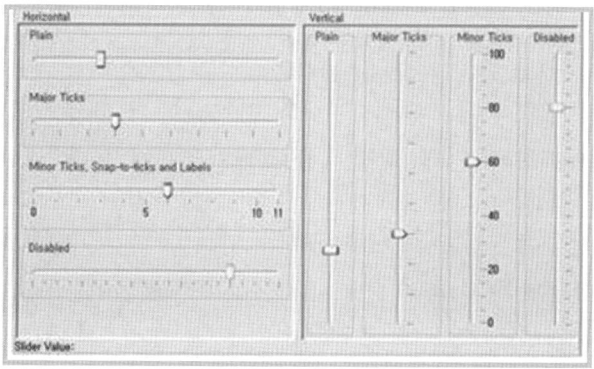

▲ 그림 8-23   JSlider의 예

First Name	Last Name	Favorite Color	Favorite Movie	Favorite Number	Favorite Food
Mike	Albers	Green	Brazil	44	
Mark	Andrews	Blue	Curse of the De...	3	
Brian	Beck	Black	The Blues Broth...	2,718	
Lara	Bunni	Red	Airplane (the wh...	15	
Roger	Brinkley	Blue	The Man Who K...	13	
Brent	Christian	Black	Blade Runner (Di...	23	
Mark	Davidson	Dark Green	Brazil	27	

▲ 그림 8-24 　JTable의 예

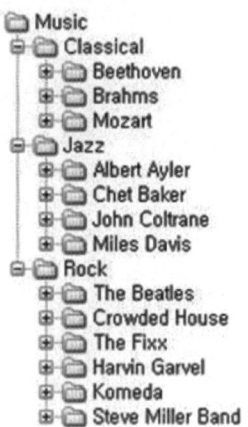

▲ 그림 8-25 　JTree의 예

예제 8-7은 프레임에 두 개의 메뉴를 생성한 후 메뉴의 각 항목을 선택하면 이벤트를 생성한 메뉴 항목과 이벤트의 종류를 화면에 출력하는 프로그램이다.

예제 8-7 · ButtonLabelEx01.java

```java
1  import java.awt.*;
2  import javax.swing.*;
3  import java.awt.event.*;
4
5  public class JMenuEx01 implements ActionListener {
```

```
6      JTextArea output;
7      JScrollPane scrollPane;
8      String newline = "\n";
9
10     public JMenuBar createMenuBar() {
11         JMenuBar menuBar;
12         JMenu menu, submenu;
13         JMenuItem menuItem;
14         JRadioButtonMenuItem rbMenuItem;
15         JCheckBoxMenuItem cbMenuItem;
16
17         menuBar = new JMenuBar();
18         menu = new JMenu("메뉴1");
19         menu.setMnemonic(KeyEvent.VK_A);
20         menuBar.add(menu);
21
22         menuItem = new JMenuItem("텍스트 메뉴 아이템",
23                     KeyEvent.VK_T);
24         menuItem.setAccelerator(KeyStroke.getKeyStroke(
25                     KeyEvent.VK_1, ActionEvent.ALT_MASK));
26         menuItem.addActionListener(this);
27         menu.add(menuItem);
28
29         ImageIcon icon = new ImageIcon("icon01.png");
30         menuItem = new JMenuItem("아이콘을 사용한 메뉴 아이템", icon);
31         menuItem.setMnemonic(KeyEvent.VK_B);
32         menuItem.addActionListener(this);
33         menu.add(menuItem);
34
35         menuItem = new JMenuItem(icon);
36         menuItem.setMnemonic(KeyEvent.VK_D);
37         menuItem.addActionListener(this);
38         menu.add(menuItem);
39
40         menu.addSeparator();
41         ButtonGroup group = new ButtonGroup();
42         rbMenuItem = new JRadioButtonMenuItem("라디오 버튼 메뉴 아이템");
43         rbMenuItem.setSelected(true);
44         rbMenuItem.setMnemonic(KeyEvent.VK_R);
45         group.add(rbMenuItem);
46         rbMenuItem.addActionListener(this);
47         menu.add(rbMenuItem);
48
49         rbMenuItem = new JRadioButtonMenuItem("라디오 버튼 2");
```

```
50        rbMenuItem.setMnemonic(KeyEvent.VK_O);
51        group.add(rbMenuItem);
52        rbMenuItem.addActionListener(this);
53        menu.add(rbMenuItem);
54
55        menu.addSeparator();
56        cbMenuItem = new JCheckBoxMenuItem("체크박스 메뉴 아이템");
57        cbMenuItem.setMnemonic(KeyEvent.VK_C);
58        cbMenuItem.addActionListener(this);
59        menu.add(cbMenuItem);
60
61        cbMenuItem = new JCheckBoxMenuItem("체크박스 2");
62        cbMenuItem.setMnemonic(KeyEvent.VK_H);
63        cbMenuItem.addActionListener(this);
64        menu.add(cbMenuItem);
65
66        menu.addSeparator();
67        submenu = new JMenu("하위 메뉴");
68        submenu.setMnemonic(KeyEvent.VK_S);
69        menuItem = new JMenuItem("하위 메뉴의 아이템");
70        menuItem.setAccelerator(KeyStroke.getKeyStroke(
71            KeyEvent.VK_2, ActionEvent.ALT_MASK));
72        menuItem.addActionListener(this);
73        submenu.add(menuItem);
74
75        menuItem = new JMenuItem("아이템 2");
76        menuItem.addActionListener(this);
77        submenu.add(menuItem);
78        menu.add(submenu);
79
80        menu = new JMenu("메뉴2");
81        menu.setMnemonic(KeyEvent.VK_N);
82        menuBar.add(menu);
83        return menuBar;
84    }
85
86    public Container createContentPane() {
87        JPanel contentPane = new JPanel(new BorderLayout());
88        contentPane.setOpaque(true);
89        output = new JTextArea(5, 30);
90        output.setEditable(false);
91        scrollPane = new JScrollPane(output);
92        contentPane.add(scrollPane, BorderLayout.CENTER);
93        return contentPane;
```

```
94      }
95
96      public void actionPerformed(ActionEvent e) {
97          JMenuItem source = (JMenuItem)(e.getSource());
98          String s = "ActionEvent가 "+ getClassName(source)
99          + " 클래스의 인스턴스인 "+newline+"    \""+ source.getText()
100         + "\"로부터 전달되었음.";
101         output.append(s + newline);
102     }
103
104     protected String getClassName(Object o) {
105         String classString = o.getClass().getName();
106         int dotIndex = classString.lastIndexOf(".");
107         return classString.substring(dotIndex+1);
108     }
109
110     private static void createAndShowGUI() {
111         JFrame frame = new JFrame("MenuLookDemo");
112         frame.setDefaultCloseOperation(JFrame.EXIT_ON_CLOSE);
113         JMenuEx01 demo = new JMenuEx01();
114         frame.setJMenuBar(demo.createMenuBar());
115         frame.setContentPane(demo.createContentPane());
116         frame.setSize(450, 260);
117         frame.setVisible(true);
118     }
119
120     public static void main(String[] args) {
121         javax.swing.SwingUtilities.invokeLater(new Runnable() {
122             public void run() {
123                 createAndShowGUI();
124             }
125         });
126     }
127 }
```

10번	• 프레임에 부착할 메뉴바를 작성한다.
17번	• 메뉴바를 생성한다.
18-20번	• 첫 번째 메뉴 '메뉴1'을 생성하고 단축키 'Alt+A'를 지정한 후 메뉴바에 부착한다.
22-27번	• 메뉴 아이템을 단축키 'Alt+T'를 지정하여 생성하고 엑셀레이터 키로 'Alt+1'을 지정하고 액션리스너를 설치한 후 '메뉴1'에 부착한다.
29-33번	• 아이콘과 텍스트를 이용하여 메뉴 아이템을 작성한다.
35-38번	• 아이콘만으로 메뉴 아이템을 작성한다.
40번	• 메뉴 분리선을 추가한다.

41-47번	• 라디오 버튼 그룹을 만들고 라디오 버튼 항목을 추가한다.
49-53번	• 두 번째 라디오 버튼 항목을 추가한다.
55-59번	• 체크박스 메뉴항목을 생성한 후 메뉴에 부착한다.
51-64번	• 두 번째 체크박스 메뉴항목을 생성한 후 메뉴에 부착한다.
67-78번	• 두 개의 메뉴 아이템을 가지는 하위 메뉴를 작성한 후 메뉴에 부착한다.
80-82번	• 두 번째 메뉴 '메뉴2'를 생성하고 단축키 'Alt+N'을 지정한 후 메뉴바에 부착한다.
83번	• 작성한 메뉴바를 호출한 곳으로 반환한다.
86-94번	• 편집할 수 없는 텍스트 영역을 부착한 스크롤팬을 패널의 'CENTER' 영역에 부착한 후 생성된 패널을 반환한다.
96-102번	• 액션이벤트가 발생하면 이벤트를 생성한 클래스의 이름을 텍스트 영역에 추가한다.
104-108번	• 패키지 이름을 제외하고 클래스의 이름만 추출하여 반환한다.
110-118번	• 기본 종료동작을 갖는 프레임을 생성한 후 메뉴바와 내용창을 부착한다.
120-126번	• invokeLater() 메소드를 이용하여 createAndShowGUI()에서 발생하는 이벤트를 한 번에 하나씩 처리하도록 지정한다.

실행 결과	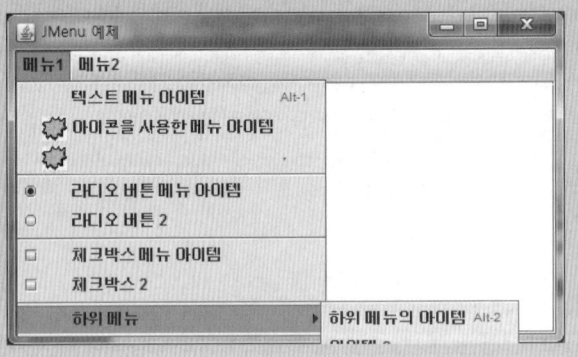

••• **요약** •••

- 그래픽 유저 인터페이스(GUI: Graphical User Interface)

  그래픽으로 구성된 화면에서 사용자가 생성한 이벤트를 처리하는 방식을 사용한다.

  사용자가 텍스트 필드, 리스트 등에서 이벤트를 생성하면 이벤트 핸들러 즉, 관련 메소드가 실행되고 그 결과가 GUI를 업데이트한다.

- 자바는 GUI를 구현하기 위해 AWT와 스윙이라고 불리는 java.awt 패키지와 javax.swing 패키지를 제공한다.

- java.awt 패키지

  컴포넌트, 컨테이너, 배치관리자, 기타 클래스 등으로 구성

  컴포넌트는 GUI를 구성하는 기본적인 그래픽 구성요소이고 배치관리자는 컴포넌트를 배치하는 역할을 담당한다.

  AWT의 컴포넌트는 운영체제의 자원을 이용하는 등 운영체제에 부담을 주기 때문에 중량 컴포넌트라고 한다.

- javax.swing 패키지

  기본적인 구성은 AWT와 거의 유사하지만 AWT의 단점을 해결하여 운영체제의 자원을 이용하지 않아 경량 컴포넌트라고 한다.

  스윙 컴포넌트는 대문자 'J'로 시작하며 AWT보다 세련된 디자인이 가능하다.

- 배치관리자(Layout Manager)

  컨테이너에 컴포넌트들을 배치하는 방식을 설정하기 위해 사용된다.

  java.awt 패키지에서 FlowLayout, GridLayout, BorderLayout, CardLayout을 제공한다.

  javax.swing 패키지에서 BoxLayout, ScrollPaneLayout, ViewportLayout, OverlayLayout을 제공한다.

- 컨테이너에 배치관리자를 지정하고 컴포넌트를 배치하거나 삭제하는 메소드는 Container 클래스에 정의되어 있다.

- 컨테이너는 독립적인 컨테이너와 종속적인 컨테이너로 구분할 수 있다.

  독립적인 컨테이너는 JFrame과 JDialog처럼 독립적으로 사용이 가능하며 종속적인 컨테이너나 컴포넌트를 포함할 수 있다.

  종속적인 컨테이너는 JPanel과 JScrollPane처럼 다른 컨테이너에 포함되어야만 사용이 가능하다.

••• 연습문제 •••

1. 그래픽 유저 인터페이스의 역할과 상호작용 과정을 설명하여라.

2. java.awt 패키지의 개요와 구성요소에 대하여 설명하여라.

3. javax.swing 패키지의 개요와 구성요소에 대하여 설명하여라.

4. 배치관리자에 대하여 설명하여라.

5. Container 클래스의 역할과 기능에 대하여 설명하여라.

6. FlowLayout과 BorderLayout 배치관리자에 대하여 설명하여라.

7. GridLayout과 CardLayout 배치관리자에 대하여 설명하여라.

8. BoxLayout 배치관리자에 대하여 설명하여라.

9. ScrollPaneLayout, ViewportLayout, OverlayLayout 배치관리자에 대하여 설명하여라.

10. 자바의 룩앤필(LookAndFeel)에 대하여 개념과 종류를 설명하여라.

11. 컨테이너의 역할과 기능에 대하여 설명하여라.

12. JFrame과 JPanel에 대하여 설명하여라.

13. 다음 예제의 빈칸을 채워 프로그램을 완성하여라.

FlowLayoutEx01.java

```
1   import java.awt.*;
2   import javax.swing.*;
3   import java.awt.event.*;
4
5   public class FlowLayoutEx01 {
6       public static void main(String args[]) {
7
8           JFrame f1 = new JFrame("FlowLayout 예제");
9           f1._____(new _____(FlowLayout.CENTER, 5, 5));
10
11          f1._____(new JLabel("주소"));
12          f1._____(new JTextField("주소를 입력하세요.", 20));
13          f1._____(new JButton("확인"));
14
15          f1.addWindowListener (
16              new WindowAdapter() {
17                  public void windowClosing(WindowEvent ev) {
18                      System.exit(0);
19                  }
20              }
21          );
```

```
22
23       f1.setSize(300, 150);
24       f1._____;
25    }
26 }
```

09

이벤트

학습 목표

- 이벤트의 개념과 처리과정을 이해한다.
- 이벤트 처리요소와 이벤트의 종류를 배운다.
- 최상위 이벤트 클래스의 주요 필드와 메소드를 이해하고 사용방법을 배운다.
- 이벤트 리스너와 이벤트 핸들러의 개념과 연관관계를 이해한다.
- 컴포넌트에 이벤트 리스너를 등록하는 메소드를 이해하고 사용방법을 배운다.
- 이벤트 어댑터의 개념을 이해하고 이벤트 리스너와의 대응관계를 배운다.
- 이벤트 클래스를 이해하고 종류별로 사용방법을 배운다.

9.1 이벤트의 개요

이벤트는 GUI 환경에서 사용자에 의하여 발생하는 모든 사건을 의미한다. 예를 들어 그림 9-1에서 텍스트 영역에 텍스트들 입력하거나 리스트에서 항목을 선택하거나 버튼을 누르는 행위를 포함하여 마우스의 움직임, 키보드 입력 등의 사용자 형식에 의해서 이벤트가 발생한다.

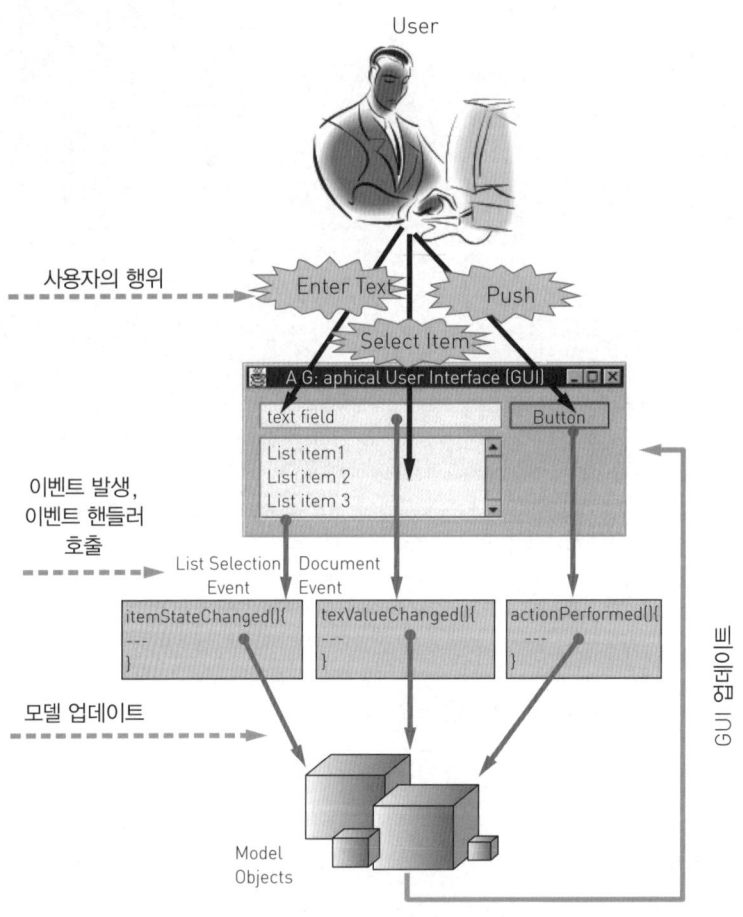

▲ 그림 9-1   이벤트 처리 과정

자바는 이벤트 처리에 위임형 이벤트 모델을 사용한다. 이 모델은 GUI의 컴포넌트에서 이벤트가 발생하면 이벤트 처리를 해당 이벤트 핸들러에게 위임하는 방식이다. 이벤트 처리 과정을 살펴보면 이벤트 소스에서 이벤트 발생, 이벤트 리스너의 이벤트 감지, 이벤트 객체 생성, 이벤트 핸들러에 의한 이벤트 처리 등의 4단계로 구분할 수 있다. 이벤트 처리와 관련된 네 가지 요소는 아래 표 9-1과 같다.

표 9-1 이벤트 처리 요소

구분	설명
이벤트 소스	이벤트가 발생한 컴포넌트로 미리 적절한 이벤트 리스너를 등록해 놓아야 한다.
이벤트 리스너	이벤트 감지기로 이벤트를 감지하면 이벤트 객체를 생성하여 이벤트 핸들러에게 전달한다.
이벤트 객체	이벤트가 발생하면 해당 이벤트 클래스의 인스턴스가 생성된다. 자바에서는 컴포넌트별로 다양한 이벤트 클래스가 제공된다.
이벤트 핸들러	이벤트 처리과정을 기술해 놓은 메소드로 이벤트 핸들러가 처리한 결과는 GUI 화면에 반영된다.

자바에서 처리할 수 있는 이벤트와 관련 클래스는 표 9-2와 같다. 예를 들어 Action 이벤트는 마우스 버튼을 클릭하거나 리스트의 항목을 더블 클릭하는 등의 경우에 ActionEvent 클래스의 인스턴스를 생성하게 된다.

표 9-2 이벤트의 종류

이벤트	설명	관련 클래스
Action	마우스 버튼 클릭, 리스트 항목 더블 클릭, 메뉴 항목 선택, TextField에서 엔터키를 입력하는 경우에 발생한다.	ActionEvent
Adjustment	스크롤바를 이동할 때 발생한다.	AdjustmentEvent
Component	컴포넌트를 변경할 때 발생한다.	ComponentEvent
Container	컴포넌트를 추가하거나 제거할 때 발생한다.	ContainerEvent
Focus	focus를 변경할 때 발생한다.	FocusEvent
Item	checkbox, choice, list의 항목을 선택하거나 메뉴항목을 선택할 때 발생한다.	ItemEvent
Key	키보드에서 키를 입력할 때 발생한다.	KeyEvent
Mouse	마우스 클릭, 컴포넌트 들어가고 나올 때	MouseEvent
MouseMotion	마우스를 이동할 때 발생한다.	MouseMotionEvent
Text	TextArea나 TextField에 텍스트를 입력할 때 발생한다.	TextEvent
Window	윈도우의 상태를 변경할 때 발생한다.	WindowEvent

자바 프로그램에서 이벤트를 처리하려면 그림 9-2와 같이 java.awt.event 패키지를 사용해야 한다. 이 패키지에는 이벤트 리스너, 이벤트 어댑터, 이벤트 클래스 등 이벤트를 처리하기 위한 클래스와 인터페이스들이 포함되어 있다.

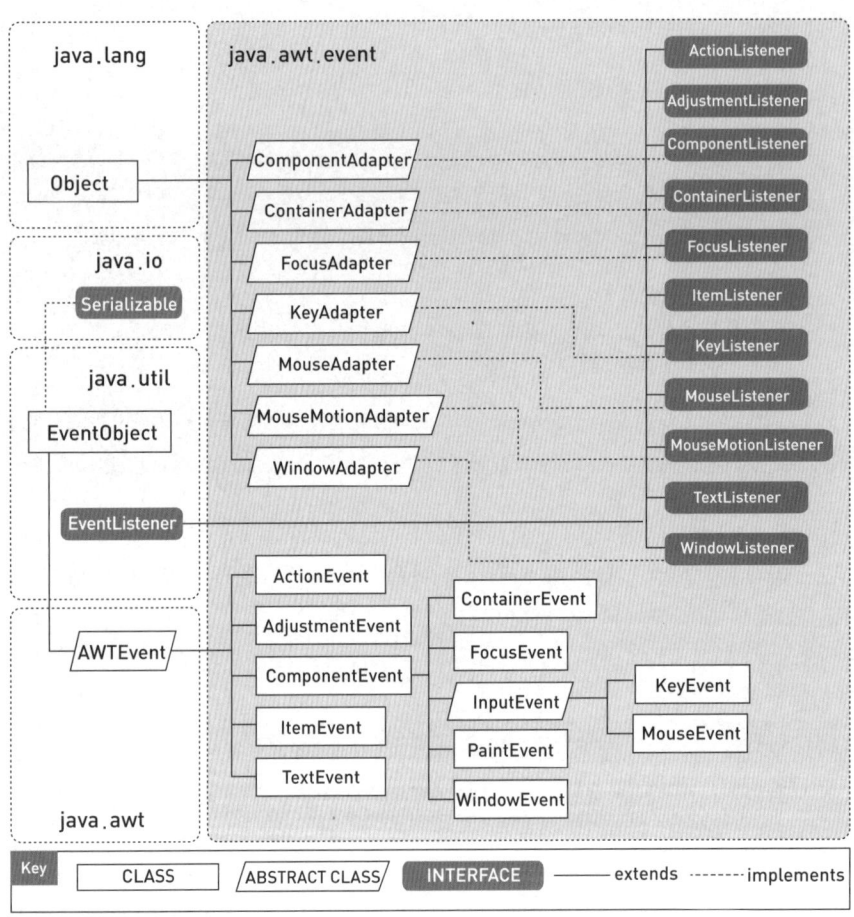

▲ **그림 9-2** java.awt.event 패키지의 클래스 상속 구조

위 그림에서 EventObject와 AWTEvent 클래스는 모든 이벤트 클래스의 최상위 클래스로 표 9-3과 같이 이벤트 객체의 ID와 클래스 형 등 이벤트의 정보를 알 수 있는 필드와 메소드를 제공한다. ActionEvent, AdjustmentEvent, ComponentEvent 등 나머지 클래스는 9.4절에서 다루도록 한다.

표 9-3 EventObject와 AWTEvent의 주요 필드와 메소드

주요 필드

이름	설명
int id	이벤트의 ID이다.
Object source	이벤트가 최초로 발생한 컴포넌트 객체이다.

주요 메소드

이름	설명
Object getSource()	이벤트 소스 컴포넌트의 레퍼런스를 Object형으로 반환한다.
int getID()	발생한 이벤트의 종류를 알 수 있도록 이벤트 ID를 반환한다.
String toString ()	이벤트 객체의 특성을 표현한 라인을 반환한다.

예제 9-1은 EventObject와 AWTEvent 클래스의 주요 메소드를 사용하여 이벤트 클래스의 이름과 이벤트 ID, 이벤트 소스, 컴포넌트의 이름, 사용한 보조키 등을 출력하는 프로그램이다.

예제 9-1 · EventEx01.java

```
1   import java.awt.event.*;
2   import javax.swing.*;
3
4   public class EventEx01 extends JFrame implements ActionListener {
5       private JList list;
6       private DefaultListModel model;
7
8       public EventEx01() {
9           initUI();
10      }
11
12      public final void initUI() {
13          JPanel panel = new JPanel();
14          panel.setLayout(null);
15
16          model = new DefaultListModel();
17          list = new JList(model);
18          list.setBounds(130, 30, 420, 150);
19
```

```
20        JButton okButton = new JButton("확인");
21        okButton.setBounds(30, 35, 80, 25);
22        okButton.addActionListener(this);
23
24        JButton noButton = new JButton("취소");
25        noButton.setBounds(30, 65, 80, 25);
26        noButton.addActionListener(this);
27
28        panel.add(okButton);
29        panel.add(noButton);
30        panel.add(list);
31        add(panel);
32
33        setTitle("이벤트 예제");
34        setSize(420, 200);
35        setDefaultCloseOperation(EXIT_ON_CLOSE);
36    }
37
38    public void actionPerformed(ActionEvent e) {
39        if (!model.isEmpty()) {
40            model.clear();
41        }
42
43        model.addElement(" 이벤트 클래스 : "
               + getClassName(e.toString()));
44        if (e.getID() == ActionEvent.ACTION_PERFORMED) {
45            model.addElement(" 이벤트 ID : " + e.getID()
               + "(ACTION_PERFORMED)");
46        }
47        String source = e.getSource().getClass().getName();
48        model.addElement(" 이벤트 소스 : " + source);
49        JButton o = (JButton) e.getSource();
50        model.addElement(" 컴포넌트 이름 : " + o.getText());
51
52        int mod = e.getModifiers();
53        StringBuffer buffer = new StringBuffer(" 보조키 : ");
54        if ((mod & ActionEvent.ALT_MASK) > 0) {
55            buffer.append("Alt ");
56        }
57        if ((mod & ActionEvent.SHIFT_MASK) > 0) {
58            buffer.append("Shift ");
59        }
60        if ((mod & ActionEvent.CTRL_MASK) > 0) {
61            buffer.append("Ctrl ");
```

```
62          }
63          model.addElement(buffer);
64      }
65
66      protected String getClassName(String s) {
67          int dotIndex = s.indexOf("[");
68          return s.substring(0, dotIndex);
69      }
70
71      public static void main(String[] args) {
72          SwingUtilities.invokeLater(new Runnable() {
73              public void run() {
74                  EventEx01 ex = new EventEx01();
75                      ex.setVisible(true);
76              }
77          });
78      }
79 }
```

4번	• Action 이벤트 처리를 위해 ActionListener를 구현한다.
14번	• 배치관리자를 사용하지 않는다.
16-17번	• JList에 표시할 리스트 관리 모델로 가장 간단한 DefaultListModel을 사용한다.
18번	• 컴포넌트의 위치를 직접 지정한다.
20-26번	• 버튼을 생성하고 위치를 지정한 후 이벤트 리스너를 등록한다.
38번	• ActionEvent를 처리할 이벤트 핸들러를 정의한다.
39-41번	• 리스트 관리 모델의 모든 요소를 삭제한다.
43번	• 리스트 관리 모델에 이벤트 클래스의 이름을 추가한다. 관리 모델에 추가된 항목은 자동으로 화면에 표시된다.
44-46번	• 이벤트 ID를 확인한 후 관리 모델에 추가한다.
47-48번	• 이벤트 소스의 이름을 관리 모델에 추가한다.
49-50번	• 컴포넌트의 이름을 관리 모델에 추가한다.
52번	• ActionEvent 발생 시 사용한 보조키를 반환한다.
53-63번	• 보조키 입력을 확인해서 관리 모델에 추가한다.
66-69번	• 이벤트 객체의 특성 중에서 클래스의 이름만 추출하여 반환한다.

실행 결과	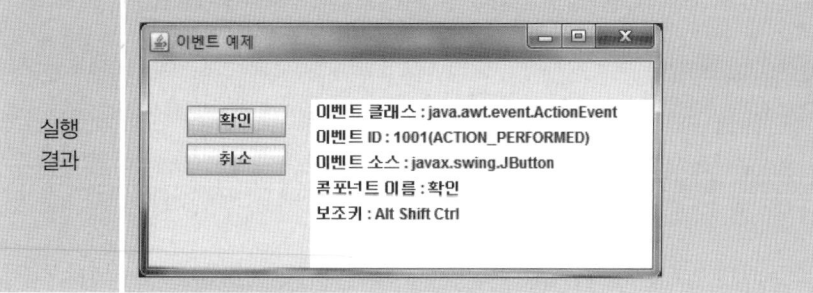

이벤트 리스너

이벤트 리스너는 일종의 이벤트 감지기로 이벤트 소스 즉, 컴포넌트에 미리 등록해놓아야 이벤트를 감지할 수 있다. 이벤트 리스너가 이벤트 발생을 감지하면 이벤트 객체를 생성하여 이벤트 핸들러에게 전달한다. 이벤트 핸들러는 이벤트 처리과정을 구현해놓은 메소드를 의미한다.

자바에서는 이벤트 리스너를 생성할 수 있도록 표 9-4와 같이 이벤트 리스너 인터페이스를 제공한다. 프로그램을 작성할 때 인터페이스인 이벤트 리스너를 상속받는 클래스를 생성한 후 이벤트의 종류와 일치하는 이벤트 핸들러를 구현하면 이벤트 리스너가 완성된다.

표 9-4 이벤트 리스너와 이벤트 핸들러

이벤트 리스너 (인터페이스)	이벤트 핸들러 (추상 메서드)	설명
ActionListener	actionPerformed()	버튼 클릭, 리스트 항목 더블클릭, 메뉴 항목 선택, 텍스트필드에서 엔터키 입력 시 처리과정을 기술한다.
AdjestmentListener	adjustmentValueChanged()	스크롤바 이동 시 처리과정을 기술한다.
ComponentListener	componentHidden()	컴포넌트 숨김 시 처리과정을 기술한다.
	componentMoved()	컴포넌트 이동 시 처리과정을 기술한다.
	componentResized()	컴포넌트 크기 변경 시 처리과정을 기술한다.
	componentShown()	컴포넌트가 나타날 때 처리과정을 기술한다.
ContainerListener	componentAdded()	컴포넌트 추가 시 처리과정을 기술한다.
	componentRemoved()	컴포넌트 삭제 시 처리과정을 기술한다.
FocusListener	focusGained()	포커스를 얻을 때 처리과정을 기술한다.
	focusLost()	포커스를 잃을 때 처리과정을 기술한다.
ItemListener	itemStateChanged()	체크박스, 초이스, 리스트, 메뉴항목을 선택할 때 처리과정을 기술한다.
KeyListener	keyPressed()	키보드를 누를 때 처리과정을 기술한다.
	keyReleased()	키보드를 놓을 때 처리과정을 기술한다.
	keyTyped()	키보드의 특정키를 입력할 때 처리과정을 기술한다.
MouseListener	mouseClicked()	마우스 클릭 시 처리과정을 기술한다.

(계속)

이벤트 리스너 (인터페이스)	이벤트 핸들러 (추상 메서드)	설명
MouseListener	mouseEntered()	포인터가 컴포넌트에 진입할 때 처리과정을 기술한다.
	mouseExited()	포인터가 컴포넌트에서 나올 때 처리과정을 기술한다.
	mousePressed()	마우스 버튼을 누를 때 처리과정을 기술한다.
	mouseReleased()	마우스 버튼을 놓을 때 처리과정을 기술한다.
MouseMotionListener	mouseDragged()	마우스 드래그 시 처리과정을 기술한다.
	mouseMoved()	마우스가 움직일 때 처리과정을 기술한다.
TextListener	textValueChanged()	TextArea, TextField에 텍스트 입력시 처리과정을 기술한다.
WindowListener	windowActivated()	윈도우가 활성화될 때 처리과정을 기술한다.
	windowClosed()	윈도우를 종료되었을 때 처리과정을 기술한다.
	windowClosing()	윈도우를 종료할 때 처리과정을 기술한다.
	windowDeactivated()	윈도우가 비활성화 되었을 때 처리과정을 기술한다.
	windowDeiconified()	윈도우가 최소화 상태에서 일반 상태로 변경되었을 때 처리과정을 기술한다.
	windowIconified()	윈도우가 최소화 되었을 때 처리과정을 기술한다.
	windowOpened()	윈도우가 처음으로 생성되었을 때 처리과정을 기술한다.

이제 완성된 이벤트 리스너를 표 9-5와 같이 'addXXXListener()' 메소드를 이용하여 컴포넌트에 등록하면 이벤트를 처리할 수 있게 된다.

표 9-5 이벤트 리스너 등록

포	설명
component.addActionListener (myActionListener)	Action 이벤트를 감지할 리스너를 컴포넌트에 등록한다.
component.addAdjestmentListener (myAdjestmentListener)	Adjestment 이벤트를 감지할 리스너를 컴포넌트에 등록한다.

(계속)

표	설명
component.addComponentListener (myComponentListener)	Component 이벤트를 감지할 리스너를 컴포넌트에 등록한다.
component.addContainerListener (myContainerListener)	Container 이벤트를 감지할 리스너를 컴포넌트에 등록한다.
component.addFocusListener (myFocusListener)	Focus 이벤트를 감지할 리스너를 컴포넌트에 등록한다.
component.addItemListener (myItemListener)	Item 이벤트를 감지할 리스너를 컴포넌트에 등록한다.
component.addKeyListener (myKeyListener)	Key 이벤트를 감지할 리스너를 컴포넌트에 등록한다.
component.addMouseListener (myMouseListener)	Mouse 이벤트를 감지할 리스너를 컴포넌트에 등록한다.
component.addMouseMotionListener (myMouseMotionListener)	MouseMotion 이벤트를 감지할 리스너를 컴포넌트에 등록한다.
component.addTextListener (myTextListener)	Text 이벤트를 감지할 리스너를 컴포넌트에 등록한다.
component.addWindowListener| (myWindowListener)	Window 이벤트를 감지할 리스너를 컴포넌트에 등록한다.

예제 9-2는 ActionListener 인터페이스의 이벤트 핸들러인 actionPerformed() 메소드를 구현한 후 addActionListener() 메소드를 이용하여 버튼 객체 btn1에 등록한 프로그램으로 버튼을 누르면 색상선택 다이얼로그가 화면에 표시된다.

예제 9-2 · EventEx04.java

```
1   import java.awt.*;
2   import java.awt.event.*;
3   import javax.swing.*;
4
5   public class EventEx02 {
6       public static void main(String[] args) {
7           final JFrame f = new JFrame("JColorChooser 예제");
```

```
8        JButton btn1 = new JButton("색상 선택");
9        btn1.addActionListener(new ActionListener() {
10          public void actionPerformed(ActionEvent e) {
11             Color newColor = JColorChooser.showDialog(
12                f, "배경색 선택", f.getBackground()
13             );
14             if(newColor != null){
15                f.getContentPane().setBackground(newColor);
16             }
17          }
18       });
19
20       Container c = f.getContentPane();
21       c.setLayout(new FlowLayout());
22       c.add(btn1);
23       f.setDefaultCloseOperation(JFrame.EXIT_ON_CLOSE);
24       f.setSize(300, 200);
25       f.setVisible(true);
26    }
27 }
```

7번	• 프레임 객체 f를 생성한다.
8번	• 버튼 객체 btn1을 생성한다.
9번	• btn1에 ActionListener를 등록한다.
10번	• 이벤트 핸들러인 actionPerformed()메소드를 구현한다.
11-13번	• 색상선택 다이얼로그를 화면에 표시한 후 사용자가 선택한 색상을 색상 객체인 newColor에 저장한다.
14-16번	• 프레임의 바탕색을 newColor로 지정한다.
20번	• 컴포넌트를 배치할 컨테이너 객체 c를 생성한다.
21번	• c의 배치관리자를 FlowLayout으로 설정한다.
22번	• c에 btn1을 배치한다.
23번	• 프레임의 기본 종료 동작을 설정한다.

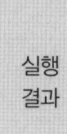
실행
결과

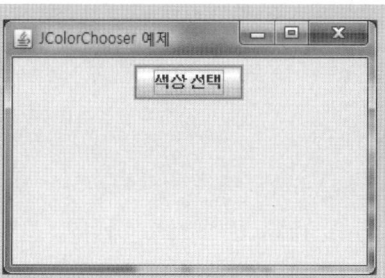

이벤트 어댑터

이벤트를 처리하려면 이벤트 리스너 인터페이스를 구현하는 클래스를 생성하고 이벤트 핸들러에 해당하는 메소드를 작성해야 한다. 인터페이스를 구현하려면 사용하지 않는 메소드라도 모두 구현해주어야 한다. 이벤트 어댑터는 이벤트 리스너 인터페이스의 모든 추상 메소드를 미리 구현해놓은 클래스로 이벤트 어댑터를 이용하면 실제 필요한 메소드만 오버라이딩 해주면 된다. 표 9-6에서 인터페이스의 추상 메소드가 하나인 경우에는 클래스로 작성해도 메소드를 오버라이딩 해야 하기 때문에 어댑터가 불필요하지만 WindowListener의 경우 어댑터를 사용하면 추상 메소드 7개를 모두 구현할 필요 없이 실제로 사용하는 메소드만 오버라이딩하면 된다.

표 9-6 이벤트 리스너와 어댑터

이벤트 리스너 (인터페이스)	추상 메소드 개수	이벤트 어댑터 (클래스)
ActionListner	1	-
AdjestmentListener	1	-
ComponentListener	4	ComponentAdapter
ContainerListener	2	ContainerAdapter
FocusListener	2	FocusAdapter
ItemListener	1	-
KeyListener	3	KeyAdapter
MouseListener	5	MouseAdapter
MouseMotionListener	2	MouseMotionAdapter
TextListener	1	-
WindowListener	7	WindowAdapter

예제 9-3은 이벤트 어댑터인 WindowAdpter 클래스를 이용하여 7개의 메소드 중에서 실제 프로그램에서 사용하는 windowClosing() 메소드 하나만 구현하였다. 그리고 ActionListener의 actionPerformed() 메소드에 이벤트 처리과정을 구현한 후 addAction-Listener() 메소드를 이용하여 버튼에 등록하였다. '번호 추첨' 버튼을 누르면 화면에 1부터 10사이의 난수 세 개가 표시되고 '초기화' 버튼을 누르면 최초 화면으로 전환된다.

예제 9-3 · EventEx03.java

```java
1   import java.awt.*;
2   import java.awt.event.*;
3   import javax.swing.*;
4
5   public class EventEx03 extends JFrame implements ActionListener{
6       JLabel firstLabel;
7       JLabel secondLabel;
8       JLabel thirdLabel;
9       JButton lottery;
10      JButton reset;
11      JButton close;
12
13      public EventEx03(){
14          super("이벤트 예제");
15          this.addWindowListener(new WindowAdapter() {
16              public void windowClosing(WindowEvent e) {
17                  System.exit(0);
18              }
19          });
20          try{
21              UIManager.setLookAndFeel("com.sun.java.swing.plaf.windows.
    WindowsLookAndFeel");
22              SwingUtilities.updateComponentTreeUI(EventEx03.this);
23          }catch(Exception e){ }
24          makeGUI();
25      }
26
27      public void makeGUI(){
28          Container c = getContentPane();
29          c.setLayout(null);
30          c.setBackground(new Color(255,255,255));
31
32          firstLabel = new JLabel(new ImageIcon("res/1.jpg"));
33          secondLabel = new JLabel(new ImageIcon("res/2.jpg"));
34          thirdLabel = new JLabel(new ImageIcon("res/3.jpg"));
35          lottery = new JButton("번호 추첨");
36          reset = new JButton("초기화",new ImageIcon("res/reset.jpg"));
37          close = new JButton("종료");
38
39          firstLabel.setBounds(20,20,100,100);
40          secondLabel.setBounds(170,20,100,100);
41          thirdLabel.setBounds(320,20,100,100);
```

```
42          lottery.setBounds(10,140,120,30);
43          reset.setBounds(160,140,120,30);
44          close.setBounds(310,140,120,30);
45
46          c.add(lottery);
47          c.add(close);
48          c.add(reset);
49          c.add(firstLabel);
50          c.add(secondLabel);
51          c.add(thirdLabel);
52
53          lottery.addActionListener(this);
54          reset.addActionListener(this);
55          close.addActionListener(this);
56      }
57
58      public void actionPerformed(ActionEvent e){
59          if(e.getSource() == lottery){
60              int number[] = new int[10];
61              for(int i = 0; i < number.length; i++ ){
62                  number[i] = i + 1;
63              }
64              int temp = 0;
65              int j = 0;
66              for(int i = 0; i < 10 ; i++){
67                  j= (int)(Math.random() * 10);
68                  temp = number[0];
69                  number[0] = number[j];
70                  number[j] = temp;
71              }
72              firstLabel.setIcon(new ImageIcon("res/"+number[0]+".jpg"));
73              secondLabel.setIcon(new ImageIcon("res/"+number[1]+".jpg"));
74              thirdLabel.setIcon(new ImageIcon("res/"+number[2]+".jpg"));
75          }else if(e.getSource() == reset){
76              firstLabel.setIcon(new ImageIcon("res/1.jpg"));
77              secondLabel.setIcon(new ImageIcon("res/2.jpg"));
78              thirdLabel.setIcon(new ImageIcon("res/3.jpg"));
79          }else if(e.getSource() == close){
80              System.exit(0);
81          }
82      }
83
84      public static void main(String args[]){
85          EventEx03 ee = new EventEx03();
```

```
86        ee.setSize(460,220);
87        ee.setVisible(true);
88    }
89 }
```

6-11번	• 이미지를 표시할 3개의 라벨과 프로그램 운영 버튼 3개를 선언한다.
15-19번	• WindowAdapter의 메소드 중에서 필요한 것만 구현한 후 프레임에 등록한다.
20-23번	• LookAndFeel을 윈도우로 지정한 후 현재의 화면에 반영한다.
28-29번	• 컨테이너 객체 c를 생성하되 배치관리자를 사용하지 않는다.
32-37번	• 화면에 표시할 기본 라벨과 버튼을 생성한다.
39-44번	• 컴포넌트의 위치를 직접 지정한다.
46-51번	• 컨테이너에 컴포넌트를 배치한다.
53-55번	• 버튼에 이벤트 리스너를 등록한다.
58번	• ActionEvent를 처리할 이벤트 핸들러를 정의한다.
59번	• '번호 추첨' 버튼을 누른 경우 처리과정을 구현한다.
60-71번	• 10개의 번호를 순서대로 저장한 후 난수를 생성해서 해당 번호를 0번 방의 번호와 교환한다.
72-74번	• 10개의 난수를 모두 생성한 후 화면에 3개의 번호를 표시한다.
75-78번	• '초기화' 버튼을 누르면 처음 화면으로 돌아간다.
79-80번	• '종료' 버튼을 누르면 프로그램을 정상 종료한다.

실행
결과

이벤트 클래스

이벤트 클래스는 GUI 환경에서 사용자에 의하여 발생하는 모든 사건을 정의한 클래스를 의미한다. 예를 들어 마우스 버튼을 클릭하는 이벤트는 ActionEvent 클래스, 스크롤바를 움직이는 이벤트는 AdjustmentEvent 클래스 등으로 정의되어 있다. 9.1절에서 다룬 EventObject와 AWTEvent 클래스는 모든 이벤트 클래스의 최상위 클래스로 이벤트와 관련된 기초 정보를 다루는 필드와 메소드만 제공하며 좀 더 세부적인 필드와 메소드는 해당 이벤트 클래스에서 제공한다.

▌ActionEvent 클래스

ActionEvent 클래스는 버튼을 누르거나 리스트에서 특정 항목을 더블클릭 하거나 메뉴를 선택하거나 텍스트필드에 문장을 입력하고 엔터키를 입력하는 이벤트를 정의한 클래스로 가장 많이 사용된다. ActionEvent 클래스의 주요 필드와 메소드는 표 9-7과 같다.

표 9-7 ActionEvent의 주요 필드와 메소드

주요 필드

이름	설명
int ACTION_PERFORMED	이벤트가 발생한 것을 나타낸다.
int ALT_MASK	보조키로 Alt 키가 사용된 것을 나타낸다.
int CTRL_MASK	보조키로 Ctrl 키가 사용된 것을 나타낸다.
int SHIFT_MASK	보조키로 Shift 키가 사용된 것을 나타낸다.

주요 메소드

이름	설명
String getActionCommand()	컴포넌트에 지정된 명령을 반환한다.
int getModifiers()	사용된 보조키를 반환한다.
long getWhen()	이벤트가 발생한 시점의 타임스탬프를 반환한다.
String paramString()	ActionEvent 매개변수의 속성을 반환한다.

ActionEvent를 처리하려면 아래 사용 예와 같이 ActionListener 인터페이스를 구현한 클래스를 작성해야 한다. 이때 ActionListener의 추상 메소드인 actionPerformed()를 구현해야 한다.

사용 예

```
class A implements ActionListener {
  public void actionPerformed(ActionEvent e) {
    // 이벤트 처리 과정을 구현
  }
}
```

이벤트 리스너를 완성하면 아래 사용 예와 같이 이벤트 리스너 객체를 생성한 후 add-dActionListener() 메소드를 이용하여 컴포넌트에 등록한다.

사용 예

```
A a = new A();
component.addActionListener(a)
```

| AdjustmentEvent 클래스

AdjustmentEvent 클래스는 스크롤바를 움직이는 이벤트를 정의한 클래스이다. AdjustmentEvent 클래스의 주요 필드와 메소드는 표 9-8과 같다.

표 9-8 AdjustmentEvent의 주요 필드와 메소드

주요 필드

이름	설명
int ADJUSTMENT_VALUE _CHANGED	스크롤바가 움직이는 이벤트가 발생한 것을 나타낸다.
int BLOCK_DECREMENT	스크롤바의 값을 감소시키는 경우를 나타낸다
int BLOCK_INCREMENT	스크롤바의 값을 증가시키는 경우를 나타낸다

주요 메소드

이름	설명
int getAdjustmentType()	이벤트의 원인이 된 조정의 타입을 반환한다.
int getValue()	컴포넌트의 현재 값을 반환한다.
String paramString()	AdjustmentEvent 매개변수의 속성을 반환한다.

　　AdjustmentEvent를 처리하려면 아래 사용 예와 같이 AdjusmentListener 인터페이스를 구현한 클래스를 작성해야 한다. 이때 AdjustmentListener의 추상 메소드인 adjustment-ValueCahnged()를 구현해야 한다.

사용 예

```
class A implements AdjustmentListener {
  public void adjustmentValueChanged(AdjustmentEvent e) {
   // 이벤트 처리 과정을 구현
  }
}
```

　　이벤트 리스너를 완성하면 아래 사용 예와 같이 이벤트 리스너 객체를 생성한 후 ad-dAdjusmentListener() 메소드를 이용하여 컴포넌트에 등록한다.

사용 예

```
A a = new A();
component.addAdjusmentListener(a)
```

▌ ComponentEvent 클래스

ComponentEvent 클래스는 컴포넌트의 위치나 크기가 변경될 때, 컴포넌트를 감추거나 표시하는 이벤트를 정의한 클래스이다. ComponentEvent 클래스의 주요 필드와 메소드는 표 9-9와 같다.

표 9-9 ComponentEvent의 주요 필드와 메소드

주요 필드

이름	설명
int COMPONENT_HIDDEN	컴포넌트가 감춰질 때를 나타낸다.
int COMPONENT_MOVED	컴포넌트의 위치가 변경될 때를 나타낸다.
int COMPONENT_RESIZED	컴포넌트의 크기가 변경될 때를 나타낸다.
int COMPONENT_SHOWN	컴포넌트의 표시될 때를 나타낸다.

주요 메소드

이름	설명
Component getComponent()	이벤트 소스를 반환한다.
String paramString()	ComponentEvent 매개변수의 속성을 반환한다.

ComponentEvent를 처리하려면 아래 사용 예와 같이 ComponentListener 인터페이스를 구현한 클래스를 작성해야 한다. 이때 ComponentListener의 추상 메소드인 componentHidden(), componentMoved(), componentResized(), componentShown() 메소드를 모두 구현해야 한다. 만약 이벤트 어댑터인 ComponentAdapter를 사용하면 필요한 메소드만 구현해도 된다.

ComponentListener 사용 예

```
class A implements ComponentListener {
  public void componentHidden(ComponentEvent e) {
   // 이벤트 처리 과정을 구현
  }
  public void componentMoved(ComponentEvent e) {
   // 이벤트 처리 과정을 구현
  }
  public void componentResized(ComponentEvent e) {
   // 이벤트 처리 과정을 구현
  }
  public void componentShown(ComponentEvent e) {
   // 이벤트 처리 과정을 구현
  }
}
```

ComponentAdapter 사용 예

```
class A extends ComponentAdapter {
    // componentHidden(), componentMoved(),
    // componentResized(), componentShown() 중에서
    // 필요한 메소드만 이벤트 처리 과정을 구현
}
```

이벤트 리스너를 완성하면 아래 사용 예와 같이 이벤트 리스너 객체를 생성한 후 addComponentListener() 메소드를 이용하여 컴포넌트에 등록한다.

```
A a = new A();
component.addComponentListener(a)
```

ContainerEvent 클래스

ContainerEvent 클래스는 컨테이너에 컴포넌트를 추가하거나 삭제하는 이벤트를 정의한 클래스이다. ContainerEvent 클래스의 주요 필드와 메소드는 표 9-10과 같다.

표 9-10 ContainerEvent의 주요 필드와 메소드

주요 필드

이름	설명
int COMPONENT_ADDED	컨테이너에 컴포넌트가 추가된 것을 나타낸다.
int COMPONENT_REMOVED	컨테이너에서 컴포넌트가 삭제된 것을 나타낸다.

주요 메소드

이름	설명
Component getChild()	이벤트의 영향을 받는 컴포넌트를 반환한다.
Container getContainer()	이벤트 소스를 반환한다.
String paramString()	ContainerEvent 매개변수의 속성을 반환한다.

ContainerEvent를 처리하려면 아래 사용 예와 같이 ContainerListener 인터페이스를 구현한 클래스를 작성해야 한다. 이때 ContainerListener의 추상 메소드인 componentAdded(), componentRemoved() 메소드를 모두 구현해야 한다. 만약 이벤트 어댑터인 ContainerAdapter를 사용하면 필요한 메소드만 구현해도 된다.

ComponentListener 사용 예

```
class A implements ContainerListener {
  public void componentAdded(ContainerEvent e) {
   // 이벤트 처리 과정을 구현
  }
  public void componentRemoved(ContainerEvent e) {
   // 이벤트 처리 과정을 구현
  }
}
```

ContainerAdapter 사용 예

```
class A extends ContainerAdapter {
   // componentAdded(), componentRemoved() 중에서
   // 필요한 메소드만 이벤트 처리 과정을 구현
}
```

이벤트 리스너를 완성하면 아래 사용 예와 같이 이벤트 리스너 객체를 생성한 후 addContainerListener() 메소드를 이용하여 컴포넌트에 등록한다.

사용 예

```
A a = new A();
component.addContainerListener(a)
```

▌FocusEvent 클래스

FocusEvent 클래스는 컴포넌트가 마우스의 포커스를 얻거나 잃는 이벤트를 정의한 클래스이다. FocusEvent 클래스의 주요 필드와 메소드는 표 9-11과 같다.

표 9-11 FocusEvent의 주요 필드와 메소드

주요 필드

이름	설명
int FOCUS_GAINED	현재 컴포넌트가 포커스를 소유한 것을 나타낸다.
int FOCUS_LOST	현재 컴포넌트가 포커스를 소유하지 않은 것을 나타낸다.

주요 메소드

이름	설명
Component getOppositeComponent()	포커스를 잃은 컴포넌트를 반환한다.
boolean isTemporary()	포커스 변경 이벤트가 일시적인지 여부를 반환한다.
String paramString()	FocusEvent 매개변수의 속성을 반환한다.

FocusEvent를 처리하려면 아래 사용 예와 같이 FocusListener 인터페이스를 구현한 클래스를 작성해야 한다. 이때 FocusListener의 추상 메소드인 FocusGained(), FocusLost() 메소드를 모두 구현해야 한다. 만약 이벤트 어댑터인 FocusAdapter을 사용하면 필요한 메소드만 구현해도 된다.

FocusListener 사용 예

```
class A implements FocusListener {
  public void FocusGained(FocusEvent e) {
   // 이벤트 처리 과정을 구현
  }
  public void FocusLost(FocusEvent e) {
   // 이벤트 처리 과정을 구현
  }
}
```

FocusAdapter 사용 예

```
class A extends FocusAdapter {
   // FocusGained(), FocusLost() 중에서
   // 필요한 메소드만 이벤트 처리 과정을 구현
}
```

이벤트 리스너를 완성하면 아래 사용 예와 같이 이벤트 리스너 객체를 생성한 후 add-FocusListener() 메소드를 이용하여 컴포넌트에 등록한다.

사용 예

```
A a = new A();
component.addFocusListener(a)
```

▌ItemEvent 클래스

ItemEvent 클래스는 체크박스나 리스트의 항목이 선택되거나 메뉴의 항목을 선택 또는 해제되는 이벤트를 정의한 클래스이다. ItemEvent 클래스의 주요 필드와 메소드는 표 9-12와 같다.

표 9-12 ItemEvent의 주요 필드와 메소드

주요 필드

이름	설명
int DESELECTED	선택된 항목이 해제된 것을 나타낸다.
int ITEM_STATE_CHANGED	항목의 상태가 변경된 것을 나타낸다.
int SELECTED	항목이 선택된 것을 나타낸다.

주요 메소드

이름	설명
Object getItem()	이벤트의 영향을 받은 항목을 반환한다.
ItemSelectable getItemSelectable()	이벤트 소스를 반환한다.
int getStateChange()	상태 변경의 종류를 반환한다.
String paramString()	ItemEvent 매개변수의 속성을 반환한다.

ItemEvent를 처리하려면 아래 사용 예와 같이 ItemListener 인터페이스를 구현한 클래스를 작성해야 한다. 이때 ItemListener의 추상 메소드인 itemStateChanged()를 구현해야 한다.

사용 예

```
class A implements ItemListener {
  public void itemStateChanged(ItemEvent e) {
   // 이벤트 처리 과정을 구현
  }
}
```

이벤트 리스너를 완성하면 아래 사용 예와 같이 이벤트 리스너 객체를 생성한 후 ad-dItemListener() 메소드를 이용하여 컴포넌트에 등록한다.

사용 예

```
A a = new A();
component.addItemListener(a)
```

▍KeyEvent 클래스

KeyEvent 클래스는 키보드로부터 문자를 입력하는 이벤트를 정의한 클래스이다. KeyEvent 클래스의 주요 필드와 메소드는 표 9-13과 같다.

표 9-13 KeyEvent의 주요 필드와 메소드

주요 필드

이름	설명
int KEY_PRESSED	키를 누른 것을 나타낸다.
int KEY_RELEASED	키를 놓은 것을 나타낸다.
int KEY_TYPED	키에 의해 문자가 입력된 것을 나타낸다.
int VK_0	VK_0부터 VK_9는 ASCII 문자의 '0'(0x30)부터 '9'(0x39)를 나타낸다.
int VK_A	VK_A부터 VK_Z는 ASCII 문자의 'A'(0x41)부터 'Z'(0x5A)를 나타낸다.

주요 메소드

이름	설명
Char getKeyChar()	입력된 문자를 반환한다.
int getKeyCode()	입력된 문자의 킷값을 정수형으로 반환한다.
String paramString()	KeyEvent 매개변수의 속성을 반환한다.

KeyEvent를 처리하려면 아래 사용 예와 같이 KeyListener 인터페이스를 구현한 클래스를 작성해야 한다. 이때 KeyListener의 추상 메소드인 keyPressed(), keyReleased(), key-Typed() 메소드를 모두 구현해야 한다. 만약 이벤트 어댑터인 KeyAdapter를 사용하면 필요한 메소드만 구현해도 된다.

KeyListener 사용 예

```
class A implements KeyListener {
  public void keyPressed(KeyEvent e) {
   // 이벤트 처리 과정을 구현
  }
  public void keyReleased(KeyEvent e) {
   // 이벤트 처리 과정을 구현
  }
  public void keyTyped(KeyEvent e) {
   // 이벤트 처리 과정을 구현
  }
}
```

KeyAdapter 사용 예

```
class A extends KeyAdapter {
  // keyPressed(), keyReleased(), keyTyped() 중에서
  // 필요한 메소드만 이벤트 처리 과정을 구현
}
```

이벤트 리스너를 완성하면 아래 사용 예와 같이 이벤트 리스너 객체를 생성한 후 ad-dKeyListener() 메소드를 이용하여 컴포넌트에 등록한다.

사용 예

```
A a = new A();
component.addItemListener(a)
```

▌ MouseEvent 클래스

MouseEvent 클래스는 마우스 버튼을 누르거나 놓았을 때, 마우스에 의해 버튼이 입력된 경우, 마우스의 움직임 등을 정의한 클래스이다. MouseEvent 클래스의 주요 필드와 메소드는 표 9-14와 같다.

표 9-14 MouseEvent의 주요 필드와 메소드

주요 필드

이름	설명
int MOUSE_CLICKED	마우스 버튼 클릭을 나타낸다.
int MOUSE_DRAGGED	마우스 버튼 드래그를 나타낸다.
int MOUSE_ENTERED	컴포넌트 안으로 마우스 커서가 들어온 것을 나타낸다.
int MOUSE_EXITED	컴포넌트에서 마우스 커서가 나간 것을 나타낸다.
int MOUSE_MOVED	마우스가 움직인 것을 나타낸다.
int MOUSE_PRESSED	마우스 버튼이 눌려있는 것을 나타낸다.
int MOUSE_RELEASED	마우스 버튼을 놓은 것을 나타낸다.
int MOUSE_WHEEL	마우스 휠의 움직임을 나타낸다.

주요 메소드

이름	설명
int getClickCount()	마우스 클릭 횟수를 반환한다.
Point getPoint()	이벤트가 발생한 위치를 반환한다.
int getX()	이벤트가 일어난 위치의 x좌표를 반환한다.
int getY()	이벤트가 일어난 위치의 y좌표를 반환한다.
String paramString()	MouseEvent 매개변수의 속성을 반환한다.

MouseEvent를 처리하려면 아래 사용 예와 같이 MouseListener나 MouseMotionListener 인터페이스를 구현한 클래스를 작성해야 한다. 이때 MouseListener를 사용한다면 추상 메소드인 mouseClicked(), mouseEntered(), mouseExited(), mousePressed(), mouseReleased() 메소드를 모두 구현해야 하고 MouseMotionListener를 사용한다면 mouseDragged(), mouseMoved() 메소드를 모두 구현해야 한다. 하지만 이벤트 어댑터인 MouseAdapter나 MouseMotionAdapter를 사용하면 필요한 메소드만 구현해도 된다.

MouseListener 사용 예

```
class A implements MouseListener {
  public void mouseClicked(MouseEvent e) {
   // 이벤트 처리 과정을 구현
  }
  public void mouseEntered(MouseEvent e) {
   // 이벤트 처리 과정을 구현
  }
  public void mouseExited(MouseEvent e) {
   // 이벤트 처리 과정을 구현
  }
  public void mousePressed(MouseEvent e) {
   // 이벤트 처리 과정을 구현
  }
  public void mouseReleased(MouseEvent e) {
   // 이벤트 처리 과정을 구현
  }
}
```

MouseMotionListener 사용 예

```
class A implements MouseListener {
  public void mouseDragged(MouseEvent e) {
    // 이벤트 처리 과정을 구현
  }
  public void mouseMoved(MouseEvent e) {
    // 이벤트 처리 과정을 구현
  }
}
```

MouseAdapter 사용 예

```
class A extends MouseAdapter {
    // mouseClicked(), mouseEntered(), mouseExited(),
    // mousePressed(), mouseReleased() 중에서
    // 필요한 메소드만 이벤트 처리 과정을 구현
}
```

MouseMotionAdapter 사용 예

```
class A extends MouseAdapter {
    // mouseDragged(), mouseMoved() 중에서
    // 필요한 메소드만 이벤트 처리 과정을 구현
}
```

이벤트 리스너를 완성하면 아래 사용 예와 같이 이벤트 리스너 객체를 생성한 후 add-dMouseListener() 메소드를 이용하여 컴포넌트에 등록한다.

사용 예

```
A a = new A();
component.addItemListener(a)
```

| TextEvent 클래스

TextEvent 클래스는 텍스트필드나 텍스트 영역에 입력된 내용이 변경되는 이벤트를 정의한 클래스이다. TextEvent 클래스의 주요 필드와 메소드는 표 9-15와 같다.

표 9-15 TextEvent의 주요 필드와 메소드

주요 필드

이름	설명
int TEXT_VALUE_CHANGED	컴포넌트의 텍스트가 변경된 것을 나타낸다.

주요 메소드

이름	설명
String paramString()	TextEvent 매개변수의 속성을 반환한다.

TextEvent를 처리하려면 아래 사용 예와 같이 TextListener 인터페이스를 구현한 클래스를 작성해야 한다. 이때 TextListener의 추상 메소드인 textValueChanged()를 구현해야 한다.

사용 예

```
class A implements TextListener {
  public void textValueChanged(TextEvent e) {
    // 이벤트 처리 과정을 구현
  }
}
```

이벤트 리스너를 완성하면 아래 사용 예와 같이 이벤트 리스너 객체를 생성한 후 addTextListener() 메소드를 이용하여 컴포넌트에 등록한다.

사용 예

```
A a = new A();
component.addItemListener(a)
```

▌ WindowEvent 클래스

WindowEvent 클래스는 윈도우가 활성화 되거나 아이콘화 될 때, 윈도우를 열거나 종료할 때 등 윈도우와 관련된 이벤트를 정의한 클래스이다. WindowEvent 클래스의 주요 필드와 메소드는 9-16과 같다.

───

표 9-16 WindowEvent의 주요 필드와 메소드

주요 필드

이름	설명
int WINDOW_ACTIVATED	윈도우가 활성화된 것을 나타낸다.
int WINDOW_CLOSED	윈도우가 종료된 것을 나타낸다.
int WINDOW_CLOSING	윈도우가 종료하고 있는 것을 나타낸다.
int WINDOW_DEACTIVETED	윈도우가 비활성화된 것을 나타낸다.
int WINDOW_GAINED_FOCUS	윈도우가 포커스를 얻은 것을 나타낸다.
int WINDOW_ICONIFIED	윈도우가 아이콘화된 것을 나타낸다.

주요 메소드 (계속)

이름	설명
int WINDOW_LOST_FOCUS	윈도우가 포커스를 잃은 것을 나타낸다.
int WINDOW_OPENED	윈도우가 열린 것을 나타낸다.
int WINDOW_STATE_CHANGED	윈도우가 상태가 변경된 것을 나타낸다.
int getNewState()	윈도우 상태가 변경된 경우 윈도우의 새로운 상태를 반환한다.
int getOldState()	윈도우 상태가 변경된 경우 윈도우의 이전 상태를 반환한다.
Window getOppositeWindow()	이벤트 발생전 포커스를 가졌던 윈도우를 반환한다.
Window getWindow()	이벤트 소스를 반환한다.
String paramString()	WindowEvent 매개변수의 속성을 반환한다.

WindowEvent를 처리하려면 아래 사용 예와 같이 WindowListener 인터페이스를 구현한 클래스를 작성해야 한다. 이때 WindowListener의 추상 메소드인 windowActivated(), windowClosed(), windowClosing(), windowDeactivated(), windowDeiconified(), windowIconified(), windowOpened() 메소드를 모두 구현해야 한다. 만약 이벤트 어댑터인 WindowAdapter를 사용하면 필요한 메소드만 구현해도 된다.

WindowListener 사용 예

```
class A implements WindowListener {
  public void windowActivated(WindowEvent e) {
    // 이벤트 처리 과정을 구현
  }
  public void windowClosed(WindowEvent e) {
    // 이벤트 처리 과정을 구현
  }
  public void windowClosing(WindowEvent e) {
    // 이벤트 처리 과정을 구현
  }
  public void windowDeactivated(WindowEvent e) {
    // 이벤트 처리 과정을 구현
```

```
  public void windowDeiconified(WindowEvent e) {
    // 이벤트 처리 과정을 구현
  }
  public void windowDeiconified(WindowEvent e) {
    // 이벤트 처리 과정을 구현
  }
  public void windowOpened(WindowEvent e) {
    // 이벤트 처리 과정을 구현
  }
}
```

WindowAdapter 사용 예

```
class A extends WindowAdapter {
    // windowActivated(), windowClosed(), windowClosing(),
    // windowDeactivated(), windowDeiconified(),
    // windowIconified(), windowOpened() 중에서
    // 필요한 메소드만 이벤트 처리 과정을 구현
}
```

이벤트 리스너를 완성하면 아래 사용 예와 같이 이벤트 리스너 객체를 생성한 후 add-dWindowListener() 메소드를 이용하여 컴포넌트에 등록한다.

사용 예

```
A a = new A();
component.addItemListener(a)
```

예제 9-4는 사용자와 컴퓨터가 가위바위보 게임을 하는 프로그램으로 이벤트 어댑터인 WindowAdpter 클래스를 이용하여 7개의 메소드 중에서 실제 프로그램에서 사용하는 windowClosing() 메소드 하나만 구현하였다. 그리고 ActionListener의 actionPerformed() 메소드에 이벤트 처리과정을 구현한 후 addActionListener() 메소드를 이용하여 5개의 버튼에 이벤트 리스너를 등록하였다. 사용자가 '가위', '바위', '보' 버튼을 누르면 화면에 컴퓨터와의 게임결과가 표시되고 '초기화' 버튼을 누르면 최초 화면으로 전환된다.

 9-4 · EventEx04.java

```
1    import java.awt.*;
2    import java.awt.event.*;
3    import javax.swing.*;
4    public class EventEx04 extends JFrame implements ActionListener{
5
6        static String user = "";
7        static String com = "";
8        static int randomNumber = 0;
9        static ImageIcon scissorsIcon;
10       static ImageIcon rockIcon;
11       static ImageIcon paperIcon;
12       static JList result;
13       static DefaultListModel model;
14       static JLabel userLabel;
15       static JLabel comLabel;
16       static JLabel userImage;
17       static JLabel comImage;
18       static JButton sissors;
19       static JButton rock;
20       static JButton paper;
21       static JButton reset;
22       static JButton end;
23
24       public EventEx04(){
25           super("이벤트 예제");
26           this.addWindowListener(new WindowAdapter() {
27               public void windowClosing(WindowEvent e) {
28                   System.exit(0);}
29               }
30           );
31           try{
32               UIManager.setLookAndFeel("com.sun.java.swing.plaf.windows.
     WindowsLookAndFeel");
33               SwingUtilities.updateComponentTreeUI(EventEx04.this);
34           }catch(Exception e){ }
35           makeGUI();
36       }
37
38       public void makeGUI(){
39           Container c = getContentPane();
40           c.setLayout(null);
41           c.setBackground(new Color(255,255,255));
```

```
42
43        scissorsIcon = new ImageIcon("./res/scissors.jpg");
44        rockIcon = new ImageIcon("./res/rock.jpg");
45        paperIcon = new ImageIcon("./res/paper.jpg");
46
47        model = new DefaultListModel();
48        result = new JList(model);
49        userLabel = new JLabel("사용자");
50        comLabel = new JLabel("컴퓨터");
51        userImage = new JLabel(new ImageIcon("./res/paper.jpg"));
52        comImage = new JLabel(new ImageIcon("./res/rock.jpg"));
53        sissors = new JButton("가위");
54        rock = new JButton("바위");
55        paper = new JButton("보");
56        end = new JButton("종료");
57        reset = new JButton("초기화");
58
59        result.setBounds(30,20,270,70);
60        result.setBackground(new Color(255, 200, 150));
61        userLabel.setBounds(60,100,60,15);
62        comLabel.setBounds(230,100,60,15);
63        userImage.setBounds(30,125,110,160);
64        comImage.setBounds(190,125,110,160);
65        sissors.setBounds(50,290,70,30);
66        rock.setBounds(130,290,70,30);
67        paper.setBounds(210,290,70,30);
68        reset.setBounds(90,330,70,30);
69        end.setBounds(170,330,70,30);
70
71        c.add(result);
72        c.add(userLabel);
73        c.add(comLabel);
74        c.add(userImage);
75        c.add(comImage);
76        c.add(sissors);
77        c.add(rock);
78        c.add(paper);
79        c.add(reset);
80        c.add(end);
81
82        sissors.addActionListener(this);
83        rock.addActionListener(this);
84        paper.addActionListener(this);
85        reset.addActionListener(this);
```

```
86          end.addActionListener(this);
87      }
88
89      public void actionPerformed(ActionEvent e){
90          if(e.getSource() == sissors){
91              model.removeAllElements();
92              model.addElement("가위를 냈습니다.");
93              makeRandom();
94              getFight(com,"가위");
95          }else if(e.getSource() == rock){
96              model.removeAllElements();
97              model.addElement("바위를 냈습니다.");
98              makeRandom();
99              getFight(com,"바위");
100         }else if(e.getSource() == paper){
101             model.removeAllElements();
102             model.addElement("보를 냈습니다.");
103             makeRandom();
104             getFight(com,"보");
105         }else if(e.getSource() == reset){
106             makeRandom();
107             model.removeAllElements();
108         }else if(e.getSource() == end){
109             System.exit(0);
110         }
111     }
112
113     static void getFight(String com, String user){
114         if(com.equals("가위")){
115             comImage.setIcon(scissorsIcon);
116             if(user.equals("가위")){
117                 userImage.setIcon(scissorsIcon);
118                 model.addElement("비겼습니다.");
119             }else if(user.equals("바위")){
120                 userImage.setIcon(rockIcon);
121                 model.addElement("이겼습니다.");
122             }else{
123                 userImage.setIcon(paperIcon);
124                 model.addElement("졌습니다.");
125             }
126         }
127         if(com.equals("바위")){
128             comImage.setIcon(rockIcon);
129             if(user.equals("가위")){
```

```
130            userImage.setIcon(scissorsIcon);
131            model.addElement("졌습니다.");
132        }else if(user.equals("바위")){
133            userImage.setIcon(rockIcon);
134            model.addElement("비겼습니다.");
135        }else{
136            userImage.setIcon(paperIcon);
137            model.addElement("이겼습니다.");
138        }
139    }
140    if(com.equals("보")){
141        comImage.setIcon(paperIcon);
142        if(user.equals("가위")){
143            userImage.setIcon(scissorsIcon);
144            model.addElement("이겼습니다.");
145        }else if(user.equals("바위")){
146            userImage.setIcon(rockIcon);
147            model.addElement("졌습니다.");
148        }else{
149            userImage.setIcon(paperIcon);
150            model.addElement("비겼습니다.");
151        }
152    }
153 }
154
155 static void makeRandom(){
156            randomNumber = (int)(Math.random()*3);
157    switch(randomNumber){
158        case 0 : com = "가위"; break;
159        case 1 : com = "바위"; break;
160        default : com = "보"; break;
161    }
162 }
163
164 public static void main(String args[]){
165    EventEx04 ee = new EventEx04();
166    ee.setSize(340,420);
167    ee.setVisible(true);
168 }
169}
```

6-7번	• 사용자와 컴퓨터의 선택을 저장할 변수를 생성한다.
8번	• 가위, 바위, 보에 해당하는 난수를 저장할 변수를 생성한다.
9-11번	• 가위, 바위, 보에 해당하는 이미지아이콘을 선언한다.
12-13번	• 게임 결과를 표시할 JList와 리스트 관리 모델로 사용할 DefaultListMod-el을 선언한다.
14-17번	• 사용자와 컴퓨터가 선택한 이미지를 표시할 라벨 객체를 선언한다.
18-22번	• 게임을 진행할 버튼 객체를 선언한다.
24-36번	• 윈도우를 생성하고 윈도우 이벤트 리스너를 등록한다. 그리고 룩앤필을 윈도우로 설정한 후 화면에 반영한다. 마지막으로 makeGUI() 메소드를 호출하여 그래픽 유저 인터페이스를 작성한다.
38-87번	• 그래픽 유저 인터페이스를 작성한다.
47-48번	• JList에 표시할 리스트 관리 모델로 가장 간단한 DefaultListModel을 사용한다.
89번	• ActionEvent를 처리할 이벤트 핸들러를 정의한다.
91번	• 리스트 관리 모델의 모든 요소를 삭제한다.
92번	• 리스트 관리 모델에 문자열을 추가한다. 관리 모델에 추가된 항목은 자동으로 화면에 표시된다.
93번	• 컴퓨터의 선택을 makeRandom() 메소드를 호출하여 처리한다.
94번	• getFight()메소드를 호출하여 게임결과를 처리한다.
105-107번	• '초기화' 버튼을 누르면 처음 화면으로 돌아간다.
108-110번	• '종료' 버튼을 누르면 프로그램을 정상 종료한다.
113번	• 컴퓨터와 사용자의 게임결과를 처리한다.
114-126번	• 컴퓨터가 가위를 선택한 경우를 처리한다.
127-139번	• 컴퓨터가 바위를 선택한 경우를 처리한다.
140-153번	• 컴퓨터가 보를 선택한 경우를 처리한다.
155번	• 난수를 이용하 컴퓨터의 선택을 처리한다.

실행
결과

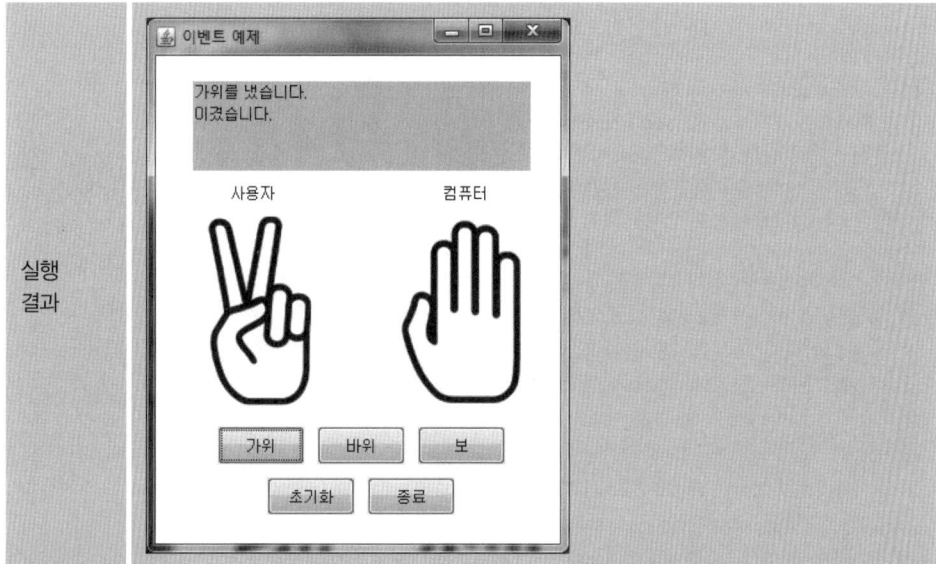

••• 요약 •••

- 이벤트

  GUI 환경에서 사용자에 의하여 발생하는 모든 사건을 의미한다.

  텍스트 영역에 텍스트를 입력하거나 리스트에서 항목을 선택하거나 버튼을 누르는 행위를 포함하여 마우스의 움직임, 키보드 입력 등 사용자의 행위에 의해 이벤트가 발생한다.

- 위임형 이벤트 모델

  GUI의 컴포넌트에서 이벤트가 발생하면 이벤트 처리를 위임한 이벤트 핸들러에게 이벤트를 전달하는 방식

- 이벤트 처리 과정

  이벤트 소스에서 이벤트 발생, 이벤트 리스너의 이벤트 감지, 이벤트 객체 생성, 이벤트 핸들러에 의한 이벤트 처리 등의 4단계로 구분할 수 있다.

- 이벤트 처리 요소

  이벤트 소스는 이벤트가 발생한 컴포넌트로 미리 적절한 이벤트 리스너를 등록해놓아야 한다.

  이벤트 리스너는 이벤트 감지기로 이벤트를 감지하면 이벤트 객체를 생성하여 이벤트 핸들러에게 전달한다.

  이벤트가 발생하면 해당 이벤트 클래스의 인스턴스가 생성된다. 자바에서는 컴포넌트 별로 다양한 이벤트 클래스가 제공된다.

  이벤트 핸들러는 이벤트 처리과정을 기술해놓은 메소드로 이벤트 핸들러가 처리한 결과는 GUI 화면에 반영된다.

- java.awt.event 패키지

  이벤트 리스너, 이벤트 어댑터, 이벤트 클래스 등 이벤트를 처리하기 위한 클래스와 인터페이스들이 포함되어 있다.

  EventObject와 AWTEvent 클래스는 모든 이벤트 클래스의 최상위 클래스로 이벤트의 기본 정보를 알 수 있는 필드와 메소드를 제공한다.

- 이벤트 리스너 작성

  인터페이스인 이벤트 리스너를 상속받는 클래스를 생성한 후 이벤트의 종류와 일치하는 이벤트 핸들러를 구현하면 이벤트 리스너가 완성된다.

- 이벤트 리스너 등록

  이벤트 리스너를 완성하면 'addXXXListener()' 메소드를 이용하여 컴포넌트에 등록해야 이벤트를 처리할 수 있다.

- 이벤트 어댑터

  이벤트 리스너 인터페이스의 모든 추상 메소드를 구현해 놓은 클래스로 이벤트 어댑터를 이용하면 실제 필요한 메소드만 오버라이딩 해주면 된다.

- 이벤트 클래스

  GUI 환경에서 사용자에 의하여 발생하는 모든 사건을 정의한 클래스를 의미한다.

  마우스 버튼을 클릭하는 이벤트는 ActionEvent 클래스, 스크롤바를 움직이는 이벤트는 Adjust-mentEvent 클래스 등으로 정의된다.

••• 연습문제 •••

1. 자바 이벤트의 개념을 설명하여라.

2. 자바의 이벤트 처리 모델에 대하여 설명하여라.

3. 자바의 이벤트 처리요소 네 가지를 설명하여라.

4. 자바 이벤트의 종류를 설명하여라.

5. EventObject와 AWTEvent 클래스의 주요 필드와 메소드에 대하여 설명하여라.

6. 이벤트 리스너와 이벤트 핸들러에 대하여 설명하여라.

7. 이벤트 리스너를 등록하는 메소드에 대하여 설명하여라.

8. 이벤트 어댑터에 대하여 설명하여라.

9. 이벤트 클래스에 대하여 설명하여라.

10. ActionEvent 클래스에 대하여 설명하여라.

11. 다음 예제의 빈칸을 채워 프로그램을 완성하여라.

EventEx05.java

```
1   import java.awt.*;
2   import java.awt.event.*;
3   import javax.swing.*;
4
5   public class EventEx05 {
6     public static void main(String[] args) {
7       final JFrame f = new JFrame("JColorChooser 예제");
8       JButton btn1 = new JButton("색상 선택");
9       btn1._____(new _____ {
10        public void _____(ActionEvent e) {
11          Color newColor = JColorChooser.showDialog(
12            f, "배경색 선택", f.getBackground()
13          );
14          if(newColor != null){
15            f.getContentPane().setBackground(newColor);
16          }
17        }
18      });
19
20      Container c = f.getContentPane();
21      _____(new FlowLayout());
```

```
22        c.add(_____);
23        f.setDefaultCloseOperation(JFrame.EXIT_ON_CLOSE);
24        f.setSize(300, 200);
25        f.setVisible(true);
26    }
27 }
```

10

그래픽과 멀티미디어

학습 목표

- 컴퓨터 그래픽 좌표계의 개념을 이해한다.
- paintComponent() 메소드의 용도와 사용방법을 배운다.
- Graphics 클래스의 주요 메소드와 사용방법을 배운다.
- Color 클래스의 색상상수와 사용방법을 배운다.
- Font와 FontMetrics 클래스의 사용방법을 배운다.
- 이미지와 오디오 파일의 사용방법을 배운다.

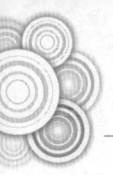

그래픽

컴퓨터의 그래픽 좌표계는 그림 10-1처럼 왼쪽 상단이 원점(0, 0)이고 오른쪽으로 갈수록 x축 값이 증가하고 아래쪽으로 갈수록 y축 값이 증가한다.

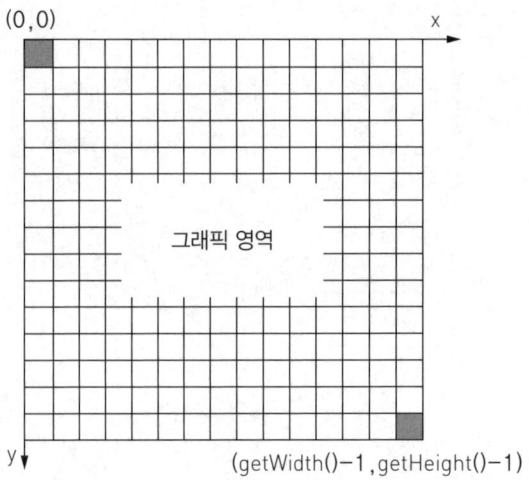

▲ **그림 10-1** 컴퓨터의 그래픽 좌표계

자바 GUI 프로그램에서 스윙 콤포넌트의 그래픽 작업은 java.awt 패키지의 Color, Font, FontMetrics, Graphics 등의 클래스를 이용한 색상과 글꼴 선택하기, 문자열과 도형 그리기 등을 기본으로 한다. 그래픽 작업을 할 때는 javax.swing.JComponent 클래스의 paintComponent() 메소드를 아래의 사용 예와 같이 재정의하여 이용한다. 일반적으로 paintComponent() 메소드는 이전 내용을 모두 지우도록 구현되어 있으므로 재정의할 때 super.paintComponent()를 제일 먼저 호출한 후 그래픽 작업을 하는 것이 바람직하다.

사용 예

```
protected void paintComponent(Graphics g) {
    super.paintComponent(g);
    // 그래픽 작업 내용
}
```

다음 표 10-1은 그래픽과 관련된 주요 클래스에 대한 간단한 설명이다.

표 10-1 그래픽 관련 클래스

클래스	설명
Color	화면이나 글꼴의 색상을 설정한다.
Font	글꼴의 종류와 형태를 설정한다.
FontMetrics	글꼴의 크기에 관련된 정보를 저장한다.
Graphics	문자열을 출력하고 선, 사각형, 원호, 원, 다각형 등을 그린다.

▌ Graphics 클래스

Graphics 클래스의 인스턴스를 일반적으로 그래픽 콘텍스트라고 한다. 그래픽 콘텍스트는 그래픽 처리를 위한 배경색, 글꼴 등의 환경설정을 포함하는 구조를 의미한다. 자바는 이러한 그래픽 콘텍스트 환경에서 표 10-2와 같은 Graphics 클래스의 주요 메소드를 이용하여 그래픽 출력 작업을 수행하게 된다.

표 10-2 Graphics 클래스의 주요 메소드

이름	설명
void setColor(Color color)	color를 현재의 색상으로 설정한다.
void setFont(Font font)	font를 현재의 글꼴로 설정한다.
FontMetrics getFontMetrics()	현재 글꼴의 정보를 FontMetrics 객체로 반환한다.
void drawString(String str, int x, int y)	문자열을 (x, y) 좌표에 그린다.
viod drawLine(int x0, int y0, int x1, int y1)	(x0, y0)부터 (x1, y1)까지 선을 그린다.
void drawRect(intx, int y, int w, int h)	(x, y) 좌표에 w의 폭과 h의 높이를 가진 사각형을 그린다.
void fillRect(int x, int y, int w, int h)	속이 채워진 사각형을 그린다
void drawOval(int x, int y, int w, int h)	(x, y) 좌표에 w의 폭과 h의 높이를 가진 타원을 그린다.
void fillOval(int x, int y, int w, int h)	속이 채워진 타원을 그린다.
void drawArc(int x, int y, int w, int h, int startAngle, int endAngle)	startAngle과 endAngle로 지정된 각도를 가지는 원호를 그린다.
void fillArc(int x, int y, int w, int h, int startAngle, int endAngle)	속이 채워진 원호를 그린다.
void drawPolygon(int x[], int y[], int n)	x[]와 y[] 배열의 각점을 좌표로 하여 n개의 꼭지점을 가진 다각형을 그린다.

(계속)

이름	설명
void fillPolygon(int x[], int y[], int n)	속이 채워진 다각형을 그린다
void drawPolyline(int x[], int y[], int n)	x[]와 y[] 배열의 각점을 좌표로 하여 n개의 꼭지점을 가진 선을 그리며 처음과 끝점을 연결하지 않는다.

아래의 사용 예는 그래픽 콘텍스트 g에 색상과 글꼴을 설정하는 방법을 보여주고 있다.

사용 예

```
protected void paintComponent(Graphics g) {
    super.paintComponent(g);
    g.setColor(Color_객체); // 색상 설정
    g.setFont(Font_객체); // 글꼴 설정
    // 기타 그래픽 작업 내용
}
```

▌Color 클래스

Color 클래스는 글자나 도형 등의 색상을 설정할 때 사용하며 글자의 기본 색상은 검정색이다. 색상 객체를 생성한 후에 setColor() 메소드를 이용하여 사용할 색상을 지정하면 된다. Color 클래스의 주요 필드와 생성자는 표 10-3과 같다.

표 10-3 Color 클래스

필드

이름	설명
static Color BLACK	검정색을 나타낸다.
static Color BLUE	파란색을 나타낸다.
static Color CYAN	시안색을 나타낸다.
static Color DARK_GRAY	어두운 회색을 나타낸다.
static Color GRAY	회색을 나타낸다.
static Color GREEN	녹색을 나타낸다.
static Color LIGHT_GRAY	밝은 회색을 나타낸다.
static Color MAGENTA	진홍색을 나타낸다.

필드 (계속)

이름	설명
static Color ORANGE	오렌지색을 나타낸다.
static Color PINK	핑크색을 나타낸다.
static Color RED	빨간색을 나타낸다.
static Color WHITE	흰색을 나타낸다.
static Color YELLOW	노란색을 나타낸다.

생성자

이름	설명
Color(int r, int g, int b)	0부터 255까지의 범위로 지정된 RGB 색상을 생성한다.
Color(int r, int g, int b, int a)	0부터 255까지의 범위로 지정된 RGB 색상을 생성하며 투명도 즉, 알파 값을 지정한다.

프로그래밍 과정에서 많이 사용되는 표준색상 13가지는 표 10-4와 같이 색상상수로 제공되며 각 색의 RGB 값은 다음과 같다.

표 10-4 표준색상

표준색	RGB 값	Color 상수	
흰색	(255, 255, 255)	Color.WHITE	Color.white
밝은 회색	(192, 192, 192)	Color.LIGHT_GRAY	Color.lightGray
회색	(128, 128, 128)	Color.GRAY	Color.gray
어두운 회색	(64, 64, 64)	Color.DARK_GRAY	Color.darkGray
검정색	(0, 0, 0)	Color.BLACK	Color.black
빨간색	(255, 0, 0)	Color.RED	Color.red
핑크색	(255, 175, 175)	Color.PINK	Color.pink
오렌지색	(255, 200, 0)	Color.ORANGE	Color.orange
노란색	(255, 255, 0)	Color.YELLOW	Color.yellow
녹색	(0, 255, 0)	Color.GREEN	Color.green
진홍색	(255, 0, 255)	Color.MAGENTA	Color.magenta
시안색	(0, 255, 255)	Color.CYAN	Color.cyan
파란색	(0, 0, 255)	Color.BLUE	Color.blue

예제 10-1은 9가지 색상을 사용하여 9개의 속이 채워진 사각형을 화면에 그리는 프로그램이다. 색상을 사용할 때 색상 객체를 만들어 사용하기도 하고 대소문자의 색상 상수를 사용하기도 하였다. 색상 상수를 사용할 때 밝은 회색과 어두운 회색의 철자가 다른 것을 주의하도록 한다.

예제 10-1 · ColorEx01.java

```java
1   import java.awt.*;
2   import javax.swing.*;
3
4   public class ColorEx01 extends JPanel {
5       public void paintComponent(Graphics g) {
6           super.paintComponent(g);
7
8           g.setColor(Color.blue);
9           g.fillRect(5, 5, 90, 60);
10          g.setColor(Color.DARK_GRAY);
11          g.fillRect(105, 5, 90, 60);
12          g.setColor(Color.RED);
13          g.fillRect(205, 5, 90, 60);
14
15          g.setColor(new Color(10, 10, 84));
16          g.fillRect(5, 70, 90, 60);
17          g.setColor(new Color(22, 21, 61));
18          g.fillRect(105, 70, 90, 60);
19          g.setColor(new Color(21, 98, 69));
20          g.fillRect(205, 70, 90, 60);
21
22          g.setColor(Color.yellow);
23          g.fillRect(5, 135, 90, 60);
24          g.setColor(Color.lightGray);
25          g.fillRect(105, 135, 90, 60);
26          g.setColor(Color.ORANGE);
27          g.fillRect(205, 135, 90, 60);
28      }
29
30      public static void main(String[] args) {
31          JFrame f = new JFrame("색상 예제");
32          f.setDefaultCloseOperation(JFrame.EXIT_ON_CLOSE);
33          f.add(new ColorEx01());
```

```
34        f.setSize(320, 240);
35        f.setVisible(true);
36    }
37 }
```

5번	• 그래픽 처리를 위하여 `paintComponent()` 메소드를 재정의한다.
6번	• 화면 정리를 위하여 `super.paintComponent()`메소드를 호출한다.
8-13번	• 3가지 색상상수를 설정하고 각각의 색을 이용하여 사각형을 그린다.
15-20번	• 3가지 색상을 생성한 후 각각의 색을 이용하여 사각형을 그린다.
22-27번	• 3가지 색상상수를 설정하고 각각의 색을 이용하여 사각형을 그린다.
33번	• 패널을 생성한 후 프레임에 배치한다.
실행 결과	

Font 클래스

Font 클래스는 글꼴의 종류와 형태를 설정할 때 사용하며 주요 필드, 생성자, 메소드는 표 10-5와 같다. 글꼴 객체를 생성한 후에 setFont() 메소드를 이용하여 사용할 글꼴을 지정하면 된다.

표 10-4 Font 클래스

주요 필드

이름	설명
static int BOLD	진한 글꼴을 나타낸다.
static int ITALIC	기울임 글꼴을 나타낸다.
static int PLAIN	보통 모양의 글꼴을 나타낸다.
protected int size	글꼴의 크기를 나타낸다.

주요 생성자

이름	설명
Font(String name, int style, int size)	글꼴의 이름, 스타일 및 크기로 새로운 Font를 생성한다. 글꼴의 이름은 그림 10-2와 10-3을 참조하면 된다.

주요 메소드

이름	설명
String getName()	글꼴의 이름을 반환한다.
int getSize()	글꼴의 크기를 반환한다.
int getStyle()	글꼴의 스타일을 반환한다.

그림 10-2은 윈도우에서 사용하는 다양한 한글 글꼴 중의 일부분이다.

▲ 그림 10-2   한글 글꼴

그림 10-3는 윈도우에서 사용하는 다양한 외국어 글꼴 중의 일부분이다.

▲ 그림 10-3　외국어 글꼴

　　예제 10-2는 각각 다른 모양을 가지는 네 가지 글꼴과 네 가지 색상을 사용하여 동일한 내용의 문장을 화면에 출력하는 프로그램이다.

예제 10-2 · FontEx01.java

```
1   import java.awt.*;
2   import javax.swing.*;
3
4   public class FontEx01 extends JPanel {
5       public void paintComponent(Graphics g) {
6           super.paintComponent(g);
7
8           String s = "자바는 다양한 글꼴을 제공합니다.";
9           Font f1 = new Font("맑은 고딕", Font.PLAIN, 24);
10          Font f2 = new Font("새굴림 보통", Font.BOLD, 24);
11          Font f3 = new Font("휴먼옛체", Font.ITALIC, 24);
12          Font f4 = new Font("Serif", Font.BOLD + Font.ITALIC, 24);
13
14          g.setColor(Color.blue);
15          g.setFont(f1);
16          g.drawString(s, 10, 30);
```

```
17
18        g.setColor(Color.darkGray);
19        g.setFont(f2);
20        g.drawString(s, 10, 60);
21
22        g.setColor(Color.GREEN);
23        g.setFont(f3);
24        g.drawString(s, 10, 90);
25
26        g.setColor(Color.LIGHT_GRAY);
27        g.setFont(f4);
28        g.drawString(s, 10, 120);
29    }
30
31    public static void main(String[] args) {
32        JFrame f = new JFrame("글꼴 예제");
33        f.setDefaultCloseOperation(JFrame.EXIT_ON_CLOSE);
34        f.add(new FontEx01());
35        f.setSize(350, 200);
36        f.setVisible(true);
37    }
38 }
```

5번	• 그래픽 처리를 위하여 paintComponent() 메소드를 재정의한다.
6번	• 화면 정리를 위하여 super.paintComponent()메소드를 호출한다.
8번	• 화면에 출력할 문장을 작성한다.
9-12번	• 4가지 모양의 4가지 글꼴을 작성한다.
14-28번	• 4가지 색상과 글꼴로 문장을 화면에 출력한다.

실행 결과	글꼴 예제 자바는 다양한 글꼴을 제공합니다. 자바는 다양한 글꼴을 제공합니다. 자바는 다양한 글꼴을 제공합니다. 자바는 다양한 글꼴을 제공합니다.

▌FontMetrics 클래스

FontMetrics 클래스를 이용하면 그림 10-4처럼 다양한 글꼴 정보를 알아낼 수 있다. getAscent() 메소드는 머리선부터 기준선까지의 거리를 반환하고 getDescent() 메소드는 기준선부터 꼬리선까지의 거리를 반환한다. getHeight() 메소드는 기준선 간의 거리를 반환하고 getLeading() 메소드는 줄 간의 거리를 반환한다.

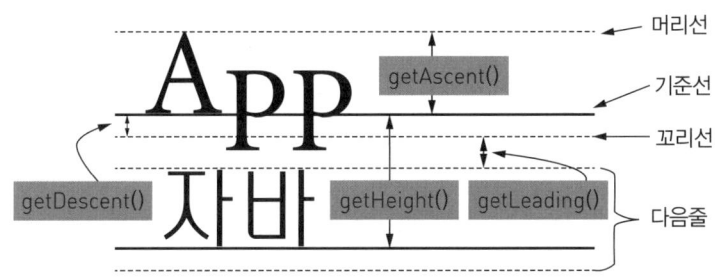

▲ 그림 10-4　글꼴의 주요 정보

예제 10-3은 두 가지 글꼴을 생성하고 각 글꼴의 정보를 알아보는 프로그램이다. get-FontMetrics() 메소드를 이용하여 FontMetrics 객체 fm을 생성한 후 fm을 이용하여 각 글꼴의 Ascent, Descent, Height, Leading를 확인할 수 있다.

예제 **10-3 · FontMetricsEx01.java**

```
1    import java.awt.*;
2    import java.awt.event.*;
3    import javax.swing.*;
4
5    public class FontMetricsEx01 extends JPanel {
6        public void paintComponent(Graphics g) {
7            super.paintComponent(g);
8
9            g.setColor(Color.BLUE);
10           Font font = new Font("Serif", Font.ITALIC, 17);
11           FontMetrics fm = g.getFontMetrics(font);
12           g.setFont(font);
13           g.drawString("글꼴: " + font, 10, 30);
14           g.drawString("Ascent: " + fm.getAscent(), 10, 50);
```

```
15        g.drawString("Descent: " + fm.getDescent(), 10, 70);
16        g.drawString("Height: " + fm.getHeight(), 10, 90);
17        g.drawString("Leading: " + fm.getLeading(), 10, 110);
18
19        g.setColor(Color.GRAY);
20        g.setFont(new Font("휴먼옛체", Font.PLAIN, 15));
21        fm = g.getFontMetrics();
22        g.drawString("글꼴: " + g.getFont(), 10, 150);
23        g.drawString("Ascent: " + fm.getAscent(), 10, 170);
24        g.drawString("Descent: " + fm.getDescent(), 10, 190);
25        g.drawString("Height: " + fm.getHeight(), 10, 210);
26        g.drawString("Leading: " + fm.getLeading(), 10, 230);
27    }
28
29    public static void main(String args[]) {
30        JFrame f = new JFrame("글꼴 예제");
31        f.setDefaultCloseOperation(JFrame.EXIT_ON_CLOSE);
32        f.add(new FontMetricsEx01());
33        f.setSize(550, 300);
34        f.setVisible(true);
35    }
36 }
```

10번	• 글꼴 객체 font를 생성한다.
11번	• 글꼴의 정보를 FontMetrics의 인스턴스인 fm에 저장한다.
12번	• 글꼴 객체 font를 현재 글꼴로 설정한다.
13-17번	• 글꼴의 다양한 정보를 출력한다.

실행 결과	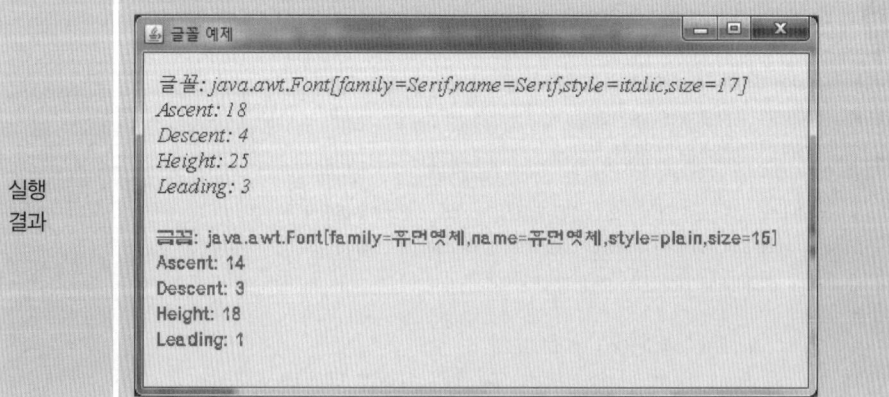

drawString() 메소드

그림 10-5와 같이 화면에 문자열을 출력하는 메소드로 아래의 사용 예는 "Hi, java"라는 문자열을 좌표 (50, 50)에 출력하는 예이다.

사용 예

```
protected void paintComponent(Graphics g) {
  super.paintComponent(g);
  g.drawString("Hi, java", 50, 50);
}
```

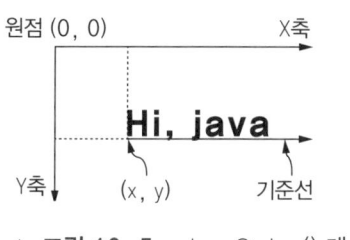

▲ **그림 10-5** drawString() 메소드

drawLine() 메소드

그림 10-6과 같이 화면상의 주어진 두 점 사이에 선을 그리는 메소드로 아래의 사용 예는 두 점 (10, 10)과 (90, 90) 사이에 직선을 그리는 예이다.

사용 예

```
protected void paintComponent(Graphics g) {
  super.paintComponent(g);
  g.drawLine(10, 10, 90, 90);
}
```

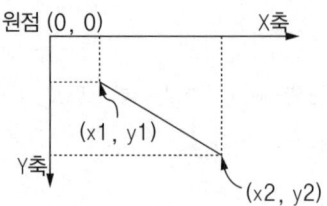

원점 (0, 0)　　　　　　　　X축

(x1, y1)

Y축

(x2, y2)

▲ 그림 10-6　　drawLine() 메소드

　　예제 10-4는 화면 중앙에 가로로 긴 선을 그린 후 '위쪽으로 이동' 버튼이나 위쪽 화살
표를 누르면 10픽셀씩 선을 위로 이동시키고 '아래쪽으로 이동' 버튼이나 아래쪽 화살표를
누르면 10픽셀씩 선을 아래로 이동시키는 프로그램이다.

예제 10-4 · LineEx01.java

```
1   import java.awt.*;
2   import java.awt.event.*;
3   import javax.swing.*;
4
5   public class LineEx01 extends JFrame {
6       public static final int CANVAS_WIDTH = 400;
7       public static final int CANVAS_HEIGHT = 150;
8
9       private int x1 = CANVAS_WIDTH / 10;
10      private int y1 = CANVAS_HEIGHT / 2;
11      private int x2 = CANVAS_WIDTH / 10 *9;
12      private int y2 = y1;
13
14      private DrawCanvas canvas;
15
16      public LineEx01() {
17          JPanel btnPanel = new JPanel();
18          btnPanel.setLayout(new FlowLayout());
19
20          JButton btnUp = new JButton("위쪽으로 이동");
21          btnPanel.add(btnUp);
22          btnUp.addActionListener(new ActionListener() {
23              public void actionPerformed(ActionEvent e) {
24                  y1 -= 10;
25                  y2 -= 10;
```

```
26              canvas.repaint();
27              requestFocus();
28          }
29      });
30
31      JButton btnDown = new JButton("아래쪽으로 이동");
32      btnPanel.add(btnDown);
33      btnDown.addActionListener(new ActionListener() {
34          public void actionPerformed(ActionEvent e) {
35              y1 += 10;
36              y2 += 10;
37              canvas.repaint();
38              requestFocus();
39          }
40      });
41
42      canvas = new DrawCanvas();
43      canvas.setPreferredSize(new Dimension(CANVAS_WIDTH,
    CANVAS_HEIGHT));
44
45      Container c = getContentPane();
46      c.setLayout(new BorderLayout());
47      c.add(canvas, BorderLayout.CENTER);
48      c.add(btnPanel, BorderLayout.SOUTH);
49
50      addKeyListener(new KeyAdapter() {
51          @Override
52          public void keyPressed(KeyEvent evt) {
53              switch(evt.getKeyCode()) {
54                  case KeyEvent.VK_UP:
55                      y1 -= 10;
56                      y2 -= 10;
57                      repaint();
58                      break;
59                  case KeyEvent.VK_DOWN:
60                      y1 += 10;
61                      y2 += 10;
62                      repaint();
63                      break;
64              }
65          }
66      });
67
68      setDefaultCloseOperation(JFrame.EXIT_ON_CLOSE);
```

```
69          setTitle("선 그리기 예제");
70          pack();
71          setVisible(true);
72          requestFocus();
73      }
74
75      class DrawCanvas extends JPanel {
76          @Override
77          public void paintComponent(Graphics g) {
78              super.paintComponent(g);
79              setBackground(Color.LIGHT_GRAY);
80              g.setColor(Color.BLUE);
81              g.drawLine(x1, y1, x2, y2);
82          }
83      }
84
85      public static void main(String[] args) {
86          SwingUtilities.invokeLater(new Runnable() {
87              @Override
88              public void run() {
89                  new LineEx01();
90              }
91          });
92      }
93 }
```

6-7번	• 화면의 크기를 설정한다.
9-12번	• 화면 중앙의 두 점의 좌표값을 구한다.
14번	• 선을 그릴 캔버스를 선언한다.
17-18번	• GUI 화면 아래쪽에 배치할 버튼 패널을 생성하고 배치관리자로 FlowLayout을 지정한다.
20-29번	• 버튼을 생성해서 버튼 패널에 배치한 후 이벤트 리스너를 등록한다.
26번	• 이벤트가 발생하면 화면을 다시 그린다.
27번	• KeyEvent를 처리하기 위하여 포커스를 JFrame으로 전환한다.
42-43번	• 캔버스를 생성한 후 크기를 지정한다.
45-46번	• 콘테이너를 생성하고 BorderLayout을 배치관리자로 지정한다.
47-48번	• 캔버스를 화면 중앙에 버튼 패널을 화면 아래에 배치한다.
50-66번	• 키 이벤트를 처리할 이벤트 리스너를 등록한다.
72번	• KeyEvent를 처리하기 위하여 포커스를 JFrame으로 전환한다.
75-83번	• JPanel에 선을 그리는 내부 클래스를 작성한다.
86-91	• 스레드의 안정적인 실행을 위해 Runnable 객체를 즉시 실행하지 않고 이벤트 큐에 저장하고 있다가 이전의 이벤트들이 모두 처리된 이후에 이벤트 큐의 내용을 실행한다.

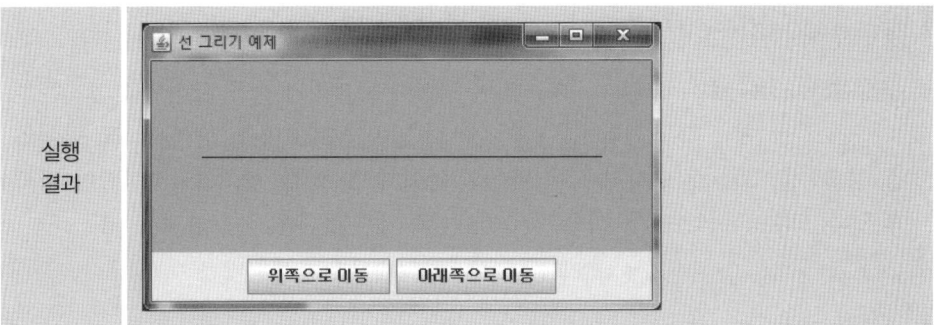

실행
결과

▌ drawRectangle(), fillRectangle() 메소드

drawRectangle()는 그림 10-7과 같이 화면에 사각형을 그리는 메소드로 아래의 사용 예는 좌표 (10, 10)을 기준으로 넓이가 90 픽셀, 높이가 90 픽셀인 사각형을 외곽선만 그린다. fillRectangle()를 사용하면 외곽선과 내부가 채워진 사각형을 그린다.

사용 예

```
protected void paintComponent(Graphics g) {
  super.paintComponent(g);
  g.drawRectangle(10, 10, 90, 90);
  g.fillRectangle(100, 100, 90, 90);
}
```

▲ **그림 10-7** drawRectangle()과 fillRectangle() 메소드

drawRoundRect(), fillRoundRect() 메소드

drawRoundRect()는 그림 10-8과 같이 화면에 모서리가 둥근 사각형을 그리는 메소드로 아래의 사용 예는 좌표 (10, 10)을 기준으로 넓이가 100 픽셀, 높이가 100 픽셀인 사각형을 외곽선을 그릴 때 모서리 작은 타원의 넓이가 20 픽셀, 높이가 10 픽셀이 되도록 그리게 된다. fillRoundRect()를 사용하면 외곽선과 내부를 채워서 그리게 된다.

사용 예

```
protected void paintComponent(Graphics g) {
  super.paintComponent(g);
  g.drawRoundRect(10, 10, 100, 100, 20, 10);
  g.fillRoundRect(120, 120, 100, 100, 20, 10);
}
```

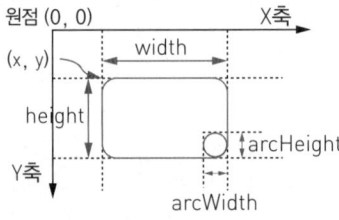

▲ **그림 10-8**　drawRoundRect() 메소드

drawOval(), fillOval() 메소드

drawOval()은 그림 10-9와 같이 화면에 타원을 그리는 메소드로 아래의 사용 예는 좌표 (10, 10)을 기준으로 넓이가 150 픽셀, 높이가 100 픽셀인 사각형을 내접하는 원의 외곽선만 그린다. fillOval()를 사용하면 외곽선과 내부가 채워진 원을 그린다.

사용 예

```
protected void paintComponent(Graphics g) {
  super.paintComponent(g);
  g.drawOval(10, 10, 150, 100);
  g.fillOval(120, 120, 150, 100);
}
```

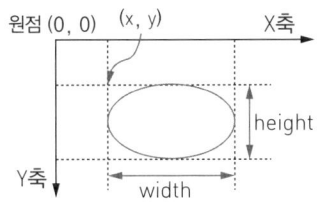

▲ 그림 10-9   drawOval() 메소드

▌drawArc(), fillArc() 메소드

drawArc()은 그림 10-10과 같이 화면에 원호를 그리는 메소드로 아래의 사용 예는 좌표 (10, 10)을 기준으로 넓이가 150 픽셀, 높이가 100 픽셀인 사각형을 내접하는 원호를 외곽선만 그린다. 이때 원호는 3시 방향인 0도에서 시작하여 270도 만큼 그리면 된다. 그림 10-11과 같이 fillArc()를 사용하면 외곽선과 내부가 채워진 원호를 그린다.

사용 예

```
protected void paintComponent(Graphics g) {
  super.paintComponent(g);
  g.drawArc(10, 10, 150, 100, 0, 270);
  g.fillArc(120, 120, 150, 100, 30, 300);
}
```

예제 10-5는 화면에 원, 원호, 사각형, 둥근 사각형 등을 그리는 프로그램으로 표준 색

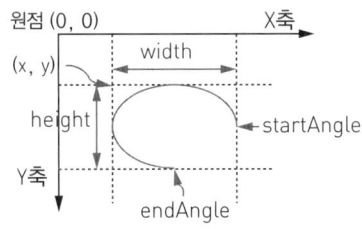

▲ 그림 10-10   drawArc() 메소드

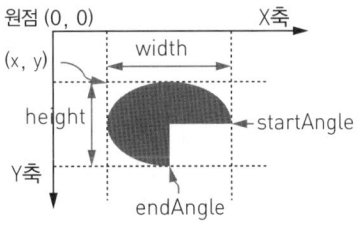

▲ 그림 10-11   fillArc() 메소드

상과 투명도 즉, 알파 값을 갖는 색상을 같이 사용한다. 글꼴은 윈도우에서 지원하는 '바탕체', '돋움체', 'HY나무M보통' 글꼴을 사용한다.

예제 10-5 · GraphicsEx01.java

```java
1   import java.awt.*;
2   import javax.swing.*;
3
4   public class GraphicsEx01 extends JComponent {
5       public void paintComponent(Graphics g) {
6           super.paintComponent(g);
7           g.setColor(Color.white);
8           g.fillRect(0, 0, getWidth(), getHeight());
9
10          g.setColor(Color.yellow);
11          g.fillOval(0, 0, 240, 240);
12          g.setColor(Color.magenta);
13          g.fillArc(160, 160, 240, 240, 30, 300);
14          g.setColor(new Color(255, 0, 0, 100));
15          g.fillRect(30, 250, 120, 120);
16          g.setColor(new Color(0, 255, 0, 150));
17          g.fillOval(80, 130, 240, 140);
18          g.setColor(new Color(0, 0, 255, 200));
19          g.fillRoundRect(250, 30, 120, 120, 40, 20);
20
21          int w, h;
22          g.setColor(Color.black);
23          g.setFont(new Font("바탕체", Font.BOLD | Font.ITALIC, 36));
24          FontMetrics fm = g.getFontMetrics();
25          w = fm.stringWidth("자바 프로그램");
26          h = fm.getAscent();
27          g.drawString("자바 프로그램", 120 - (w / 2), 120 + (h / 4));
28
29          g.setFont(new Font("돋움체", Font.PLAIN, 12));
30          fm = g.getFontMetrics();
31          w = fm.stringWidth("그리고");
32          h = fm.getAscent();
33          g.drawString("그리고", 200 - (w / 2), 200 + (h / 4));
34
35          g.setFont(new Font("HY나무M보통", Font.BOLD, 24));
36          fm = g.getFontMetrics();
37          w = fm.stringWidth("그래픽");
38          h = fm.getAscent();
```

```
39        g.drawString("그래픽", 280 - (w / 2), 280 + (h / 4));
40    }
41
42    public Dimension getPreferredSize() {
43        return new Dimension(400, 400);
44    }
45
46    public static void main(String args[]) {
47        JFrame f = new JFrame("그래픽 예제");
48        f.getContentPane().add(new GraphicsEx01());
49        f.pack();
50        f.setVisible(true);
51    }
52 }
```

7-8번	• 프레임의 바탕화면을 흰색으로 칠한다.
10-13번	• 표준색상을 이용하여 원과 원호를 그린다.
14-19번	• 투명도 즉, 알파 값을 지정한 색상을 이용하여 사각형, 타원, 둥근 사각형을 그린다.
21번	• 도형의 중앙에 문자열을 표시하기 위한 변수를 선언한다.
25번	• FontMetrics를 이용하여 문자열의 폭을 측정한다.
26번	• FontMetrics를 이용하여 문자열의 Ascent를 측정한다.
27번	• 노란색 원의 가운데 문자열을 출력한다.
33번	• 투명한 타원의 가운데 문자열을 출력한다.
39번	• 진홍색 원호의 가운데 문자열을 출력한다.
42-44번	• 화면 사이즈를 400 × 400으로 설정한다.

실행 결과	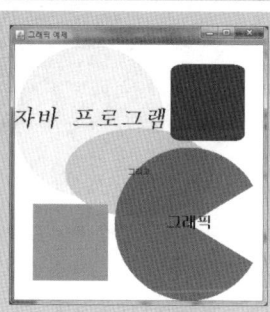

다각형

　drawPolygone()은 그림 10-12와 같이 화면에 다각형을 그리는 메소드로 아래의 사용 예는 nPoints 개의 점을 가지는 다각형을 점 (xArray[0], yArray[0])부터 점 (xArray[nPoints], yArray[nPoints])까지 외곽선만 그린다. fillPolygone()을 사용하면 외곽선과 내부가 채워진 다각형을 그리고 그림 10-13과 같이 drawPolyline()를 사용하면 다각형의 외곽선을 그릴 때 첫 번째 점과 마지막 점을 연결하지 않는다. 또한 아래 예처럼 Polygon 객체를 이용해도 다각형을 그릴 수 있다.

사용 예

```
protected void paintComponent(Graphics g) {
  super.paintComponent(g);
  g.drawPolygon(xArray, yArray, nPoints);
  g.fillPolygon(xArray, yArray, nPoints);
  g.drawPolyline(xArray, yArray, nPoints);

  Polygon p = new Polygon();
  g.drawPolygon(p);
  g.fillPolygon(p);
}
```

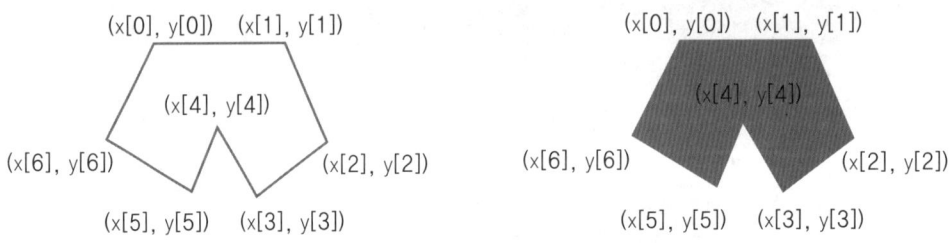

▲ 그림 10-12　drawPolygon()과 fillPolygon() 메소드

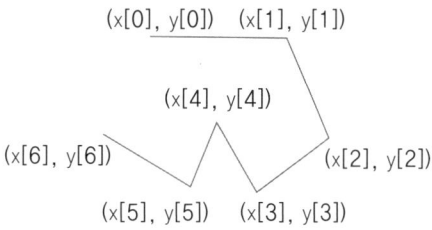

(x[0], y[0])   (x[1], y[1])

(x[4], y[4])

(x[6], y[6])   (x[2], y[2])

(x[5], y[5])   (x[3], y[3])

▲ **그림 10-13**   drawPolyline() 메소드

예제 10-6은 화면에 표준색상을 가지는 두 개의 다각형을 그리는 프로그램으로 수학 함수인 Math.sin()과 Math.con() 메소드를 이용한다. 첫 번째 다각형은 Polygon 객체를 이용하였다.

예제 10-6 · PolygonEx01.java

```
1   import java.awt.*;
2   import java.awt.event.*;
3   import javax.swing.*;
4
5   public class PolygonEx01 extends JPanel {
6       public void paintComponent(Graphics g) {
7           super.paintComponent(g);
8
9           Polygon p = new Polygon();
10          for (int i = 0; i < 5; i++)
11              p.addPoint((int) (100 + 60 * Math.cos(i * 2 * Math.PI / 5)),
12                  (int) (100 + 60 * Math.sin(i * 2 * Math.PI / 5)));
13          g.setColor(Color.ORANGE);
14          g.fillPolygon(p);
15
16          int x[] = new int[360];
17          int y[] = new int[360];
18          for (int i = 0; i < 360; i++) {
19              double t = i / 360.0;
20              x[i] = (int) (230 + 60 * t * Math.cos(20 * t * Math.PI));
21              y[i] = (int) (100 + 60 * t * Math.sin(20 * t * Math.PI));
22          }
23          g.setColor(Color.BLUE);
24          g.drawPolyline(x, y, x.length);
```

```
25     }
26
27     public static void main(String[] args) {
28         JFrame f = new JFrame();
29         f.setTitle("다각형 예제");
30         f.setSize(350, 250);
31         f.addWindowListener(new WindowAdapter() {
32             public void windowClosing(WindowEvent e) {
33                 System.exit(0);
34             }
35         });
36         Container c = f.getContentPane();
37         c.add(new PolygonEx01());
38         f.setVisible(true);
39     }
40 }
```

9번	• 다각형을 그릴 때 사용할 Polygone 객체를 생성한다.
10-12번	• 코사인과 사인 메소드를 이용하여 꼭지점을 추가한다.
13-14번	• 색상을 설정하고 다각형을 그린다.
16-17번	• 다각형을 그릴 때 사용할 배열을 생성한다.
18-22번	• 코사인과 사인 메소드를 이용하여 꼭지점을 추가한다.
23-24번	• 색상을 설정하고 다각형을 그린다.
31-35번	• 윈도우 종료 이벤트 리스너를 등록한다.

실행 결과	

멀티미디어

자바에서는 기본적으로 GIF, JPG, PNG 등의 이미지와 WAVE, MIDI, AU 등의 오디오를 다룰 수 있다. 또한 JMF 즉, Java Media Framework을 이용하면 MP3, AVI와 같은 다양한 오디오, 비디오 등의 멀티미디어 파일을 다룰 수도 있다. JMF에 대한 자세한 사항은 'http://www.oracle.com/technetwork/java/javase/tech/index-jsp-140239.html'을 참조하면 된다. 이 절에서는 기본적인 이미지와 오디오 처리에 대해서만 다루도록 한다.

┃ 이미지

자바에서 기본적으로 GIF, JPG, PNG 등 세 종류의 이미지를 사용할 수 있다. 자바 프로그램에서 이미지를 사용하려면 아래 사용 예와 같이 이미지 변수 선언, 이미지 로딩, 이미지 그리기 등의 과정이 필요하다.

사용 예

```
protected void paintComponent(Graphics g) {
  super.paintComponent(g);

  Image img; // 이미지 변수 선언
  ImageIcon icon = new ImageIcon("duke.jpg"); // ImageIcon 객체생성
  img = icon.getImage(); // ImageIcon을 이용한 이미지 로드
  g.drawImage(img, 10, 10, this); // 이미지 그리기
}
```

예제 10-7은 화면에 원본 이미지를 출력하고 나서 이미지 크기와 모드를 변경해 가면서 5초 간격으로 화면에 출력하는 프로그램이다.

 10-7 · ImageEx01.java

```
1   import java.awt.*;
2   import javax.swing.*;
3
4   public class ImageEx01 extends JPanel {
5       Image i;
6
7       public ImageEx01() {
8           ImageIcon icon = new ImageIcon("Penguins.jpg");
9           i = icon.getImage();
10      }
11
12      public void paintComponent(Graphics g) {
13          super.paintComponent(g);
14          g.drawImage(i, 0, 0, this);
15      }
16
17      public void go() {
18          rest();
19          Image original = i;
20
21          i = original.getScaledInstance(200, -1, Image.SCALE_FAST);
22          repaint();
23          rest();
24          i = original.getScaledInstance(200, -1, Image.SCALE_SMOOTH);
25          repaint();
26          rest();
27
28          i = original.getScaledInstance(300, -1, Image.SCALE_FAST);
29          repaint();
30          rest();
31          i = original.getScaledInstance(300, -1, Image.SCALE_SMOOTH);
32          repaint();
33          rest();
34      }
35
36      private void rest() {
37          try {
38              Thread.sleep(5000);
```

```
39        } catch (InterruptedException ignored) {
40        }
41    }
42
43    public static void main(String args[]) {
44        JFrame f = new JFrame("이미지 예제");
45        f.setDefaultCloseOperation(JFrame.EXIT_ON_CLOSE);
46        ImageEx01 ie = new ImageEx01();
47        f.add(ie);
48        f.setSize(400, 350);
49        f.setVisible(true);
50        ie.go();
51    }
52 }
```

5번	• 이미지 파일을 저장할 Image 객체 i를 선언한다.
8-9번	• ImageIcon을 이용하여 이미지 파일을 로드한다.
13-14번	• 화면을 지운 후 이미지를 화면에 출력한다.
18번	• rest() 메소드를 호출하면 5000 밀리 초 동안 작업을 멈춘다.
21-23번	• 이미지를 가로 200 픽셀에 맞추어 빠른 모드로 출력한 후 rest() 메소드를 호출한다.
24-26번	• 이미지를 부드러운 모드로 출력한 후 rest() 메소드를 호출한다.
28-30번	• 이미지를 가로 300 픽셀에 맞추어 빠른 모드로 출력한 후 rest() 메소드를 호출한다.
31-33번	• 이미지를 부드러운 모드로 출력한 후 rest() 메소드를 호출한다.
36-41번	• 이미지를 출력한 후 잠시 스레드를 멈추도록 한다.

실행 결과	

▌오디오

자바에서는 기본적으로 WAVE, MIDI, AU 등의 오디오 파일을 지원한다. 자바 프로그램에서 오디오를 이용하려면 아래 사용 예와 같이 오디오 변수 선언, 오디오 파일과 스트림 연결, 오디오 변수 생성, 오디오 로드, 오디오 실행 등의 과정이 필요하다.

사용 예

```
Clip c; // 오디오를 저장할 Clip 변수 선언
File f = new File("Water.wav"); // 오디오 파일 생성
// 오디오 파일과 오디오 입력 스트림 연결
AudioInputStream ais = AudioSystem.getAudioInputStream(f);
c = AudioSystem.getClip(); // 오디오를 저장할 Clip 변수 생성
c.open(ais); // 오디오 로드
c.start(); // 오디오 실행
```

예제 10-8은 Clip을 사용하여 사운드 파일을 들려주는 프로그램으로 왼쪽 버튼을 누르면 'Water.wav', 오른쪽 버튼을 누르면 'Sound3.mid' 오디오 파일을 실행한다.

예제 10-8 · SoundEx01.java

```
1   import java.io.*;
2   import java.awt.*;
3   import java.awt.event.*;
4   import javax.swing.*;
5   import javax.sound.sampled.*;
6
7   public class SoundEx01 extends JPanel {
8       Clip c1, c2;
9
10      public SoundEx01() {
11          setLayout(new FlowLayout(FlowLayout.CENTER, 30, 30));
12
13          try {
14              File f1 = new File("Water.wav");
15              File f2 = new File("Sound3.mid");
16              AudioInputStream ais1 = AudioSystem.getAudioInputStream(f1);
17              AudioInputStream ais2 = AudioSystem.getAudioInputStream(f2);
18              c1 = AudioSystem.getClip();
19              c2 = AudioSystem.getClip();
20              c1.open(ais1);
21              c2.open(ais2);
```

```
22        } catch (Exception e) {
23            e.printStackTrace();
24        }
25
26        JButton b1 = new JButton("Water Sound");
27        b1.addActionListener(new ActionListener() {
28            @Override
29            public void actionPerformed(ActionEvent e) {
30                c1.start();
31                requestFocus();
32            }
33        });
34        add(b1);
35
36        JButton b2 = new JButton("Sound3");
37        b2.addActionListener(new ActionListener() {
38            @Override
39            public void actionPerformed(ActionEvent e) {
40                c2.start();
41                requestFocus();
42            }
43        });
44        add(b2);
45    }
46
47    public static void main(String[] args) {
48        JFrame f = new JFrame("사운드 예제");
49        f.setDefaultCloseOperation(JFrame.EXIT_ON_CLOSE);
50        f.add(new SoundEx01());
51        f.setSize(300, 150);
52        f.setVisible(true);
53        f.requestFocus();
54    }
55 }
```

5번	• 사운드 파일을 사용하기 위해 javax.sound.sampled 패키지를 import한다.
8번	• 두 개의 사운드 파일을 저장하기 위해 Clip 객체 c1과 c2를 선언한다.
14-15번	• wave와 midi 사운드 파일을 생성한다.
16-17번	• 오디오 입력스트림을 사운드 파일과 연결한다.
18-19번	• 오디오 파일을 저장할 c1과 c2를 생성한다.
20-21번	• 두 개의 오디오 파일을 차례대로 c1과 c2에 저장한다.
26-44번	• 두 개의 버튼을 만들고 버튼을 누르면 오디오를 실행하도록 이벤트 리스너를 등록한다.
53번	• 포커스를 최상위 프레임으로 전환한다.

실행
결과

- 컴퓨터 그래픽의 좌표계

  왼쪽 상단이 원점(0, 0)으로 오른쪽으로 갈수록 x축 값이 증가하고 아래쪽으로 갈수록 y축 값이 증가한다.

- 스윙 콤포넌트의 그래픽 작업은 paintComponent() 메소드를 재정의하여 이용한다.

- 그래픽 콘텍스트

  Graphics 클래스의 인스턴스를 일반적으로 그래픽 콘텍스트라고 한다.

  그래픽 처리를 위한 배경색, 글꼴 등의 환경설정을 포함하는 구조를 의미한다.

  Graphics 클래스의 주요 메소드를 이용하여 그래픽 작업을 수행한다.

- Color 클래스

  글자나 도형 등의 색상을 설정할 때 사용하며 글자의 기본 색상은 검정색이다.

  많이 사용되는 표준색상 13가지는 색상상수로 제공한다.

- Font 클래스는 글꼴의 종류와 형태를 설정할 때 사용한다.

- FontMetrics 클래스를 이용하면 다양한 글꼴 정보를 알아낼 수 있다.

- drawString() 메소드는 화면에 문자열을 출력하는 메소드이다.

- drawLine() 메소드는 화면상의 주어진 두 점 사이에 선을 그리는 메소드이다.

- drawRectangle()는 사각형의 외곽선만 그리는 메소드이고 fillRectangle()는 외곽선과 내부가 채워진 사각형을 그린다.

- drawRoundRect()는 모서리가 둥근 사각형의 외곽선을 그리는 메소드이고 fillRoundRect()는 외곽선과 내부를 채워서 그리게 된다.

- drawOval()은 타원의 외곽선을 그리는 메소드이고 fillOval()은 외곽선과 내부가 채워진 타원을 그린다.

- drawArc()는 원호의 외곽선을 그리는 메소드이고 fillArc()는 외곽선과 내부가 채워진 원호를 그린다.

- drawPolygone()은 다각형의 외곽선을 그리는 메소드이고 fillPolygone()은 외곽선과 내부가 채워진 다각형을 그린다. drawPolyline()는 다각형의 외곽선을 그릴 때 첫 번째 점과 마지막 점을 연결하지 않는다.

- 자바에서는 기본적으로 GIF, JPG, PNG 등의 이미지와 WAVE, MIDI, AU 등의 오디오를 다룰 수 있지만 JMF 즉, Java Media Framework을 이용하면 MP3, AVI 와 같은 다양한 오디오, 비디오 등의 멀티미디어 파일을 다룰 수도 있다.

- 이미지를 사용하려면 이미지 변수 선언, 이미지 로딩, 이미지 그리기 등의 과정이 필요하다.

- 오디오를 이용히려면 오디오 변수 선언, 오디오 파일과 스트림 언걸, 오디오 변수 생성, 오디오 로드, 오디오 실행 등의 과정이 필요하다.

●●● 연습문제 ●●●

1. 컴퓨터 그래픽의 좌표계를 그림과 함께 설명하여라.

2. paintComponent() 메소드의 사용방법을 설명하여라.

3. 그래픽 콘텍스트에 대하여 설명하여라.

4. Color 클래스와 색상상수에 대하여 설명하여라.

5. Font와 FontMetrics 클래스 대하여 설명하여라.

6. 화면에 "Hi, java"라는 문자열을 좌표 (50, 50)에 출력하는 문장을 완성하여라.
   g._____(_____, ____, ____);

7. 화면상의 주어진 두 점 (10, 10)과 (90, 90) 사이에 직선을 그리는 문장을 완성하여라.
   g._____(____, ____, ____, ____);

8. 좌표 (10, 10)을 기준으로 넓이가 90 픽셀, 높이가 90 픽셀인 사각형을 외곽선만 그리는 문장을 완성하여라.
   g._____(____, ____, ____, ____);

9. 좌표 (10, 10)을 기준으로 넓이가 100 픽셀, 높이가 100 픽셀인 둥근 사각형을 내부까지 채워서 그릴 때 모서리 작은 타원의 넓이가 20 픽셀, 높이가 10 픽셀이 되도록 문장을 완성하여라.
   g._____(____, ____, ____, ____, ____, ____);

10. 좌표 (10, 10)을 기준으로 넓이가 150 픽셀, 높이가 100 픽셀인 사각형을 내접하는 원을 내부가 채워지도록 그리는 문장을 완성하여라.
    g._____(____, ____, ____, ____);

11. 좌표 (10, 10)을 기준으로 넓이가 150 픽셀, 높이가 100 픽셀인 사각형을 내접하는 원호를 45도 부터 270도 만큼 외곽선만 그리는 문장을 완성하여라.
    g._____(____, ____, ____, ____, ____, ____);

12. 자바 프로그램에서 이미지를 사용하는 과정을 설명하여라.

13. 자바 프로그램에서 오디오를 이용하는 과정을 설명하여라.

11

네트워크 프로그래밍

학습 목표

- java.net 패키지와 주요 클래스의 역할을 이해하고 예제 프로그램 작성법을 배운다.

- 네트워크와 관련된 주요 용어를 이해한다.

- 클라이언트 서버 모델을 이해한다.

- TCP 소켓의 개념을 이해하고 예제 프로그램 작성법을 배운다.

- UDP 소켓의 개념을 이해하고 예제 프로그램 작성법을 배운다.

java.net 패키지

java.net 패키지는 네트워크의 세부 구조를 알지 못해도 네트워크 프로그램을 쉽고 편리하게 작성할 수 있도록 표 11-1과 같은 다양한 클래스들을 제공한다.

표 11-1 java.net의 주요 클래스

클래스명	내용
InetAdderess	인터넷 주소와 관련된 정보를 제공.
URL	웹에서 사용하는 URL(Uniform Resource Locator)에 대한 정보를 제공.
URLConnection	URL이 지정하는 자원에 대한 정보를 제공.
ServerSocket	서버측에서 실행되는 TCP 소켓을 지원.
Socket	클라이언트와 서버 사이에서 TCP 소켓(연속적이고 순차적인 스트림)을 이용한 정보교환을 지원.
DatagramSocket	UDP 소켓(비연속적인 데이터그램)을 이용한 정보교환을 지원.
DatagramPacket	UDP 소켓으로 전송될 데이터(데이터그램)를 표현.

다음은 java.net 패키지의 주요 클래스와 관련된 용어들이다.

┃ 호스트(host)

네트워크에 연결된 개개의 컴퓨터를 의미한다. TCP/IP 네트워크 상에서 각각의 호스트들은 한 개의 고유한 IP 주소를 가진다.

┃ IP 주소(IP address)

인터넷상의 각 호스트에 부여한 주소를 의미한다. 보통 IP 주소는 네트워크 주소와 호스트 주소로 구성되며 0부터 255까지 표시할 수 있는 8비트 숫자 네 개로 '203.30.248.251'과 같이 조합하여 사용한다. 여기서 네트워크 주소는 호스트가 연결되어 있는 네트워크의 주소를 의미하고 호스트 주소는 네트워크상의 특정 호스트의 주소를 의미한다.

▌호스트 이름(hostname)

IP 주소에 대응되는 문자 위주의 주소를 의미하며 도메인 이름이라고도 한다. IP 주소가 숫자로만 구성되어 기억하기 어렵기 때문에 'www.naver.com'처럼 의미 있는 문자로 변환시켜서 사용한다. 이때 호스트 이름은 DNS(Domain Name Service) 서버에 등록이 되어 있어야 한다.

▌DNS(Domain Name Service)

호스트 이름을 알려주면 테이블에 등록된 호스트를 찾아 대응하는 IP 주소를 제공하는 서비스를 말한다.

▌URL(Uniform Resource Locator)

네트워크 상에서 자원의 주소를 표현하기 위한 규약으로 그림 11-1과 같이 '프로토콜, 호스트 이름, 포트 번호, 파일 이름'으로 구성된다.

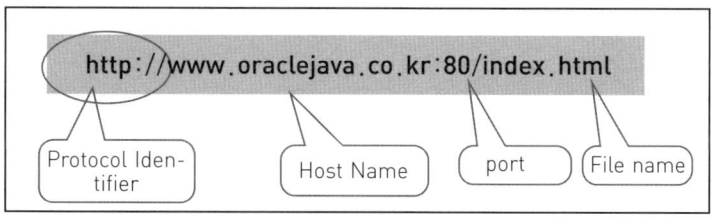

▲ 그림 11-1 URL의 구조

▌소켓(socket)

통신의 끝점을 의미한다. TCP/IP에서 소켓은 소스 IP 주소와 포트번호 그리고 목적지 IP 주소와 포트번호로 구성되어 있다. 네트워크 통신을 위한 프로그램들은 소켓을 생성하고, 이 소켓을 통해서 서로 데이터를 교환한다.

포트(port)

전송 계층 프로토콜 중에서 TCP나 UDP 등의 프로토콜이 사용하는 가상의 논리적 통신 연결단으로 각 포트는 번호로 구별한다. 포트 번호는 표 11-2와 같이 세 종류로 구분할 수 있다.

표 11-2 포트 번호의 종류

포트 번호	설명
0번 ~ 1023번	잘 알려진 포트 (well-known port) 예) 23번(텔넷), 53번(DNS), 80번(웹 또는 HTTP)
1024번 ~ 49151번	등록된 포트 (registered port)
49152번 ~ 65535번	동적 포트 (dynamic port)

TCP(Transmission Control Protocol)

TCP/IP의 전송 계층으로 연결 지향의 서비스를 제공하므로 패킷이 보낸 순서대로 도착하며 신뢰성이 보장된다.

UDP(User Datagram Protocol)

TCP/IP의 전송 계층으로 비연결 지향의 서비스를 제공하므로 목적지 주소를 가지고 있는 패킷 단위로 데이터를 전송한다. 패킷의 전송 순서가 보장되지 않고 신뢰성이 떨어진다.

11.2 InetAddress와 URL

InetAddress

InetAddress 클래스는 IP 주소를 표현하기 위한 클래스로 public 생성자를 제공하지 않기 때문에 new 생성자를 이용하여 객체를 생성할 수 없다. InetAddress의 객체를 생성하려면 InetAddress의 정적 메서드인 getByName()이나 getAllByName()을 이용하면 된다. 표 11-3은 InetAddress의 주요 메소드이다.

표 11-3 InetAddress의 주요 메소드

static InetAddress getByName(String host)	주어진 이름을 갖는 호스트의 IP 주소를 반환한다.
static InetAddress[] getAllByName(String host)	주어진 이름을 갖는 호스트에 다중 IP가 할당되어 있는 경우, 할당된 모든 IP 주소를 반환한다.
static InetAddress getLocal-Host()	로컬 호스트의 이름을 반환한다.
String getHostAddress()	InetAddress 객체에 저장된 IP 주소를 "203.249.125.88" 형식의 문자열로 반환한다.
String getHostName()	InetAddress 객체에 저장된 호스트 이름을 문자열로 반환한다.
String toString()	InetAddress 객체에 저장된 호스트 이름과 IP 주소를 문자열로 반환한다.
byte[] getAddress()	InetAddress 객체가 가지고 있는 IP 주소의 바이트 배열을 얻는다. 자바에서의 byte형 값은 −128~127의 값을 가지게 되므로, IP 주소를 나타내기 위해서는 0~255 사이의 값으로 변환시켜주어야 한다.

예제 11-1은 InetAddress 클래스를 이용하여 로컬 컴퓨터와 리모트 컴퓨터의 이름과 주소를 확인하는 프로그램이다.

예제 11-1 · InetAddressEx01.java

```
1   import java.net.*;
2
3   public class InetAddressEx01 {
4      public static void main(String[] args) {
5         InetAddress iAddress = null;
6         InetAddress[] iAddressArray = null;
7         try{
8            iAddress = InetAddress.getLocalHost();
9            System.out.println("로컬 컴퓨터의 이름 : "
10              + iAddress.getHostName());
11           System.out.println("로컬 컴퓨터의 주소 : "
12              + iAddress.getHostAddress());
13           System.out.println("로컬 컴퓨터의 이름과 주소 : "
14              + iAddress.toString());
15
16           iAddress = InetAddress.getByName("www.naver.com");
17           System.out.println("www.naver.com의 주소 : "
18              + iAddress.getHostAddress());
```

```
19
20        iAddressArray = InetAddress.getAllByName("www.google.com");
21          for(int i = 0 ; i < iAddressArray.length; i++){
22            System.out.println("www.daum.net의 " + i + "번째 서버 : "
23                + iAddressArray[i].getHostAddress());
24          }
25        } catch (UnknownHostException e) {
26            e.printStackTrace();
27        }
28    }
29 }
```

1번	• 네트워크 프로그래밍을 위해 'java.net' 패키지를 **import** 한다.
5-6번	• IP 정보를 저장할 객체와 배열 객체를 생성한다.
8-14번	• 로컬 컴퓨터의 이름과 주소를 출력한다.
16-18번	• 지정한 도메인의 IP 주소를 출력한다.
20-24번	• 지정한 도메인의 IP 주소가 여러 개일 때 하나씩 차례대로 출력한다.
25-26번	• 도메인에 문제가 발생한 경우 원인을 추적한다.

실행 결과	Problems @ Javadoc Declaration Console ⊠ <terminated> InetAddressEx01 [Java Application] C:₩Program File 로컬 컴퓨터의 이름 : TG-PC 로컬 컴퓨터의 주소 : 192.168.0.7 로컬 컴퓨터의 이름과 주소 : TG-PC/192.168.0.7 www.naver.com의 주소 : 220.95.233.171 www.google.com의 0번째 서버 : 74.125.31.104 www.google.com의 1번째 서버 : 74.125.31.105 www.google.com의 2번째 서버 : 74.125.31.106 www.google.com의 3번째 서버 : 74.125.31.147 www.google.com의 4번째 서버 : 74.125.31.99 www.google.com의 5번째 서버 : 74.125.31.103

URL

URL 클래스는 웹상에 존재하는 자원의 주소를 의미하는 URL을 표현한다. 표 11-4는 URL 클래스의 주요 생성자와 메소드이다.

표 11-4 URL 클래스의 생성자와 메소드

주요 생성자

public URL(String url) throws MalformedURLException	url을 이용하여 웹에서 사용하는 자원의 주소인 URL을 생성한다. 예) new URL("http://java.oracle.com:80/");
public URL(URL protocol, String url) throws MalformedURLException	protocol과 url을 이용하여 URL을 생성하는 데 다음과 같은 경우가 가능하다. – url에 프로토콜이 지정된 경우 protocol의 내용을 무시한다. – url이 아니라 protocol에 프로토콜이 지정된 경우 이를 사용한다. – url과 protocol이 null이면 "MalformedURLException" 예외가 발생한다. 예) new URL("http", "java.oracle.com:80/");
public URL(String protocol, String host, String file) throws MalformedURLException	protocol, host, file을 사용하여 URL을 생성한다. 정상적인 URL이 아니면 "MalformedURLException" 예외가 발생한다. 예) new URL("http", "java.oracle.com:80/", "index.html");
public URL(String protocol, String host, int port, String file) throws MalformedURLException	protocol, host명, port 번호, file명을 사용하여 URL을 생성한다. 정상적인 URL이 아니면 "MalformedURLException" 예외가 발생한다. 만약 port 번호에 −1을 할당하면 해당 protocol에 맞는 default 번호가 사용된다. 예) new URL("http", "java.oracle.com", 80, "index.html");

주요 메소드

String toExternalForm()	URL에 대한 문자열 객체를 생성한다.
public String getFile()	URL의 파일명이 반환된다.
public String getProtocol()	URL의 protocol 이름을 반환한다.
public String getHost()	URL의 host명이 반환된다. 만약 "file" protocol이면 빈 문자열을 반환한다.
public int getPort()	URL의 port 번호를 반환한다. 만약 기본(default) 포트이면 −1을 반환한다.
public boolean equals(Object obj)	두 개의 URL 객체를 비교하는 것으로 두 개의 URL 객체가 동일하면 true를 반환한다. 여기서 URL 객체의 anchor는 비교하지 않는다.
public URLConnection openConnection() throws IOException	URL 객체에 의해 참조되는 원거리 객체에 대한 접속을 나타내는 URLConnection 객체를 반환한다.
public final InputStream openStream() throws IOException	URL을 열고, 접속으로부터 데이터를 읽기 위한 InputStream을 반환한다.

예제 11-2는 URL 클래스를 이용하여 인터넷의 특정 URL에 존재하는 파일의 정보를 전체 URL, 프로토콜, 호스트 이름, 포트 번호, 파일 이름으로 구분하여 출력하는 프로그램이다.

예제 11-2 · URLEx01.java

```
1   import java.net.*;
2
3   class UrlEx01 {
4       public static void main(String args[]) {
5           URL url=null;
6           try {
7               url = new URL("http://www.naver.com/index.html");
8           } catch(MalformedURLException e) {
9               System.out.println(e);
10          }
11
12          System.out.println("URL : " + url.toExternalForm());
13          System.out.println("프로토콜 : " + url.getProtocol());
14          System.out.println("호스트 이름 : " + url.getHost());
15          System.out.println("포트 번호 : " + url.getPort());
16          System.out.println("파일 이름 : " + url.getFile());
17      }
18  }
```

5-10번	• 특정한 인터넷 자원에 대한 URL 객체를 생성한다. 생성과정에 예외가 발생하면 그 내용을 출력한다.
12-18번	• 전체 URL, 프로토콜, 호스트 이름, 포트 번호, 파일 이름을 차례대로 출력한다.

실행 결과	Problems @ Javadoc Declaration Console ☒ \<terminated\> UrlEx01 [Java Application] C:\Program Files\Java\ URL : http://www.naver.com/index.html 프로토콜 : http 호스트 이름 : www.naver.com 포트 번호 : -1 파일 이름 : /index.html

URLConnection

URLConnection 클래스를 이용하면 URL이 가리키는 자원의 속성을 알 수 있다. 추상 클래스이기 때문에 직접 객체를 생성하지 못하고 아래와 같이 URL 클래스의 openConnection() 메소드를 사용하여 객체를 생성한다.

사용 예

```
URL u = new URL("http://java.oracle.com/index.html");
URLConnection uc = u.openConnection();
```

표 11-5는 URLConnection 클래스에서 제공하는 주요 메소드이다.

표 11-5 URLConnection 클래스의 주요 메소드

public URL getURL()	자원의 URL을 반환한다.
public String getContentType()	자원의 형식을 반환한다. 형식을 알 수 없으면 null을 반환한다.
public int getContentLength()	자원의 길이를 반환한다. 길이를 알 수 없으면 -1이 반환된다.
public long getDate()	자원이 생성된 날짜를 반환한다. 날짜를 알 수 없으면 0을 반환한다. 반환값은 1970년 1월 1일부터 현재까지 경과된 초이다.
public long getLastModified()	자원이 마지막으로 수정된 날짜를 반환한다. 알 수 없으면 0을 반환한다. 반환값은 1970년 1월 1일부터 현재까지 경과된 초이다.
public String getContentEncoding()	자원의 암호화 형식을 반환한다. 알 수 없으면 null을 반환한다.
public InputStream getInputStream() throws IOException	자원의 데이터를 읽기 위한 입력 스트림을 생성하여 반환한다.
public OutputStream getOutputStream() throws IOException	자원에에 데이터를 쓰기 위한 출력 스트림을 생성하여 반환한다.

예제 11-3은 URLConnection 클래스를 이용하여 URL이 가리키는 자원의 속성을 출력하는 프로그램이다.

예제 11-3 · URLConnectionEx01.java

```java
1   import java.io.*;
2   import java.net.*;
3
4   class URLConnectionEx01 {
5       public static void main(String args[]) {
6           URL url=null;
7           URLConnection uc = null;
8           int i = 200;
9           int c;
10
11          try {
12              url = new URL("http://www.naver.com/index.html");
13              uc = url.openConnection();
14
15              System.out.println("자원의 URL : " + uc.getURL());
16              System.out.println("자원의 형식 : " + uc.getContentType());
17              System.out.println("자원의 길이 : " + uc.getContentLength());
18              System.out.println("생성일 : " + uc.getDate());
19              System.out.println("수정일 : " + uc.getLastModified()+"\n");
20
21              System.out.println("자원의 내용 : ");
22              InputStream is = uc.getInputStream();
23              while(((c=is.read()) != -1) && (--i > 0)) {
24                  System.out.print((char) c);
25              }
26
27          } catch(MalformedURLException e) {
28              System.out.println(e);
29          } catch(IOException e) {
30              System.out.println(e);
31          }
32
33      }
34  }
```

8번	• 자원의 내용을 200자까지 출력하도록 변수를 설정한다.
12-13번	• URL과 URLConnection 객체를 생성한다.
15-19번	• 자원의 다양한 속성을 출력한다.
21-25번	• 자원의 내용을 200자까지 출력한다.
27-31번	• 예외상황이 발생하면 그 내용을 출력한다.

실행
결과

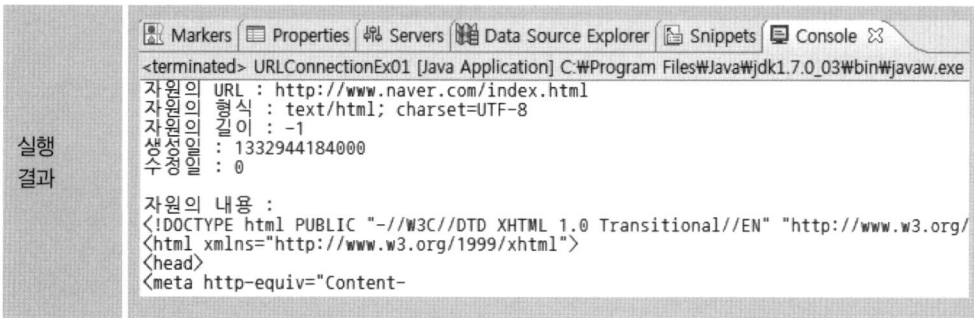

```
Markers  Properties  Servers  Data Source Explorer  Snippets  Console ☒
<terminated> URLConnectionEx01 [Java Application] C:₩Program Files₩Java₩jdk1.7.0_03₩bin₩javaw.exe
자원의 URL : http://www.naver.com/index.html
자원의 형식 : text/html; charset=UTF-8
자원의 길이 : -1
생성일 : 1332944184000
수정일 : 0

자원의 내용 :
<!DOCTYPE html PUBLIC "-//W3C//DTD XHTML 1.0 Transitional//EN" "http://www.w3.org/
<html xmlns="http://www.w3.org/1999/xhtml">
<head>
<meta http-equiv="Content-
```

11.3 클라이언트/서버 모델

그림 11-2와 같은 클라이언트/서버 모델은 네트워크 프로그램을 작성하는 모델 중에서 가장 널리 사용된다. 이 모델은 우선 호스트에서 서버 프로세스가 실행되어 클라이언트 프로세스가 접속하기를 기다린다. 그 다음에 클라이언트 프로세스가 실행되어 서버 프로세스와 접속을 시도한다. 접속이 이루어지면 클라이언트는 서버에게 필요한 서비스를 요청하고 서버는 해당 서비스를 클라이언트에게 제공한다.

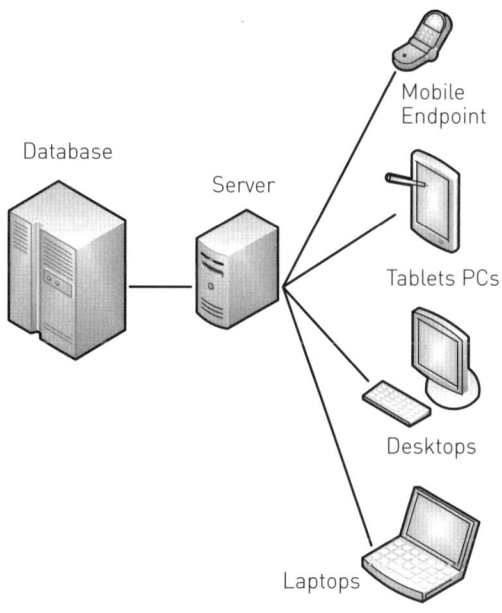

▲ 그림 11-2 클라이언드/시비 모델

클라이언트와 서버 사이의 통신은 TCP 소켓을 이용한 연결 중심 방식과 UDP 소켓을 이용한 비연결성 방식이 있는데 두 통신 방식을 비교해보면 표 11-6과 같다.

표 11-6 TCP와 UDP 통신방식의 비교

구분	TCP 통신	UDP 통신
연결	• 연결지향 방식 • 전화처럼 전용선 연결 후 1:1 통신	• 비연결지향 방식 • 편지처럼 연결없이 주소를 이용하여 1:1, 1:n, n:n 통신
특징	• 신뢰성 있는 방식이지만 네트워크의 부담이 많아 UDP보다 전송속도가 느리다. • 데이터의 경계가 없는 스트림방식 • 전송데이터의 도착순서가 보장된다.	• 신뢰성이 없는 방식이지만 네트워크의 부담이 적어 TCP보다 전송속도가 빠르다. • 데이터의 경계가 있는 데이터그램 방식 • 전송데이터의 도착순서가 바뀔 수 있다.
관련 클래스	Socket, ServerSocket	DatagramSocket, DatagramPacket

 **11.4**

TCP 소켓 프로그래밍

▌ServerSocket 클래스

ServerSocket 클래스는 서버 측에서 실행되는 프로그램을 작성하기 위해 사용된다. ServerSocket은 특정 포트에 대한 클라이언트의 요청을 기다리고 있다가, 클라이언트에서 요청이 들어오면 Socket 객체를 반환한다. 실제 통신 작업은 Socket 객체 사이에서 처리된다. 표 11-7은 ServerSocket 클래스의 주요 생성자와 메소드이다.

표 11-7 ServerSocket의 생성자와 메소드

생성자

public ServerSocket(int port) throws IOException	특정 컴퓨터에서 하나의 TCP 포트를 생성한다. 클라이언트의 접속 요청에 대해 준비된 큐의 크기는 기본값이 50이고 큐가 모두 차면 접속을 거부한다.
public ServerSocket(int port, int qsize) throws IOException	특정 컴퓨터에서 하나의 TCP 포트를 생성한다. 큐의 최대 크기를 프로그래머가 지정할 수 있다.

메소드

public InetAddress getInetAddress()	서버 소켓이 연결되어 있는 주소를 반환한다.
public int getLocalPort()	서버 소켓이 클라이언트가 접속하는가를 감시하는 포트 번호를 반환한다.
public Socket accept() throws IOException	클라이언트의 요청을 감시하면서 대기한다. 요청이 들어오면 Socket 클래스의 객체를 생성하여 반환한다.
public void close() throws IOException	서버 소켓을 종료한다.

ServerSocket 클래스를 이용한 서버 측 통신 프로그램은 그림 11-3과 같은 순서로 동작하게 된다.

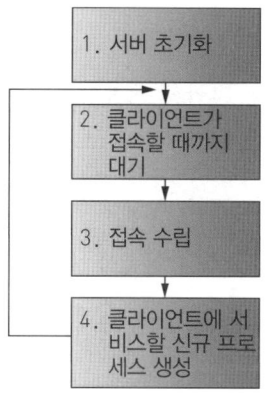

▲ 그림 11-3   서버 프로세서 모델

1 ServerSocket 객체를 생성하여 서버를 초기화한다.

사용 예

```
// 4567번 포트를 사용하고 큐의 크기가 5인 TCP 소켓을 생성한다.
ServerSocket ss = new ServerSocket(4567, 5);
```

서버 소켓은 클라이언트와의 접속을 담당하며 포트번호는 프로세스를 구별하기 위한 번호로 2^{16} = 65,536개까지 사용할 수 있다. 0~1023번까지는 슈퍼유저만 사용할 수 있고 1024~4000번까지는 예약되어 있으며, 사용자 프로그램은 4000번 이상의 포트번호를 사용하도록 한다. 통신할 때 자주 사용하는 telnet은 23번, http는 80번 등으로 특정한 포트

번호는 전 세계적으로 같은 번호를 가진다. 큐의 크기는 서버에 한 번에 접속이 가능한 클라이언트의 수를 지정하는 데 사용한다.

❷ 클라이언트의 접속요청을 받아들이고 소켓 객체를 생성한다.

사용 예

```
// 클라이언트로부터 접속요청이 들어오면 TCP 소켓 s를 생성한다.
Socket s = ss.accept();
```

accept()메소드는 클라이언트로부터 특정포트로 접속요청이 들어올 때까지 대기하고 있다가 접속요청이 들어오면 클라이언트와의 접속을 시작한다. 접속이 완료되면 소켓 객체가 생성된다.

❸ 클라이언트와 통신작업을 실행한다.

생성된 소켓에서 입출력 스트림을 받아서 사용하는데, 출력 스트림은 클라이언트로 자료를 전송할 때 입력 스트림은 클라이언트에서 보낸 자료를 수신할 때 사용한다.

❹ 연결을 종료한다.

전송과 수신이 완료되면 클라이언트와의 연결을 종료한다.

예제 11-4는 TCP 소켓을 이용하여 클라이언트에게 간단한 통신 서비스를 제공하는 서버 프로그램으로 클라이언트 프로그램(예제 11-5)이 전송한 임의의 숫자만큼 "Hello Net World!" 문자열을 전송한다. 이 프로그램은 멀티스레드를 사용하여 여러 클라이언트에게 동시에 서비스를 제공할 수 있다.

예제 11-4 · ThreadedServer.java

```
1   import java.net.*;
2   import java.io.*;
3
4   public class ThreadedServer {
5       public static void main(String[] args) {
6           ServerSocket ss = null;
7           Socket s;
8           SocketHandler sh = null;
9
10          try {
11              ss = new ServerSocket(5432, 5);
```

```
12          } catch (IOException e) {}
13
14          while (true) {
15              try {
16                  s=ss.accept();
17                  sh = new SocketHandler(s);
18                  sh.start();
19              } catch (IOException e) { }
20          }
21      }
22 }
23
24 class SocketHandler extends Thread {
25      Socket  s;
26      String sendString = "Hello Net World!";
27      int slength = sendString.length();
28      OutputStream os;
29      DataOutputStream dos;
30      InputStream is;
31      DataInputStream dis;
32      int loop = 0;
33
34      public SocketHandler(Socket s) {
35          this.s = s;
36      }
37
38      public void run() {
39          try
40              is = s.getInputStream();
41              dis = new DataInputStream (is);
42
43              os = s.getOutputStream();
44              dos = new DataOutputStream (os);
45
46              loop = dis.readInt();
47              for(int i = 0; i < loop; i++) {
48                  dos.writeUTF(sendString + " " + i);
49                  try {
50                      sleep(200);
51                  } catch(InterruptedException e) {
52                  }
53
54              dos.close();
```

```
55          os.close();
56          dis.close();
57          is.close();
58          s.close();
59      } catch (IOException e) {}
60    }
61 }
```

8번	• 소켓을 스레드로 관리해주는 SocketHandler 클래스에 대한 선언이다. 이 SocketHandler 클래스에서 사용자의 요구사항을 처리한다.
10-12번	• 5432번 포트를 사용하고 큐의 크기가 5인 TCP 소켓을 생성한다.
14-20번	• 클라이언트의 접속요청이 들어오면 소켓을 생성한 후 생성된 소켓을 SocketHandler() 생성자의 매개변수로 전달하여 SocketHandler 스레드를 생성하고 스레드를 실행한다.
40-44번	• 소켓으로부터 전송 및 수신을 위한 파일 입출력 스트림을 생성한다.
46번	• 클라이언트가 보낸 수를 읽어서 문자열을 전송할 횟수를 결정한다.
47-52번	• 문자열을 loop에 저장된 수만큼 클라이언트에게 전송한다.
50번	• 스레드 간의 자원 경쟁을 완화하기 위하여 200 ms 동안 스레드를 지연시킨다.

실행 결과	• ThreadedServer.java가 저장된 폴더로 이동한 후 javac 명령을 이용하여 컴파일한다. 컴파일이 완료되면 start 명령어를 사용하여 프로그램을 백그라운드에서 실행한다.

```
c:\workspace\11장\src>javac ThreadedServer.java

c:\workspace\11장\src>start java ThreadedServer

c:\workspace\11장\src>_
```

▌Socket 클래스

Socket 클래스는 클라이언트와 서버 사이의 실질적인 통신 작업을 처리하기 위해 사용된다. 통신 상대방에게 데이터를 보내거나 받기 위해 스트림 객체를 사용한다. 표 11-8은 Socket 클래스의 주요 생성자와 메소드이다.

표 11-8 Socket의 생성자와 메소드

주요 생성자

public Socket(String host, int port) throws UnknownHostException, IOException	특정 host명과 포트번호를 이용해서 Socket을 생성하고 연결한다.
public Socket(InetAddress address, int port) throws IOException	특정 IP와 포트번호를 이용해서 Socket을 생성하고 연결한다.

주요 메소드

public InetAddress getInetAddress()	소켓에 연결된 원격 컴퓨터의 IP 주소를 반환한다.
public InetAddress getLocalAddress()	소켓에 연결된 로컬 컴퓨터의 IP 주소를 반환한다.
public int getPort()	소켓에 연결된 원격 컴퓨터의 포트번호를 반환한다.
public int getLocalPort()	소켓에 연결된 로컬 컴퓨터의 포트번호를 반환한다.
public InputStream getInputStream() throws IOException	소켓으로부터 바이트 단위로 데이터를 읽기 위한 입력 스트림 객체를 반환한다.
public OutputStream getOutputStream() throws IOException	소켓으로부터 바이트 단위로 데이터를 쓰기 위한 출력 스트림 객체를 반환한다.
public synchronized void close() throws IOException	소켓을 닫는다.

Socket 클래스를 이용한 클라이언트 측 통신 프로그램은 그림 11-4와 같은 순서로 동작하게 된다.

예제 11-5는 TCP 소켓을 이용하여 서버에게 간단한 통신 서비스를 요구하는 클라이언트 프로그램으로 서버 프로그램(예제 11-4)은 클라이언트가 요구한 숫자 만큼 "Hello Net World!" 문자열을 반복해서 전송하고 이 프로그램은 그 문자열을 화면에 출력한다.

예제 11-5 · Client.java

```
1   import java.net.*;
2   import java.io.*;
3
4   class Client {
5       public static void main(String[] args) throws IOException {
6           int c;
7           Socket s;
8           InputStream sIn;
9           DataInputStream dis;
10          OutputStream sOut;
11          DataOutputStream dos;
12          int loop = Integer.parseInt(args[0]);
13
14          s = new Socket("localhost",5432);
15
16          sIn = s.getInputStream();
17          dis = new DataInputStream(sIn);
18
19          sOut = s.getOutputStream();
20          dos = new DataOutputStream(sOut);
21
22          dos.writeInt(loop);
23          for(int i = 0; i < loop; i++) {
24              String st = new String(dis.readUTF());
25              System.out.println(st);
26          }
27
28
29          dis.close();
30          sIn.close();
31          dos.close();
32          sOut.close();
33          s.close();
34      }
35  }
```

14번 16-20번 22번 23-26번	• 시스템의 5432 포트번호에 연결된 서버 프로세스에 접속하는 소켓을 생성한다. • 소켓으로부터 전송 및 수신을 위한 파일 입출력 스트림을 생성한다. • 서버로부터 전송받을 문자열의 반복 횟수를 전송한다. • 서버로부터 문자열을 loop번 반복 수신하여 표준 출력으로 출력한다.
실행 결과	• Client.java가 저장된 폴더로 이동한 후 javac 명령을 이용하여 컴파일한 다. 컴파일이 완료되면 'java Client 100' 과 같이 프로그램을 실행한다. • 명령 프롬프트 창을 여러 개 띄워 'java Client 100' 명령을 동시에 실행 하면 멀티스레드가 지원되는 것을 확인할 수 있다. 관리자: 명령 프롬프트 - java Client 200 c:₩workspace₩11장₩src>javac ThreadedServer.java c:₩workspace₩11장₩src>start java ThreadedServer c:₩workspace₩11장₩src>javac Client.java c:₩workspace₩11장₩src>java Client 200 Hello Net World! 0 Hello Net World! 1 Hello Net World! 2 Hello Net World! 3 Hello Net World! 4 Hello Net World! 5 Hello Net World! 6 Hello Net World! 7 Hello Net World! 8 Hello Net World! 9 Hello Net World! 10 Hello Net World! 11 Hello Net World! 12 Hello Net World! 13 Hello Net World! 14 Hello Net World! 15 Hello Net World! 16

11.5 UDP 소켓 프로그래밍

그림 11-5와 같이 데이터그램 패킷을 이용하는 UDP 소켓은 클라이언트와 서버가 연결된 상태에서 데이터를 주고받는 TCP 소켓과 달리 클라이언트와 서버가 연결되지 않은 상태에서 패킷을 전송하기 때문에 패킷을 일일이 생성해야 하며 각각의 패킷마다 주소가 포함되어 데이터를 전송해야 한다. 따라서 네트워크 상태에 영향을 받아 먼저 보낸 패킷이 나중에 도착할 수 있다.

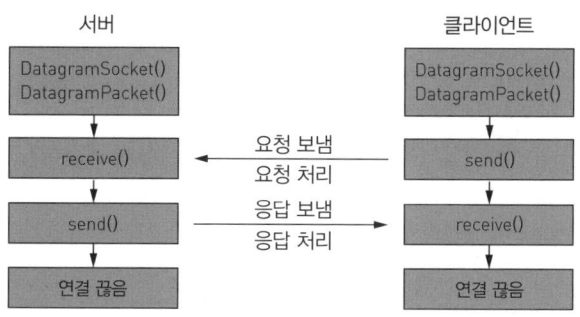

▲ 그림 11-5   UDP 소켓 프로세서 모델

DatagramSocket 클래스

DatagramSocket 클래스는 실제 데이터 전송기능을 제공하는 클래스이다. 이 클래스의 주요 생성자와 메소드는 표 11-9와 같다.

표 11-9 DatagramSocket의 생성자와 메소드

생성자

public DatagramSocket() throws SocketException	UDP 소켓을 만들고, localhost에서 사용 가능한 포트를 연결한다.
public DatagramSocket(int port) throws SocketException	UDP 소켓을 만들고, localhost의 지정된 포트를 연결한다.
public DatagramSocket(int port, InetAddress addr) throws SocketException	지정한 주소의 UDP 소켓을 만들고 지정된 포트에 연결한다. 포트번호는 0부터 65535 까지이다.

메소드

public void send(DatagramPacket p) throws IOException	데이터, 길이, 수신할 주소와 포트번호에 대한 정보가 포함된 UDP 패킷을 보낸다.
public synchronized void receive(DatagramPacket p) throws IOException	데이터, 길이, 발송한 주소와 포트번호에 대한 정보가 포함된 UDP 패킷을 받는다. 이 메소드는 패킷을 모두 수신하기 전까지 대기하고 있으며 만약 준비된 버퍼보다 더 큰 데이터는 뒷 부분이 짤리게 된다.
public InetAddress getLocalAddress()	local 컴퓨터의 주소를 얻는다.
public int getLocalPort()	local 컴퓨터의 포트번호를 얻는다.
public void close()	데이디그램 소켓을 닫는다.

▎ DatagramPacket 클래스

DatagramPacket 클래스는 데이터그램 패킷에 대한 처리를 지원하는 클래스로 주요 생성자와 메소드는 표 11-10과 같다.

표 11-10 DatagramPacket의 생성자와 메소드

생성자

public DatagramPacket(byte buf[], int length)	length로 지정한 크기의 DatagramPacket을 생성한다.
public DatagramPacket(byte buf[], int length, InetAddress addr, int port)	지정한 주소와 포트번호로 전송할 DatagramPacket을 생성한다.

메소드

public synchronized byte[] getData()	보내거나 수신된 데이터를 반환한다.
public synchronized int getLength()	보내거나 수신된 데이터의 길이를 반환한다.
public synchronized void setData(byte ibuf[])	데이터를 설정한다.
public synchronized void setLength(int ilength)	데이터의 길이를 설정한다.
public synchronized InetAddress getAddress()	데이터그램을 보내거나 수신할 컴퓨터의 주소를 반환한다.
public synchronized int getPort()	데이터 그램을 보내거나 받을 컴퓨터의 포트번호를 반환한다.

예제 11-6은 UDP 소켓을 이용하여 클라이언트에게 간단한 통신 서비스를 제공하는 서버 프로그램으로 예제 11-7의 클라이언트 프로그램이 전송한 메시지를 보여준 후 메시지를 다시 돌려보내는 프로그램이다.

예제 11-6 · EchoUDPServer.java

```
1   import java.io.*;
2   import java.net.*;
3
4   class echoObject implements Runnable {
5       Thread echoThread = null;
6       DatagramSocket s = null;
7       DatagramPacket source = null;
8
9       public echoObject(DatagramSocket s, DatagramPacket src) {
```

```
10          this.s = s;
11          this.source = src;
12      }
13
14      public synchronized void start() {
15          if(echoThread == null) {
16              echoThread = new Thread(this);
17              echoThread.start();
18          }
19      }
20
21      public synchronized void stop() {
22          if(echoThread != null) {
23              echoThread = null;
24          }
25      }
26
27      public synchronized void run() {
28          String messageText = new String(source.getData(), 0,
29              source.getLength());
30
31          System.out.println(source.getLength() +"바이트의 응답 메시지: "
32              + messageText+ "\n");
33
34          byte messageBytes[] = new byte[source.getLength()];
35          messageBytes= messageText.getBytes();
36          DatagramPacket reply = new DatagramPacket(messageBytes,
37              source.getLength(), source.getAddress(), source.getPort());
38
39          try {
40              s.send(reply);
41          } catch(IOException e) {
42              System.out.println("Exception was: " + e);
43          }
44          return;
45      }
46 }
47
48 public class EchoUDPServer implements Runnable {
49      Thread serverThread = null;
50      DatagramSocket s = null;
51
52      public EchoUDPServer(int port) throws SocketException {
53          s = new DatagramSocket(port);
```

```
54      }
55
56      public synchronized void start() {
57         if(serverThread == null) {
58            serverThread = new Thread(this);
59            serverThread.start();
60         }
61      }
62
63      public synchronized void stop() {
64         if(serverThread != null ) {
65            serverThread = null;
66         }
67      }
68
69      public synchronized void run() {
70         System.out.println("로컬호스트의 "+s.getLocalPort()
71            + "번 포트에서 UDP 서버 실행!\n");
72
73         while(serverThread != null) {
74            byte recvBytes[] = new byte[1024];
75            DatagramPacket incomingPacket = new DatagramPacket(recvBytes,
76               recvBytes.length);
77            try {
78               s.receive(incomingPacket);
79            } catch(IOException e) {
80               System.out.println("Error receiving: " + e);
81               continue;
82            }
83
84            System.out.println("클라이언트로부터 메시지 수신.");
85            String str = new String(incomingPacket.getData(), 0,
86               incomingPacket.getLength());
87            System.out.println(incomingPacket.getLength()
88               +"바이트의 수신 메시지: " + str);
89
90            echoObject handler = new echoObject(s, incomingPacket);
91            handler.start();
92         }
93
94         try {
95            s.close();
96         } catch(Exception e) {
```

```
97              System.out.println("Error closing socket: " + e);
98          }
99      return;
100     }
101
102     public static void main(String argv[]) {
103         EchoUDPServer srv = null;
104
105         try {
106             srv = new EchoUDPServer(8000);
107         } catch(Exception e) {
108             System.out.println("Error: " + e);
109             System.exit(1);
110         }
111
112         srv.start();
113     }
114 }
```

4번	• 클라이언트에게 응답 메시지를 보내는 클래스이다.
28-29번	• 클라이언트에서 보내온 메시지를 문자열로 변환한다.
34-37번	• 수신 메시지를 다시 클라이언트에 보내기 위해 UDP 패킷을 생성한다.
39-43번	• 클라이언트에게 메시지를 보낸다.
48번	• UDP 서버의 메인 클래스이다.
53번	• UDP 소켓 즉, 데이터그램 소켓을 생성한다.
70-71번	• UDP 서버의 초기 메시지를 출력한다.
74번	• 메시지 수신시 사용할 1024바이트 크기의 버퍼를 생성한다.
75-76번	• UDP 패킷 즉, 데이터그램 패킷을 생성한다.
77-82번	• 클라이언트로부터 패킷을 수신한다.
85-86번	• 수신된 패킷에서 메시지를 추출한다.
90-91번	• 응답 메시지를 보낼 스레드 객체를 생성한 후 스레드를 실행시킨다.
106번	• 포트번호로 8000번을 사용하는 UDP 서버를 생성한다.

실행 결과	• EchoUDPServer.java가 저장된 폴더로 이동한 후 javac 명령을 이용하여 컴파일한다. 컴파일이 완료되면 'start java EchoUDPServer'와 같이 UDP 서버 프로그램을 실행한다. • 서버 프로그램을 실행하면 별도의 화면에 UDP 서버의 초기 메시지가 보이는 것을 확인할 수 있다.

실행
결과

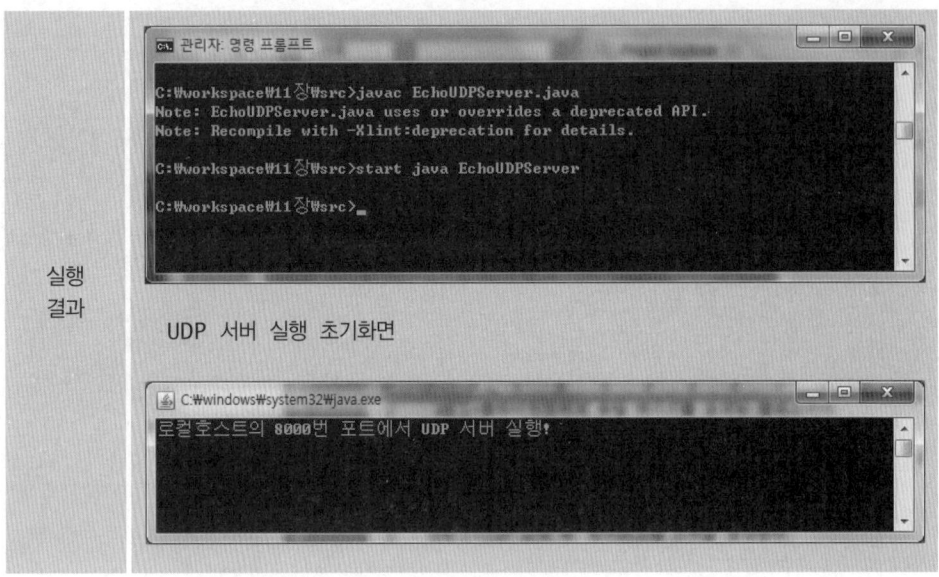

UDP 서버 실행 초기화면

예제 11-7은 UDP 소켓을 이용하여 예제 11-6의 서버 프로그램과 간단한 메시지를 주고받는 클라이언트 프로그램으로 서버로 전송할 메시지를 보여준 후 다시 서버로부터 받은 메시지를 출력한다.

예제 11-7 · EchoUDPServer.java

```
1   import java.io.*;
2   import java.net.*;
3
4   public class EchoUDPMain{
5       public static void main(String args[]){
6           try {
7               EchoUDPClient c = new EchoUDPClient(args[0]);
8               c.start();
9           }catch(java.net.UnknownHostException e){
10          }
11      }
12  }
13
14  class EchoUDPClient implements Runnable {
15      Thread echoThread = null;
16      InetAddress  targetHost;
```

```
17
18    EchoUDPClient(String host) throws UnknownHostException {
19        targetHost = InetAddress.getByName(host);
20    }
21
22    public synchronized void start() {
23        if(echoThread == null) {
24            echoThread = new Thread(this);
25            echoThread.start();
26        }
27    }
28
29    public synchronized void stop() {
30        if(echoThread!= null) {
31            echoThread = null;
32        }
33    }
34
35    public void run() {
36        DatagramSocket s = null;
37        int counter = 0;
38
39        try {
40            s = new DatagramSocket();
41        } catch(Exception e) {
42            System.out.println("Error creating DatagramSocket: " + e);
43            return;
44        }
45
46        while(echoThread!= null) {
47            counter++;
48            String messageText = "이것은 " + counter
49                + "번째 메시지입니다.";
50            System.out.println(messageText);
51            byte messageBytes[] = messageText.getBytes();
52            DatagramPacket sendPacket = new DatagramPacket(messageBytes,
53                messageBytes.length, targetHost, 8000);
54
55            try {
56                s.send(sendPacket);
57            } catch(IOException e) {
58                System.out.println("Error sending packet: " + e);
59                continue;
60            }
```

```
61
62          byte receiveBuf[] = new byte[1024];
63          DatagramPacket receivePacket = new DatagramPacket(receiveBuf,
64              1024);
65
66          try {
67              s.receive(receivePacket);
68          } catch(IOException e) {
69              System.out.println("Error receiving packet: " + e);
70              continue;
71          }
72          String message = new String(receivePacket.getData(), 0,
73              receivePacket.getLength());
74          String replyMessage = "서버로부터 수신된 메시지: " + message;
75          System.out.println(replyMessage+"\n");
76
77          try {
78              Thread.sleep(2000);
79          } catch(InterruptedException e) {
80          }
81      }
82      return;
83  }
84 }
```

7-8번	• 접속할 서버의 주소를 명령행 매개변수로 전달받고 UDP 클라이언트 프로그램을 시작한다.
19번	• 접속할 서버의 주소에 해당하는 InetAddress 객체를 생성한다.
39-44번	• UDP 소켓 즉, 데이터그램 소켓을 생성한다.
48-49번	• UDP 서버에 전송할 메시지를 생성한다.
51-53번	• UDP 서버에 보낼 패킷을 생성한다.
55-60번	• UDP 서버에 생성한 패킷을 보낸다.
62-64번	• UDP 서버에서 전송하는 메시지를 처리할 UDP 패킷을 생성한다.
66-71번	• UDP 서버로부터 패킷을 수신한다.
72-73번	• UDP 패킷 즉, 데이터그램 패킷에서 메시지를 추출한다.

실행 결과	• EchoUDPMain.java가 저장된 폴더로 이동한 후 javac 명령을 이용하여 컴파일한다. 컴파일이 완료되면 'java EchoUDPMain localhost' 와 같이 프로그램을 실행한다. • 명령 프롬프트 창을 여러 개 띄워 'java EchoUDPMain localhost' 명령을 동시에 실행하면 멀티스레드가 지원되는 것을 확인할 수 있다.

실행
결과

UDP 클라이언트 실행 화면

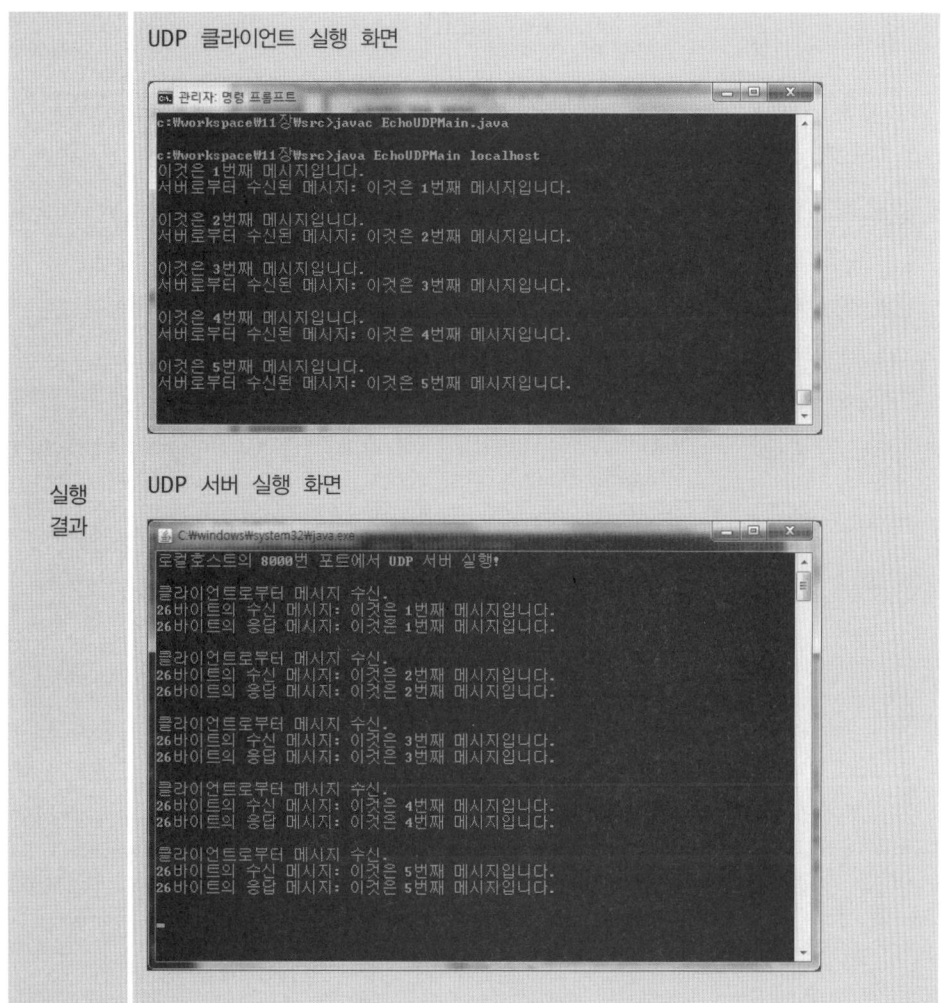

UDP 서버 실행 화면

••• **요약** •••

- java.net 패키지는 네트워크 프로그램을 쉽고 편리하게 작성할 수 있도록 다음과 같은 클래스들을 제공한다.

클래스명	내용
InetAdderess	인터넷 주소와 관련된 정보를 제공
URL	웹에서 사용하는 URL(Uniform Resource Locator)에 대한 정보를 제공
URLConnection	URL이 지정하는 자원에 대한 정보를 제공
ServerSocket	서버측에서 실행되는 TCP 소켓을 지원
Socket	클라이언트와 서버 사이에서 TCP 소켓(연속적이고 순차적인 스트림)을 이용한 정보교환을 지원
DatagramSocket	UDP 소켓(비연속적인 데이터그램)을 이용한 정보교환을 지원
DatagramPacket	UDP 소켓으로 전송될 데이터(데이터그램)를 표현

- 다음은 네트워크와 관련된 주요 용어들이다.

호스트(host)	IP 주소(IP address)
호스트 이름(hostname)	DNS(Domain Name Service)
URL(Uniform Resource Locator)	**소켓**(socket)
포트(port)	TCP(Transmission Control Protocol)
UDP((User Datagram Protocol)	

- 클라이언트 서버 모델은 네트워크 프로그램을 작성하는 모델 중에서 가장 널리 사용된다.
- TCP 소켓 프로그래밍에서 ServerSocket 클래스는 서버 측에서 실행되는 프로그램을 작성하기 위해 사용되고 Socket 클래스는 클라이언트와 서버 사이의 실질적인 통신 작업을 처리하기 위해 사용된다.
- UDP 소켓 프로그래밍에서 DatagramSocket 클래스는 데이터 전송기능을 제공하고 Datagram-Packet 클래스는 데이터그램 패킷에 대한 처리를 지원한다.

<h1 align="center">••• 연습문제 •••</h1>

1. java.net 패키지에 대해 설명하여라.

2. 포트번호의 개념과 일반적으로 사용되는 포트번호에 대하여 설명하여라.

3. URL 클래스와 URLConnection 클래스에 대해 설명하여라.

4. TCP 소켓과 UDP 소켓의 차이점에 대해서 설명하여라.

5. 클라이언트 서버 모델에 대하여 설명하여라.

6. ServerSocket과 Socket의 차이점을 설명하여라.

7. DatagramSocket과 DatagramPacket의 역할을 설명하여라.

8. 네트워크와 관련된 예외 상황에 대해서 조사하여라.

9. 다음은 실습에 사용한 프로그램으로 오류가 포함되어 있다. 디버깅하여 프로그램을 완성하고 오류의 이유를 설명하여라.

InetAddressEx01.java

```java
import java.net.*;

public class InetAddressEx01 {
    public static void main(String[] args) {
        InetAddress IAddress = null;
        InetAddress[] iAddressArray = null;
        try{
    iAddress = InetAddress.getLocalHost();
    System.out.println("로컬 컴퓨터의 이름 : "
            + iAddress.gethostName());
    System.out.println("로컬 컴퓨터의 주소 : "
            + iAddress.gethostAddress());
    System.out.println("로컬 컴퓨터의 이름과 주소 : "
            + iAddress.tostring());

    iAddress = InetAddress.getByname("www.naver.com");
    System.out.println("www.naver.com의 주소 : "
            + iAddress.gethostAddress());

    iAddressArray = InetAddress.getAllByName("www.google.com");
    for(int i = 0 ; i < iAddressArray.length;     ){
        System.out.println("www.daum.net의 " + i + "번째 서버 : "
            + iAddressArray[i].getHostAddress());
        }
    } catch (UnknownHostException e) {
```

```
            e.printStackTrace();
        }
    }
}
```

12

JDBC 프로그래밍

학습 목표

- 데이터베이스와 데이터베이스 관리시스템(DBMS), SQL 언어의 개념을 이해한다.
- 관계형 데이터베이스의 테이블 구조를 이해한다.
- 관계형 데이터베이스의 주요 특징을 배운다.
- MySQL을 설치하고 데이터베이스 생성, 테이블 생성 등 사용방법을 배운다.
- JDBC 프로그래밍 과정과 한글 처리 방법을 배운다.

12.1 데이터베이스

　　데이터베이스(database)는 여러 응용 프로그램에 의해 공유되어 사용될 목적으로 통합하여 관리되는 데이터의 집합으로 자료의 중복을 없애고 자료를 구조화하여 저장함으로써 자료 검색과 갱신의 효율을 높일 수 있다.

　　데이터베이스 관리시스템(DBMS: database management system)은　그림 12-1과 같이 데이터베이스를 효율적으로 정리하고 보관하기 위한 소프트웨어로 데이터의 추가, 변경, 삭제, 검색 등의 기능을 제공한다. DBMS는 계층형, 네트워크형, 관계형, 객체지향형 등으로 나눠지는데, 그 중에서 관계형 DBMS가 가장 많이 사용되고 있다. 관계형 DBMS로는 오라클(Oracle), 사이베이스(Sybase), 인포믹스(Infomix), MySQL, 액세스(Access) 등이 널리 사용된다.

　　SQL(Structured Query Language)은 관계형 DBMS에서 데이터베이스 생성, 자료의 검색, 추가, 변경, 삭제 그리고 데이터베이스 접근관리 등을 지원하는 언어이다. JDBC 프로그램에서도 SQL로 작성된 데이터베이스 처리 명령어를 DBMS에 보내어 데이터베이스를 관리한다.

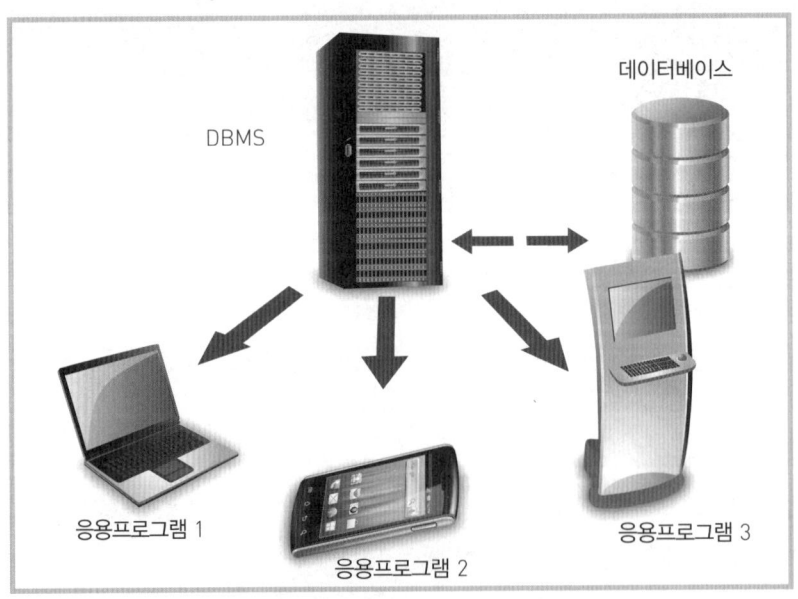

▲ **그림 12-1**　데이터베이스와 DBMS

▌관계형 데이터베이스

관계형 데이터베이스(relational database)는 그림 12-2와 같이 테이블 단위로 구성되는데, 테이블 대신 관계(relation)라는 용어를 사용하기도 한다. 각 테이블은 고유한 이름을 갖으며 열과 행으로 구성된다. 테이블에서 각 열의 이름을 키(key) 또는 속성(attribute)이라고 한다. 특정 키에 해당하는 실제 자료가 값(value)이고 한 테이블에서 특정 키가 가질 수 있는 모든 값(value)의 집합을 도메인(domain)이라고 한다. 테이블의 각 행은 레코드(record) 또는 튜플(tuple)이라고 하고 레코드의 전체 집합을 인스턴스(instance)라고 한다.

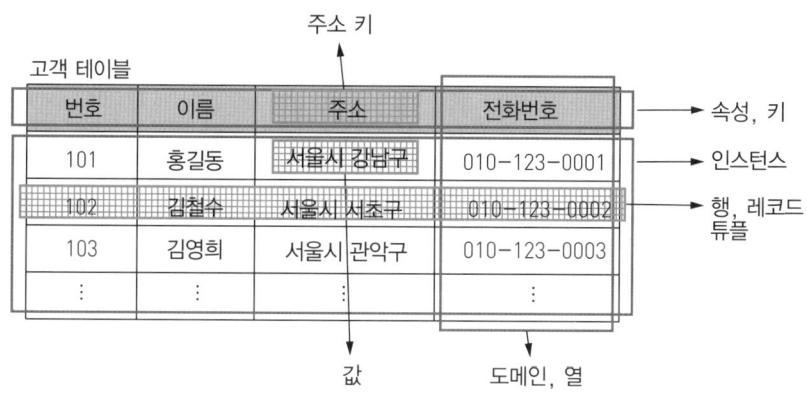

▲ 그림 12-2 테이블의 구조

관계형 데이터베이스는 다음과 같은 특징을 가지고 있다.

* 데이터베이스의 모든 정보를 2차원 테이블로 표현한다.
* 데이터 처리를 위하여 SQL과 같은 고급 언어를 제공한다.
* 선택(selection)이나 조인(join) 같은 관계대수연산과 집합연산을 제공한다.
* 뷰(view)를 통하여 원 데이터 저장 구조와 다른 관점에서 처리할 수 있다.
* 자료의 무결성, 트랜잭션 처리, 복구 등의 기능을 제공한다.

JDBC는 관계형 데이터베이스에 저장된 데이터의 처리를 지원하는 자바 API로 자바 프로그램이 다양한 DBMS에 대해 일관된 방식으로 데이터베이스 연결, 자료 검색, 수정, 사제 등을 할 수 있게 한다. 자바 개발자는 DBMS의 종류에 관계없이 JDBC를 이용하면 된다.

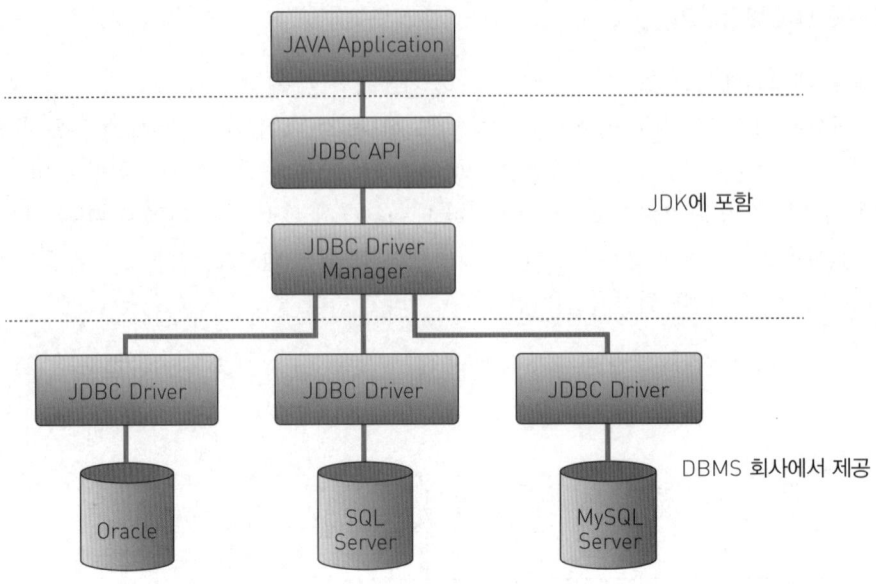

▲ 그림 12-3   자바 JDBC 프로그램의 계층 구조

그림 12-3에서 JDBC 드라이버 매니저는 자바 API에서 제공하는 클래스이고 JDBC 드라이버는 일반적으로 DBMS를 개발한 회사에서 제공한다. 자바 프로그램에서는 JDBC 드라이버 매니저를 통해 JDBC 드라이버를 로드하여 사용한다. 사용하던 DBMS가 변경되어도 프로그램에서 변경된 JDBC 드라이버만 다시 로드하면 된다.

다음은 MySQL, mSQL, 오라클 DBMS를 사용하는 경우 JDBC 드라이버의 경로이다.

- MySQL: org.gjt.mm.mysql.Driver 또는 com.mysql.jdbc.Driver
- mSQL: com.imaginary.sql.msql.MsqlDriver
- Oracle: oracle.jdbc.driver.OracleDriver

12.2 MySQL의 개요

MySQL은 성능이 우수한 관계형 DBMS 중의 하나로 다양한 분야에서 많이 사용되고 있으며 무료로 사용할 수 있다. 이 장에서는 MySQL을 이용하여 데이터베이스 프로그램을 실습하도록 한다.

▌MySQL 다운로드

MySQL 최신버전은 http://www.mysql.com/downloads/에서 제공한다. 그림 12-4와 같이 MySQL 다운로드 사이트에서 'DOWNLOAD'를 선택한 후 다시 그림 12-5에서 'Mi-crosoft Windows'를 선택하고 'DOWNLOAD' 버튼을 누른다.

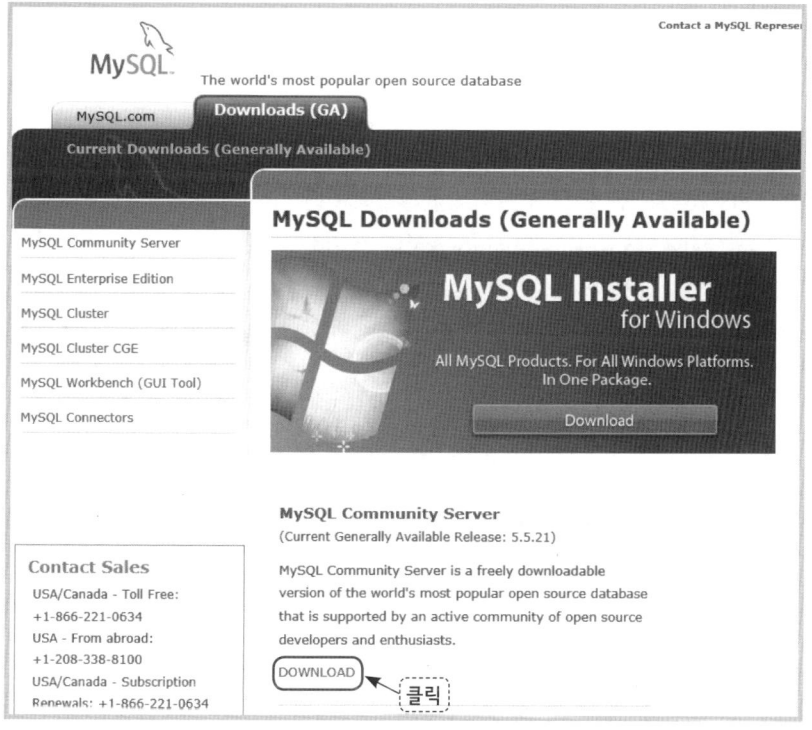

▲ 그림 12-4   MySQL 다운로드 사이트

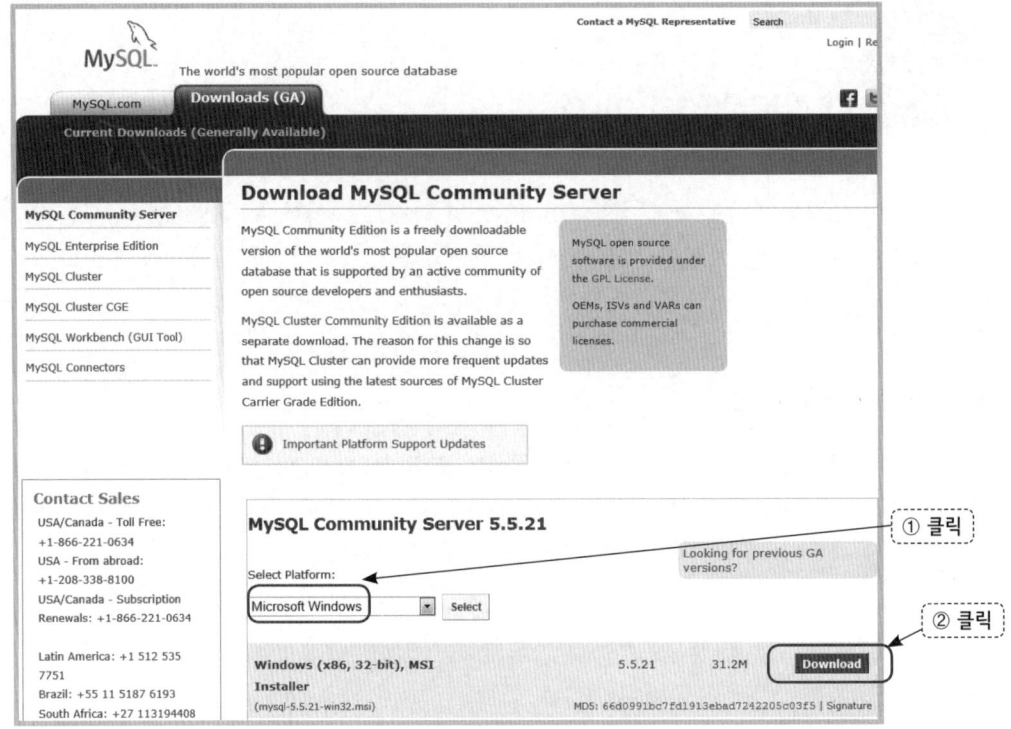

▲ 그림 12-5 Windows 버전 다운로드

MySQL을 다운받을 수 있는 미러사이트를 보려면 그림 12-6과 같이 로그인 하지 않고
'No thanks, just take me to the downloads!'를 선택한다.

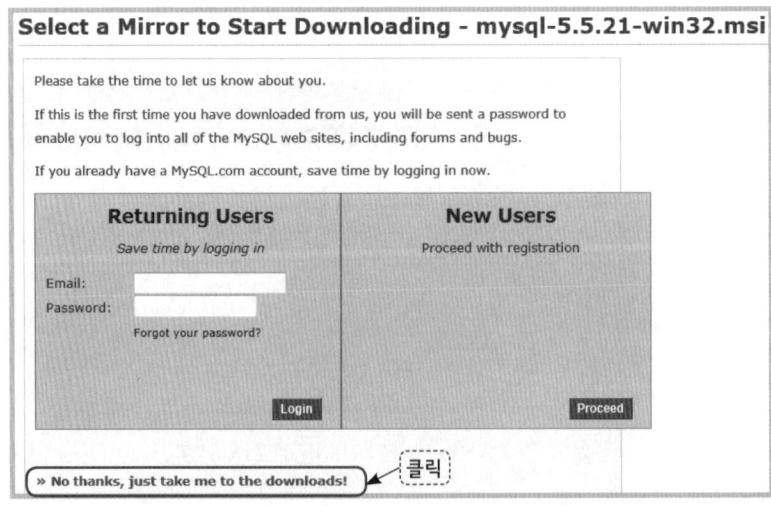

▲ 그림 12-6 미러사이트 로그인 화면

그림 12-7처럼 미러사이트 목록이 보이면 원하는 사이트와 다운로드 방식을 선택하여 MySQL을 다운로드한다.

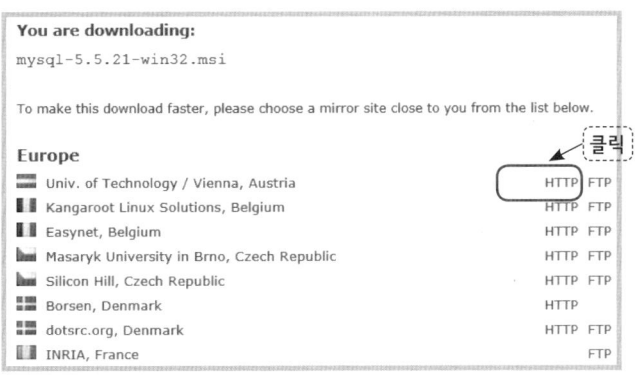

▲ 그림 12-7 미러 사이트

▌MySQL 설치 및 서버 설정

다운받은 MySQL 파일을 더블클릭하여 설치를 시작한다. 라이센스에 동의한 후 그림 12-8의 화면에서 실습용으로 적당한 'Typical' 설치 버튼을 누른다.

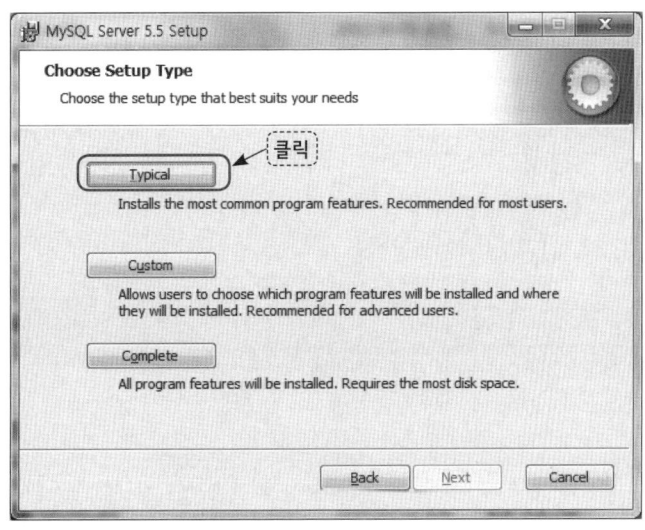

▲ 그림 12-8 설치 옵션 설정

설치가 완료되면 그림 12-9처럼 MySQL 서버 설정을 선택한 후 'Finish' 버튼을 누른다.

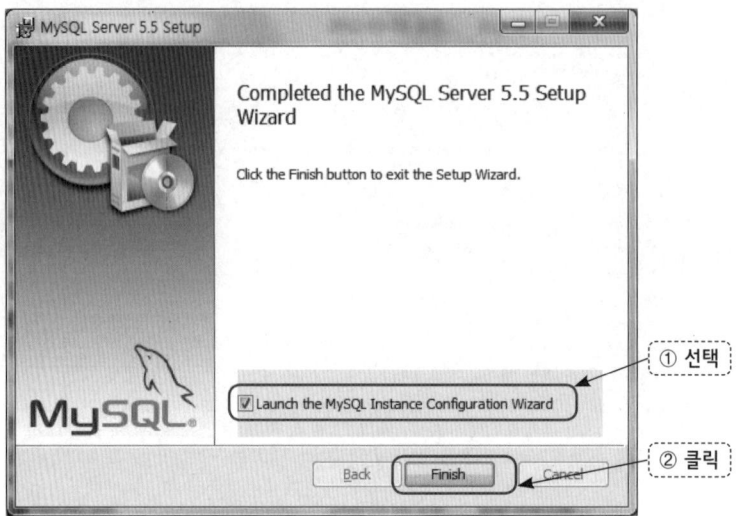

▲ **그림 12-9** 설치 완료 화면

그림 12-10과 같이 MySQL 서버 설정화면이 나타나면 실습용도로 사용하기에 적당한 표준 설정(Standard Configuration)을 선택한 후 'Next' 버튼을 누른다.

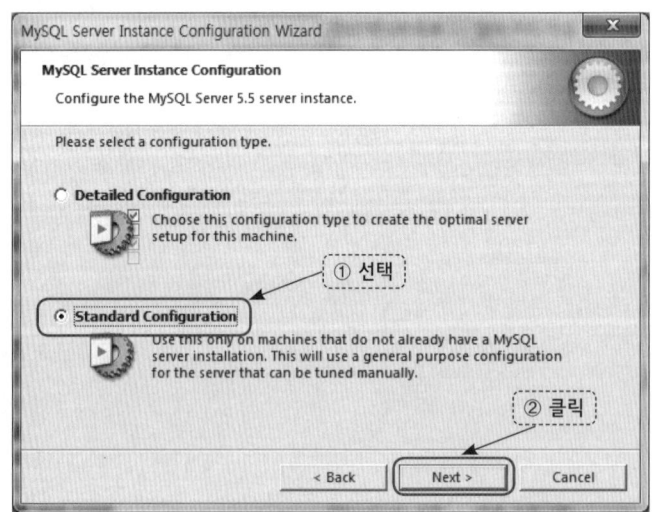

▲ **그림 12-10** 표준 설정 선택

그림 12-11의 윈도우 옵션 설정 화면에서 SQL 서버가 윈도우 서비스로 동작하도록 'Install As Windows Service'를 설정하고 필요할 때만 MySQL 서버를 사용하기 위해 'Lunch the MySQL Server automatically'는 선택을 해제한다. 명령행^(command line)에서 MySQL을 사용하기 위해 MySQL의 경로가 윈도우의 환경 변수 PATH에 포함되도록 'Include Bin Directory in Windows PATH' 옵션을 선택한 후 'Next' 버튼을 누른다.

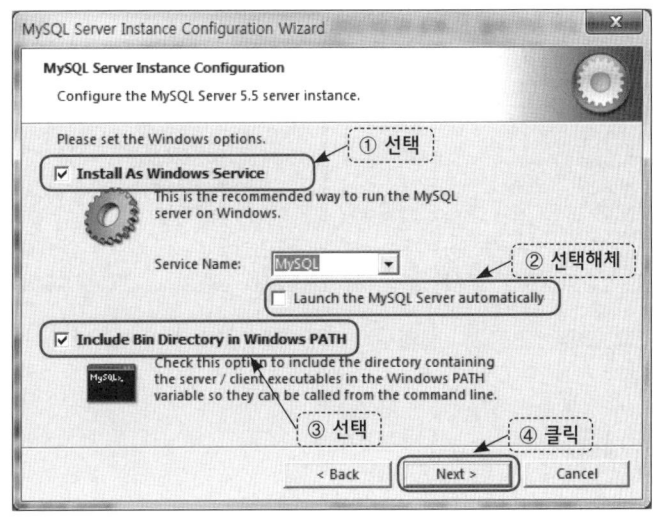

▲ 그림 12-11 윈도우 옵션 설정

그림 12-12의 보안 설정 화면에서 실습용으로 사용할 익명 계정을 생성하기 위해 'Create An Anonymous Account'를 선택하고 'Next' 버튼을 누른다.

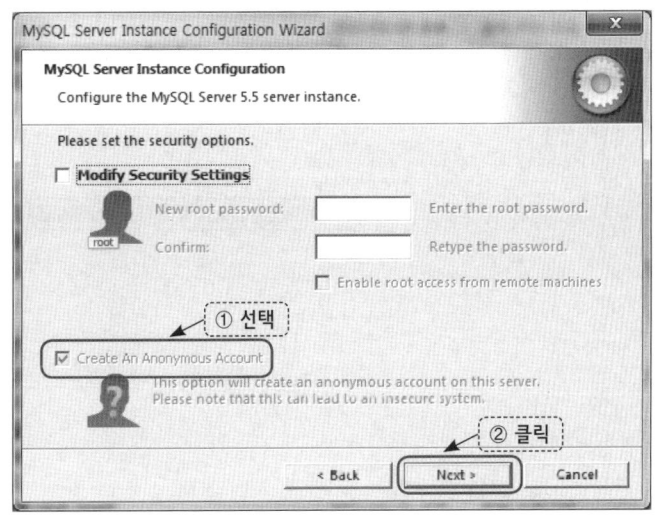

▲ 그림 12-12 보안 설정 화면

이제 MySQL 서버의 다운로드, 설치, 환경설정이 완료되어 MySQL DMBS 서버의 서비스를 사용할 수 있다. 그림 12-13의 실행 준비 화면에서 'Excute' 버튼을 누르면 MySQL 서버의 서비스가 시작된다.

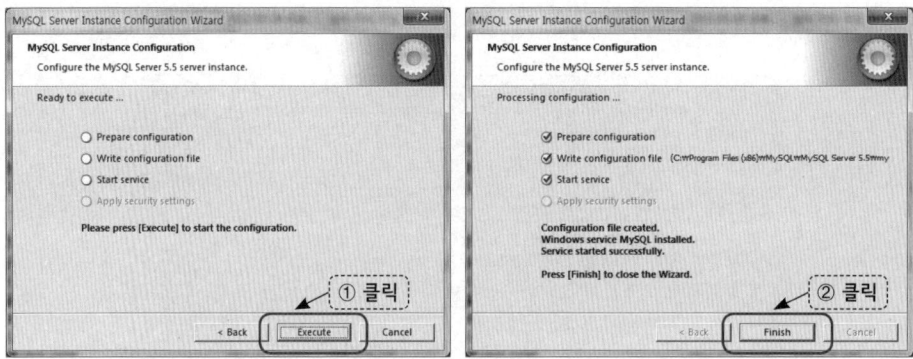

▲ 그림 12-13 실행 준비 화면과 MySQL 서버 시작 화면

▌MySQL 서버 실행

MySQL 서버는 윈도우 서비스로 실행되도록 설정하였으므로 MySQL 서버의 실행 여부는 '제어판 → 시스템 및 보안 → 관리 도구'에서 '서비스'를 더블클릭한 후 그림 12-14와 같

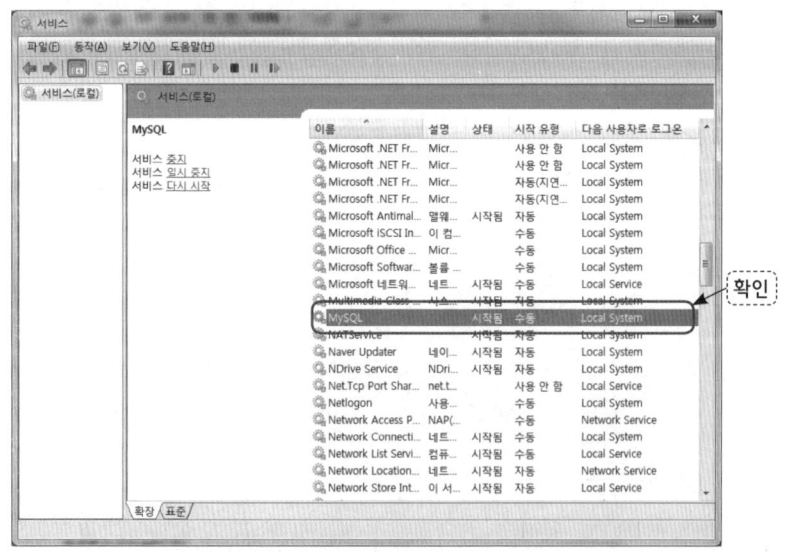

▲ 그림 12-14 MySQL 서버 실행

은 서비스 창에서 MySQL의 상태를 확인해보면 알 수 있다. MySQL 서버는 서비스창에서 수동으로 시작 및 중지시킬 수 있으며 실습을 제외한 시간에는 MySQL 서버를 중지시켜 불필요한 리소스를 사용하지 않도록 한다.

MySQL용 JDBC 드라이버 다운로드

이제 MySQL 서버와 접속하여 자바 프로그램의 데이터베이스 처리를 담당할 MySQL 용 JDBC 드라이버를 설치해야 한다. 일반적으로 JDBC 드라이버는 DBMS 개발사가 제공한다. MySQL용 JDBC 드라이버도 MySQL 다운로드 사이트인 'http://www.mysql.com/downloads/'에서 다운받을 수 있다. 그림 12-15의 다운로드 화면 아래쪽에서 'Connector/J'의 'DOWNLOAD'를 선택한다.

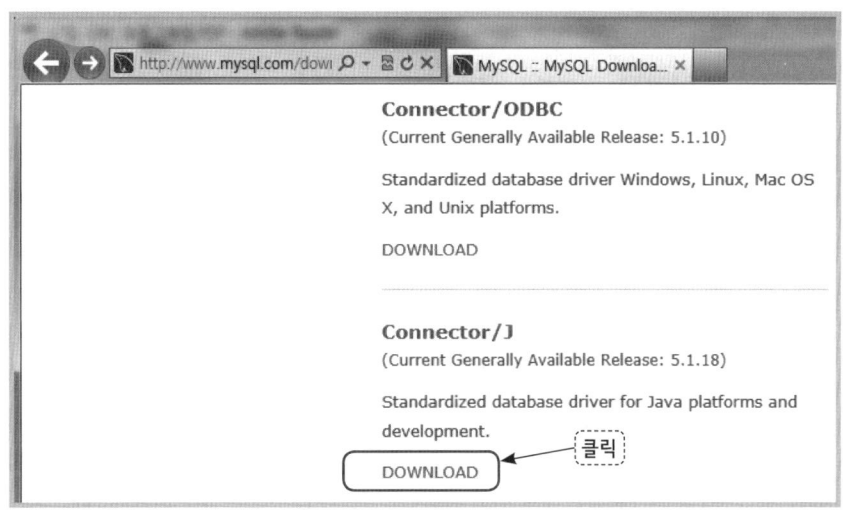

▲ 그림 12-15　MySQL용 JDBC 드라이버 다운로드 사이트

로그인 화면이 나오면 화면 아래쪽에 있는 'No thanks, just take me to the downloads!'를 선택하면 미러사이트의 목록을 확인할 수 있다. 미러사이트 목록이 보이면 원하는 사이트와 다운로드 방식을 선택하여 MySQL용 JDBC 드라이버를 다운로드한다. 여기서는 그림 12-16처럼 ZIP 파일 형태로 제공되는 MySQL용 JDBC 드라이버를 다운받도록 한다.

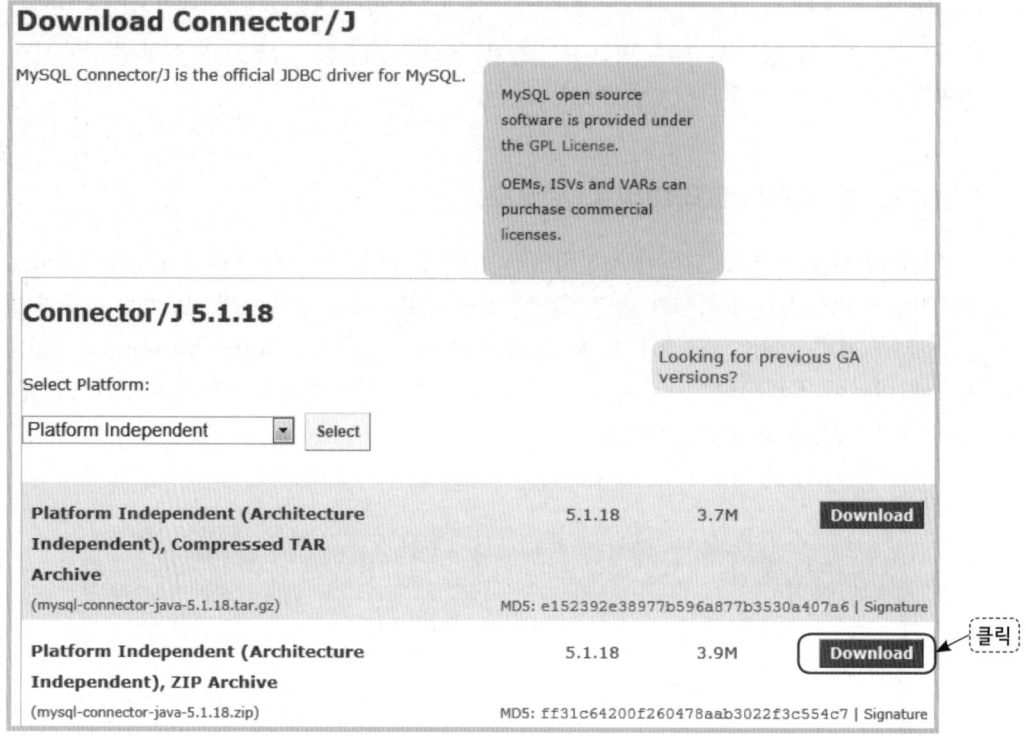

▲ 그림 12-16   MySQL용 JDBC 드라이버 다운로드 사이트

▌MySQL용 JDBC 드라이버 설치

　　MySQL용 JDBC 드라이버는 별도의 설치과정이 필요없다. 그림 12-17처럼 다운받은 ZIP 파일의 압축을 풀은 후에 JAR 파일을 JDK 설치 경로의 'jre\lib\ext' 폴더에 붙여넣기하면 JDK나 이클립스에서 JDBC 드라이버 경로를 지정하지 않아도 자동으로 참조할 수 있다. 예를 들어 'jdk1.7.0_03' 버전을 사용한다고 가정하면 'C:\Program Files\Java\jdk1.7.0_03\jre\lib\ext' 폴더에 붙여넣기하면 된다.

이름	수정한 날짜	유형	크기
docs	2012-03-18 오후...	파일 폴더	
src	2012-03-18 오후...	파일 폴더	
build	2011-10-03 오전...	XML 문서	45KB
CHANGES	2011-10-03 오전...	파일	199KB
COPYING	2011-10-03 오전...	파일	18KB
mysql-connector-java-5.1.18-bin	2011-10-03 오전...	ALZip JAR File	772KB
README	2011-10-03 오전...	파일	63KB
README	2011-10-03 오전...	텍스트 문서	65KB

붙여넣기

▲ 그림 12-17   JDBC 드라이버 복사

MySQL 사용하기

콘솔 창에서 MySQL 명령을 사용하여 데이터베이스와 테이블을 생성하고 레코드를 입력, 검색, 변경, 삭제해본다.

데이터베이스 생성

JDBC를 이용하여 데이터베이스를 처리하려면 먼저 데이터베이스를 만들어야 한다. MySQL의 bin 폴더에 있는 'mysqladmin' 명령을 이용하면 데이터베이스를 생성할 수 있다. 그림 12-18에서 '-u root'는 root의 권한으로 명령을 수행한다는 의미이고 'create mydb'는 'mydb'라는 이름으로 비어있는 데이터베이스를 생성한다는 의미이다.

사용 예

```
c:\>mysqladmin -u root create mydb
```

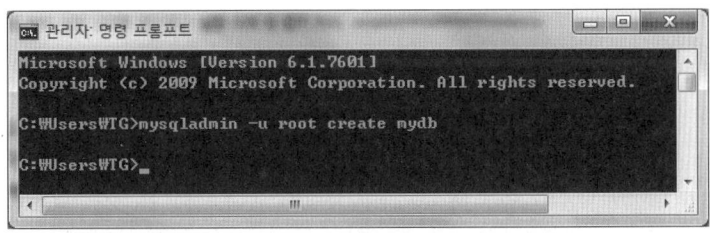

▲ 그림 12-18 데이터베이스 'mydb' 생성

데이터베이스 접속 및 종료

MySQL의 bin 폴더에 있는 'mysql' 명령을 이용하면 MySQL 서버에 접속할 수 있다. 아래 그림의 'mysql' 명령에서 '-u root'는 root 권한으로 접속한다는 의미이다. 서버에 접속에 성공하면 'mysql>' 프롬프트가 보인다. 이제부터 다양한 명령을 사용하여 데이터베이스를 처리할 수 있다. 그림 12-19의 'use mydb' 명령은 'mydb'를 사용한다는 의미이다.

사용 예

```
c:\>mysql -u root
mysql> use mydb
```

▲ 그림 12-19　MySQL 접속 후 'mydb'를 사용

MySQL 서버와의 연결을 종료하려면 그림 12-20처럼 '\q'를 입력하고 엔터키를 누르면 된다.

▲ 그림 12-20　MySQL 접속 종료

▌테이블 생성

관계형 데이터베이스에서는 행과 열로 구성된 테이블 단위로 데이터가 저장되므로 먼저 테이블을 만들어야 데이터를 저장할 수 있다. 여기서는 그림 12-12와 같은 구조를 갖는 'customer'라는 테이블을 생성한다. 그림 12-21에서 char, varchar 등의 자료형은 자바의 자료형이 아닌 MySQL에서 사용되는 자료형으로 자바 프로그램에서는 그림 12-22와 같이 대응하는 자료형으로 대체하여 사용해야 한다.

키	no	name	addr	tel
자료형	char(3)	varchar(10)	varchar(20)	varchar(13)

▲ **그림 12-21** customer 테이블의 구조

자바	MySql
boolean	tinyint
byte	tinyint
char	char, varchar
short	smalint
int	int, integer
long	bigint
float	float
double	double
String	char(n), varchar(n)

▲ **그림 12-22** 자바와 MySQL의 대응 자료형

테이블은 MySQL 프롬프트에서 create 명령을 사용하여 생성한다. 아래 사용 예와 그림 12-23에서 'create table customer'는 'customer'라는 테이블을 생성하라는 의미이고 키와 자료형(크기)은 콤마(,)로 구분하여 입력한다. 'not null'은 해당 열의 값이 null이 될 수 없다는 의미이다. 'primary key'는 일차 키를 지정하는 옵션으로 여기서는 'no'를 일차 키로 지정하였다. 테이블이 생성되면 이제부터 테이블에 레코드를 입력할 수 있다. MySQL 명령은 세미콜론(;)으로 끝나기 때문에 세미콜론을 생략하고 〈Enter〉 키를 누르면 세미콜론을 입력할 때까지 계속 대기한다.

'desc customer;' 명령은 'customer' 테이블의 구조를 출력하고 'show tables;' 명령은 현재 사용 중인 데이터베이스 내에 존재하는 모든 테이블의 목록을 보여준다. customer 테이블을 사제하려면 'drop table customer;' 명령을 사용한다.

사용 예

```
mysql> create table customer (
    -> no char(3) not null,
    -> name varchar(10) not null,
    -> addr varchar(20) not null,
    -> tel varchar(13) not null,
    -> primary key(no)
    -> );
mysql> desc customer;
mysql> show tables;
```

▲ 그림 12-23   테이블 생성 및 확인

▌레코드 입력

테이블을 생성한 후에 insert 명령을 사용하여 데이터를 레코드 단위로 입력할 수 있다. 아래 사용 예와 그림 12-24는 세 개의 레코드를 입력하는 예로 'insert into customer(no, name, addr, tel)'은 'customer' 테이블의 no, name, addr, tel 키에 레코드를 추가하라는 의미이고 각각의 키는 콤마(,)로 구분한다. 'values('101', '홍길동', '서울시 강남구', '010-

123-0001');'는 'customer' 테이블의 no, name, addr, tel 키에 각각 '101', '홍길동', '서울시 강남구', '010-123-0001' 값을 입력하라는 의미이다. 각각의 값은 콤마로 구분하고 문자형 자료는 단일 인용 부호로 표시한다.

사용 예

```
mysql> insert into customer (no,name,addr,tel) values('101','홍길동','서울시
강남구', '010-123-0001');
mysql> insert into customer (no,name,addr,tel) values('102','김철수','서울시
서초구', '010-123-0002');
mysql> insert into customer (no,name,addr,tel) values('103','김영희','서울시
관악구', '010-123-0003');
```

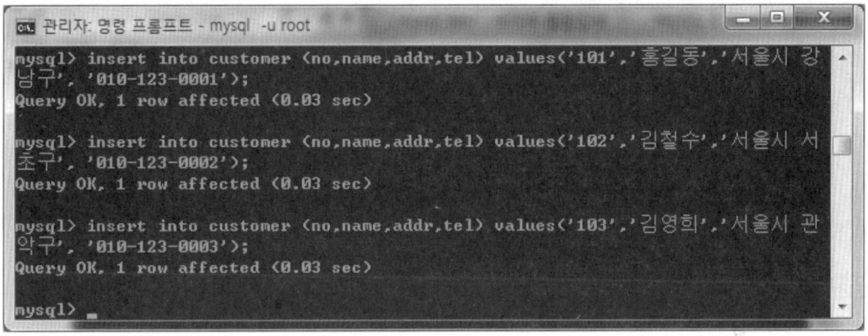

▲ 그림 12-24   레코드 입력

▌레코드 검색

레코드 검색은 select 명령을 이용한다. select 다음에는 레코드에서 추출할 키를 콤마로 구분하여 적으면 된다. 모든 키에 대해 레코드를 추출할 때는 *를 사용한다. 'from' 다음에 테이블 이름을 지정하고 where 다음에는 검색 조건을 지정한다. 아래 사용 예와 그림 12-25에서 'select * from customer;'는 customer 테이블의 모든 레코드를 검색하여 출력하는 명령이다. 'where name=홍길동'은 name 킷값이 '홍길동'인 레코드를 검색하라는 의미이다. where를 생략하면 모든 레코드를 대상으로 'select' 명령을 실행한다.

사용 예

```
mysql> select * from customer;
mysql> select * from customer where name='홍길동';
mysql> select tel from customer where name='홍길동';
```

```
관리자: 명령 프롬프트 - mysql -u root                              _ □ X

mysql> select * from customer;
+-----+--------+-----------------+--------------+
| no  | name   | addr            | tel          |
+-----+--------+-----------------+--------------+
| 101 | 홍길동  | 서울시 강남구     | 010-123-0001 |
| 102 | 김철수  | 서울시 서초구     | 010-123-0002 |
| 103 | 김영희  | 서울시 관악구     | 010-123-0003 |
+-----+--------+-----------------+--------------+
3 rows in set (0.00 sec)

mysql> select * from customer where name='홍길동';
+-----+--------+-----------------+--------------+
| no  | name   | addr            | tel          |
+-----+--------+-----------------+--------------+
| 101 | 홍길동  | 서울시 강남구     | 010-123-0001 |
+-----+--------+-----------------+--------------+
1 row in set (0.00 sec)

mysql> select tel from customer where name='홍길동';
+--------------+
| tel          |
+--------------+
| 010-123-0001 |
+--------------+
1 row in set (0.00 sec)

mysql>
```

▲ 그림 12-25　레코드 검색

레코드 수정

레코드 수정은 update 명령을 이용한다. 'update customer'는 customer 테이블의 레코드를 수정하라는 의미이고 set 다음에 수정할 키와 값을 '키=값'의 형태로 입력한다. 수정할 키와 값이 여러 개이면 콤마로 분리하여 입력한다. where 다음에는 검색 조건을 지정한다. where를 생략하면 모든 레코드에 대하여 키와 값이 변경된다. 아래의 사용 예와 그림 12-26은 customer 테이블의 name 킷값이 '홍길동'인 레코드를 찾아서 'addr' 키의 값을 '서울시 송파구'로 변경하는 명령이다.

사용 예

```
mysql> update customer set addr='서울시 송파구' where name='홍길동';
```

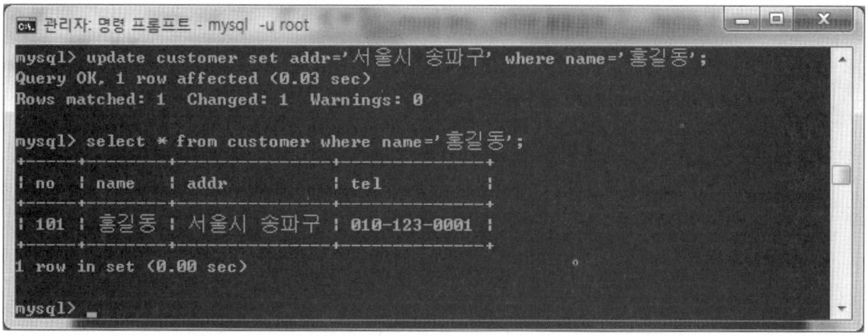

▲ 그림 12-26　update 명령을 이용한 데이터 수정

레코드 삭제

레코드 삭제는 delete 명령을 이용한다. 'delete from customer'는 customer 테이블에서 검색 조건을 만족하는 레코드를 삭제하는 명령으로 아래의 사용 예와 그림 12-27에서 'where name='홍길동''은 name 킷값이 '홍길동'인 레코드를 삭제하라는 의미이다. 만약 where를 생략하면 모든 레코드를 삭제한다.

사용 예

```
mysql> delete from customer where name='홍길동';
```

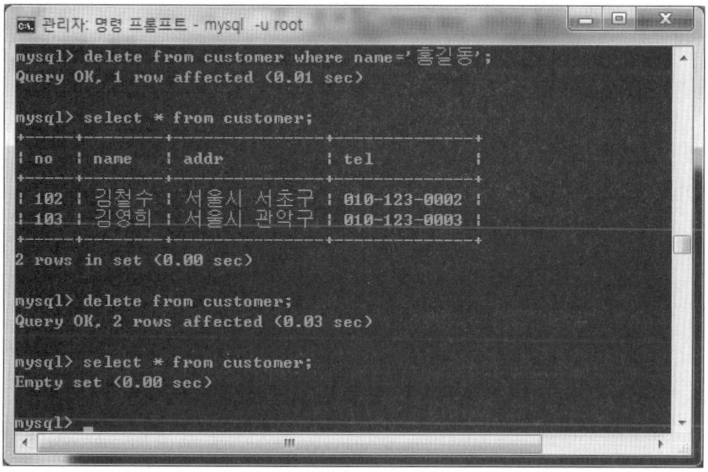

▲ 그림 12-27　레코드 삭제

JDBC 프로그래밍

JDBC 프로그래밍이란 JDBC API를 이용하여 데이터의 추가, 삭제, 수정, 검색 등을 할 수 있는 자바 응용프로그램을 작성하는 것이다. 앞에서 이미 MySQL 서버에 직접 접속해서 'mydb' 데이터베이스와 'customer' 테이블을 생성하였다. 이 절에서는 자바 프로그램으로 데이터베이스를 다루는 방법을 JDBC 드라이버 등록, 데이터베이스 연결, 데이터베이스 처리 단계로 구분하여 알아본다.

▌ JDBC 드라이버 등록

JDBC 프로그래밍의 첫 번째 단계는 MySQL용 JDBC 드라이버를 JDBC 드라이버 매니저에 등록하는 것이다. 아래 사용 예와 같이 Class 클래스의 forName() 메소드를 이용하여 MySQL의 JDBC 드라이버인 'com.mysql.jdbc.Driver' 클래스를 로드하여 드라이버 인스턴스를 생성하고 DriverManager에 등록한다. JDBC 드라이버의 클래스 이름은 DBMS에 따라 다르므로 주의해야 한다. 만일 JDBC 드라이버 로드 중에 문제가 발생하면 'ClassNot-FoundException' 예외상황이 발생하므로 반드시 try- catch 문을 사용하도록 한다.

사용 예
```
try {
    Class.forName("com.mysql.jdbc.Driver");
} catch (ClassNotFoundException e) {
    e.printStackTrace();
```

▌ 데이터베이스 연결

두 번째 단계는 DriverManager 클래스의 getConnection() 메소드를 호출하여 데이터베이스를 연결하는 것이다. getConnection() 메소드의 매개변수에서 'jdbc:' 이후의 URL 형식은 DBMS에 따라 다르므로 주의해야 한다. 아래 사용 예에서는 자바 프로그램과 MySQL 서비스가 같은 컴퓨터에서 동작하므로 서버 주소를 localhost로 지정해도 된다. MySQL은 3306 포트를 기본으로 사용하며 mydb는 그림 12-18에서 생성한 데이터베이스의 이름이다. 'root'는 DB에 로그인할 계정이며 빈 문자열("")은 root의 패스워드로 현재는 설정하지 않았다는 의미이다.

사용 예

```
try {
    Connection conn =
DriverManager.getConnection("jdbc:mysql://localhost:3306/mydb",
"root","");
} catch (SQLException e) {
    e.printStackTrace();
}
```

이제 MySQL 서버의 mydb 데이터베이스에 연결하는 예제 프로그램을 작성해 보자. 작성 과정은 아래와 같이 프로젝트 생성, 클래스 생성, 프로그래밍의 세 단계로 구분할 수 있다.

① 프로젝트 생성 단계로 이클립스 화면에서 'File -> New -> Java Project'를 차례대로 선택한다. 'New Java Project' 창이 보이면 'Project name'에 '12장'이라고 입력한 후 'Finish'를 누른다.

② 클래스 생성 단계로 이클립스의 왼쪽에 있는 'Package Explorer' 뷰에 보이는 '12장'에서 마우스 오른쪽 버튼을 누른 후 'New -> Class'를 차례대로 누른다. 'New Java Class'창이 보이면 'Name'에 'MydbEx01'라고 입력하고 메소드를 'public static void main(String[] args)'로 선택한 후 'Finish'를 누른다.

③ 프로그래밍 단계로 MySQL 서버가 실행 중인지 확인하고 예제 12-1과 같이 프로그램을 작성한 후 실행 결과를 확인한다.

예제 12-1 · MydbEx01.java

```
1   import java.sql.*;
2
3   public class MydbEx01 {
4       public static void main (String[] args) {
5           try {
6               Class.forName("com.mysql.jdbc.Driver");
7               Connection conn = DriverManager.getConnection("jdbc:mysql
    ://localhost:3306/mydb", "root","");
8               System.out.println("JDBC 드라이버 로드와 DB 연결 성공");
9           } catch (ClassNotFoundException e) {
10              System.out.println("JDBC 드라이버 로드 실패");
11          } catch (SQLException e) {
12              System.out.println("DB 연결 실패"");
```

```
13        }
14    }
15 }
```

1번	• JDBC 패키지인 'java.sql'을 import한다.
6번	• MySQL용 JDBC 드라이버를 로드한다.
7번	• MySQL 서버에 root 계정으로 연결한다.
9-10번	• JDBC 드라이버를 로드할 때 문제가 발생하면 예외처리한다.
11-12번	• MySQL 서버 연결에 문제가 발생하면 예외처리한다.
실행 결과	🖳 Problems @ Javadoc 🔍 Declaration 🖵 Console ⌧ <terminated> MydbEx01 [Java Application] C:₩Program Files₩Jav JDBC 드라이버 로드와 DB 연결 성공

▍데이터베이스 처리

세 번째 단계는 데이터베이스에 연결한 후 SQL 문을 사용하여 데이터베이스의 자료를 검색, 추가, 수정, 삭제하는 것이다. 자바에서 SQL 문을 실행하려면 Statement 클래스를 이용하고 SQL 문의 실행결과를 처리하려면 ResultSet 클래스를 이용한다. 자료를 검색할 때는 Statement 클래스의 executeQuery() 메소드를 이용하고 자료를 추가, 수정, 삭제할 때는 Statement 클래스의 executeUpdate()메소드를 이용한다. ResultSet 객체는 데이터의 위치를 가리키는 커서(cursor)를 관리하며 초기값은 첫 번째 행을 가리킨다. ResultSet 클래스는 주로 커서의 위치와 관련된 메소드와 레코드를 가져오는 메소드를 제공한다. 표 12-1은 Statement 클래스와 ResultSet 클래스의 주요 메소드이다.

표 12-1 Statement 클래스와 ResultSet 클래스의 주요 메소드

클래스	메소드	설명
Statement	ResultSet executeQuery (String sql)	select sql 문을 실행하여 자료를 검색한 후 결과를 ResultSet 객체로 반환.
	int executeUpdate (String sql)	insert, update, delete와 같이 데이터의 변경과 관련된 sql 문을 실행한 후 변경된 행의 개수를 반환.
	void close()	Statement 객체의 데이터베이스와 JDBC 리소스를 반환.

	boolean first()	커서를 첫 행으로 이동.
	boolean last()	커서를 마지막 행으로 이동.
	boolean next()	커서를 다음 행으로 이동.
	boolean previous()	커서를 이전 행으로 이동.
ResultSet	boolean absolute(int row)	커서를 row 행으로 이동.
	Xxx getXxx(String key)	Xxx는 자료형을 의미하며 현재 행에서 지정된 키에 해당하는 값을 반환.
	Xxx getXxx(int keyIndex)	Xxx는 자료형을 의미하며 현재 행에서 지정된 키 인덱스에 해당하는 값을 반환.
	void close()	ResultSet 객체의 데이터베이스와 JDBC 리소스를 반환.

1 레코드 검색

데이터베이스 내의 테이블에서 레코드를 검색하려면 아래 사용 예와 같이 먼저 sql 문을 처리할 stmt 객체를 생성해야 한다. rs1은 customer 테이블에서 모든 레코드를 검색한 결과를 저장하고 rs2는 customer 테이블에서 name과 addr 킷값만 검색한 결과를 저장한다. rs3는 customer 테이블에서 name이 '홍길동'인 레코드의 tel 킷값만 저장한다.

사용 예

```
Statement stmt = conn.createStatement();
ResultSet rs1 = stmt.executeQuery("select * from customer");
ResultSet rs2 = stmt.executeQuery("select name, addr from customer");
ResultSet rs3 = stmt.executeQuery("select tel from customer where
name='홍길동'");
```

ResultSet 클래스의 메소드를 이용하면 검색결과에서 커서가 가리키는 행의 킷값을 읽을 수 있다. 만약 rs1의 모든 행에서 no, name, addr, tel 키의 값을 차례대로 읽어서 출력하려면 다음 사용 예와 같이 하면 된다.

사용 예

```
while (rs.next()) { // 다음 행으로 커서 이동
    System.out.println(rs.getString("no"));
    System.out.println(rs.getString("name"));
    System.out.println(rs.getString("addr"));
    System.out.println(rs.getString("tel"));
}
```

킷값을 읽어 오려면 ResultSet 클래스에서 키의 자료형과 일치하는 메소드를 사용해야
한다. 자료형을 알 수 없을 때에는 getString() 메소드로 불러온 후 프로그램 내에서 적절한
자료형으로 변환해서 사용하도록 한다. 예제 12-2는 'mydb' 데이터베이스의 'customer' 테
이블의 모든 레코드를 번호, 이름, 주소, 전화 순으로 화면에 출력하는 프로그램이다.

예제 12-2 · MydbEx02.java

```java
1  import java.sql.*;
2
3  public class MydbEx02 {
4     public static void main(String args[]) {
5        if(args.length < 1) {
6           System.err.println("Usage:");
7           System.err.println("java MydbEx02 <db_server_hostname>");
8           System.exit(1);
9        }
10       String serverName = args[0];
11
12       try {
13          Class.forName("org.gjt.mm.mysql.Driver");
14          String url = "jdbc:mysql://" + serverName + ":3306/mydb"";
15          Connection conn =
16             DriverManager.getConnection(url, "root"", "");
17          Statement stmt = conn.createStatement();
18          ResultSet rs =
19             stmt.executeQuery("SELECT * FROM customer");
20          while(rs.next()) {
21             System.out.println("번호 : " + rs.getString(1));
22             System.out.println("이름 : " + rs.getString(2));
23             System.out.println("주소 : " + rs.getString(3));
24             System.out.println("전화 : " + rs.getString(4));
25             System.out.println("");
26          }
27       } catch(SQLException e) {
28          e.printStackTrace();
29       } catch(ClassNotFoundException e) {
30          e.printStackTrace();
31       }
32    }
33 }
```

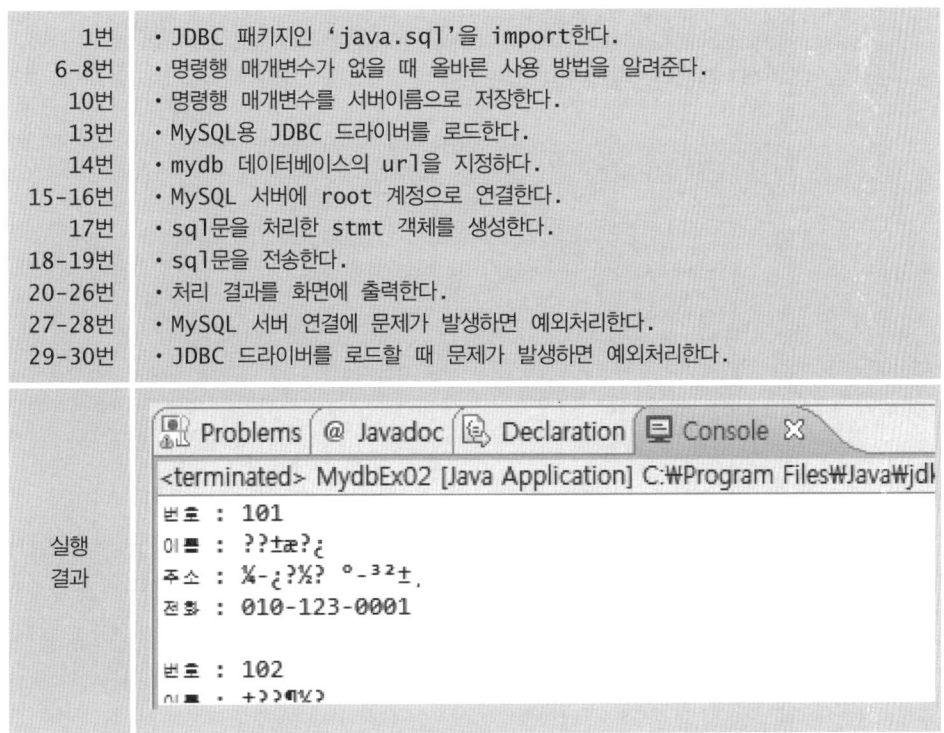

1번	• JDBC 패키지인 'java.sql'을 import한다.
6-8번	• 명령행 매개변수가 없을 때 올바른 사용 방법을 알려준다.
10번	• 명령행 매개변수를 서버이름으로 저장한다.
13번	• MySQL용 JDBC 드라이버를 로드한다.
14번	• mydb 데이터베이스의 url을 지정하다.
15-16번	• MySQL 서버에 root 계정으로 연결한다.
17번	• sql문을 처리한 stmt 객체를 생성한다.
18-19번	• sql문을 전송한다.
20-26번	• 처리 결과를 화면에 출력한다.
27-28번	• MySQL 서버 연결에 문제가 발생하면 예외처리한다.
29-30번	• JDBC 드라이버를 로드할 때 문제가 발생하면 예외처리한다.

실행 결과

```
Problems  @ Javadoc  Declaration  Console
<terminated> MydbEx02 [Java Application] C:₩Program Files₩Java₩jdk
번호 : 101
이름 : ??±æ?¿
주소 : %-¿?%? °-³²±.
전화 : 010-123-0001

번호 : 102
이름 : +?°¶%+
```

이 프로그램을 실행하려면 명령행 인수가 필요하기 때문에 실행환경을 설정해야 한다. 먼저 그림 12-28과 같이 실행 아이콘 옆에 있는 펼침 버튼을 누른 후 'Run Configurations...'을 선택한다. 그림 12-29의 'Run Configurations' 창에서 'Arguments' 탭을 누르고 'Program arguments' 란에 'localhost'라고 서버의 이름을 입력하고 다시 'Run' 버튼을 누르면 실행 결과를 확인할 수 있다.

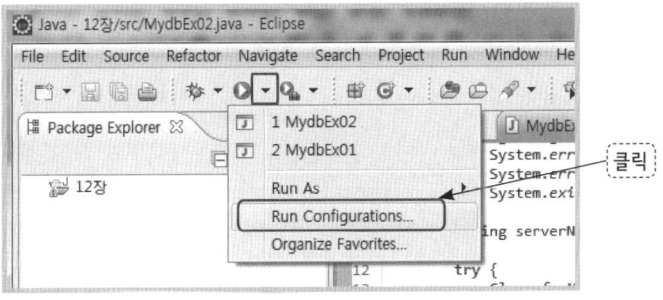

▲ 그림 12-28   실행 환경 설정

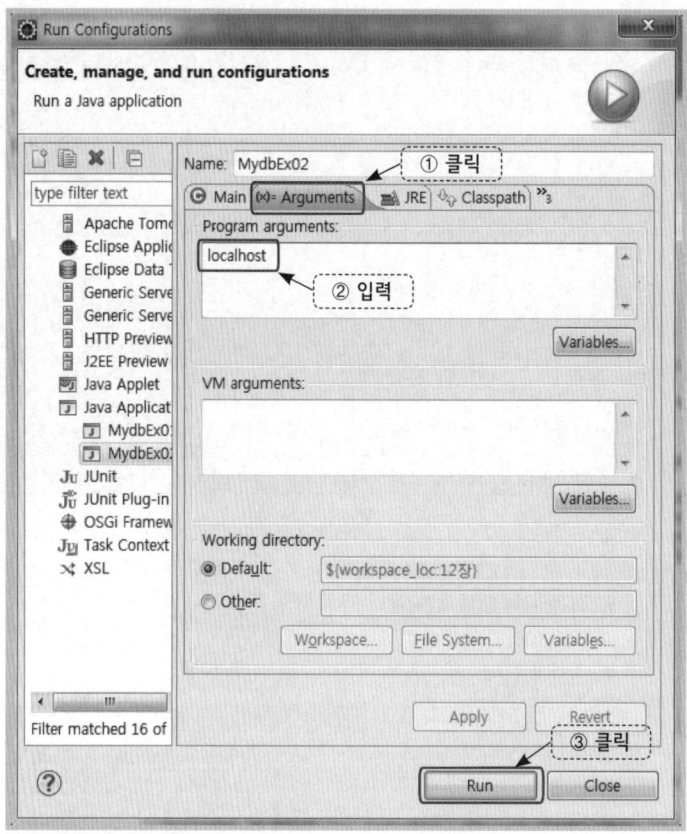

▲ 그림 12-29   명령행 매개변수 입력

MySQL은 문자코드로 'ISO-8859-1'를 사용하고 자바는 유니코드(Unicode)를 사용하기 때문에 위의 예제 12-2의 실행 결과처럼 한글이 제대로 보이지 않는 문제가 발생한다. 아래 예제 12-3은 한글이 보이지 않는 문제를 해결하고 데이터베이스 처리 결과를 스윙 테이블로 보여주는 프로그램이다.

예제 12-3 · MydbEx03.java

```
1  import java.awt.*;
2  import java.sql.*;
3  import java.util.*;
4  import javax.swing.*;
5
6  public class MydbEx03 extends JFrame {
7      String serverName = "localhost";
8      int portNo = 3306;
9      String DBName = "mydb";
10     String user = "root"";
11     String password = "";
12     String url;
13     Connection conn;
14     Statement stmt;
15     ResultSet rs;
16     JTable table;
17     Vector columnList;
18     Vector dataList;
19
20     public MydbEx03() {
21         try {
22             Class.forName("org.gjt.mm.mysql.Driver");
23             url = "jdbc:mysql://" + serverName + ":" + portNo +
   "/" + DBName;
24         } catch(ClassNotFoundException e) {
25             e.printStackTrace();
26         }
27         columnList = new Vector();
28         dataList = new Vector();
29     }
30
31     public void start() {
32         Container c = getContentPane();
33         try {
34             conn = DriverManager.getConnection(url, user, password);
35             stmt = conn.createStatement();
36             rs = stmt.executeQuery("SELECT * FROM customer");
37             ResultSetMetaData rsmd = rs.getMetaData();
38             int numberOfColumns = rsmd.getColumnCount();
39
40             for(int i=1; i <= numberOfColumns; i++) {
41                 columnList.add(rsmd.getColumnName(i));
```

```
42              }
43
44          while(rs.next()) {
45              Vector oneList = new Vector();
46              oneList.add(rs.getString(1));
47              String name = rs.getString(2);
48              oneList.add(toUnicode(name));
49              String addr = rs.getString(3);
50              oneList.add(toUnicode(addr));
51              oneList.add(rs.getString(4));
52              dataList.add(oneList);
53          }
54
55          table = new JTable(dataList, columnList);
56          c.add (table);
57
58          stmt.close();
59          conn.close();
60      } catch(SQLException e) {
61          e.printStackTrace();
62      }
63  }
64
65  private static String toUnicode(String str){
66      try {
67          byte[] b = str.getBytes("ISO-8859-1");
68          return new String(b);
69      } catch(java.io.UnsupportedEncodingException uee){
70          System.out.println(uee.getMessage());
71          return null;
72      }
73  }
74
75  public static void main(String args[]) {
76      MydbEx03 ab = new MydbEx03();
77      ab.start();
78      ab.setSize(400, 150);
79      ab.setVisible(true);
80  }
81 }
```

1-4번	• 프로그램에서 사용하는 클래스를 제공하는 패키지를 import한다.
7-15번	• 데이터베이스 연결과 sql 문을 사용하기 위한 변수를 설정한다.
16-18번	• 스윙 테이블을 생성하기 위한 변수를 설정한다.
20-26번	• mydb 데이터베이스에 연결을 준비한다.
27-28번	• 키 목록과 레코드를 위한 벡터 객체를 생성한다.
32번	• 스윙 테이블을 배치할 콘테이너를 생성하다.
34-36번	• 데이터베이스에 연결하고 sql문의 결과를 저장한다.
37-38번	• sql문의 결과에 대한 기본 정보를 알아보고 열의 수를 저장한다.
40-42번	• 열의 제목을 벡터에 저장한다.
44-53번	• 모든 레코드를 벡터에 저장한다.
48-50번	• 한글이 보이도록 MySQL의 'ISO-8859-1' 코드를 유니코드로 변환하는 메소드를 호출한다.
55-56번	• 열 제목 벡터와 레코드 벡터를 이용하여 스윙 테이블을 생성하고 콘테이너에 배치한다.
65-73번	• 문자열을 MySQL의 'ISO-8859-1' 코드에서 유니코드로 변환한다.
실행 결과	

표 실행 결과 테이블:

101	홍길동	서울시 강남구	010-123-0001
102	김철수	서울시 서초구	010-123-0002
103	김영희	서울시 관악구	010-123-0003

2 레코드 변경

데이터베이스의 테이블에서 레코드 추가, 변경, 삭제와 같이 레코드를 변경하는 작업은 executeUpdate() 메소드를 이용하면 된다.

레코드 추가

데이터베이스의 테이블에 레코드를 추가하려면 SQL의 insert 문을 사용하면 된다. 다음 사용 예는 'customer' 테이블에 레코드를 추가하는 코드로 한글을 자바의 유니코드에서 MySQL의 ISO-8859-1 코드로 변환하는 것에 주의해야 한다. 한글 코드 변환은 여러 번 수행될 수 있는 작업이므로 예제 12-4의 'toMySQL()' 메소드에서 처리하도록 한다.

사용 예

```
stmt.executeUpdate("insert into customer (no, name, addr, tel)" +
  " values('104', '" + toMySQL("반기문") + "',
  '" + toMySQL("서울시 송파구") + "', '010-123-0004')");
```

레코드 변경

데이터베이스의 테이블에서 키의 값을 수정하려면 SQL의 update 문을 사용하면 된다. 다음 사용 예는 'customer' 테이블에서 'name' 키의 값이 '반기문'인 레코드를 찾아서 'no' 키의 값을 '005'로 변경하는 코드이다. 한글 코드 변환은 'toMySQL()' 메소드를 호출해서 처리한다.

사용 예

```
stmt.executeUpdate("update customer set no='005' where name='"
        + toMySQL("반기문") +"'");
```

레코드 삭제

데이터베이스의 테이블에서 레코드를 삭제하려면 SQL의 delete 문을 사용하면 된다. 다음 사용 예는 'customer' 테이블에서 'name' 키의 값이 '반기문'인 레코드를 찾아서 삭제하는 코드이다. 한글 코드 변환은 'toMySQL()' 메소드를 호출해서 처리한다.

사용 예

```
stmt.executeUpdate("delete from customer where name='"
        + toMySQL("반기문") +"'");
```

예제 12-4는 'mydb' 데이터베이스의 'customer' 테이블의 레코드를 추가, 변경, 삭제하고 그 결과를 화면에 출력하는 프로그램이다.

예제 12-4 · MydbEx04.java

```
1   import java.io.*;
2   import java.sql.*;
3
4   public class MydbEx04 {
5       public static void main (String[] args) {
6           Connection conn;
7           Statement stmt = null;
8           try {
9               Class.forName("com.mysql.jdbc.Driver");
10              conn = DriverManager.getConnection(
11                  "jdbc:mysql://localhost:3306/mydb", "root","");
```

```
12          stmt = conn.createStatement();
13          stmt.executeUpdate("insert into customer (no, name, addr, tel)"
              + " values('104', '" + toMySQL("반기문") + "', '" + toMySQL("서울시
              송파구")        + "', '010-123-0004')");
14          System.out.println(" 1. 레코드 추가");
15          printTable(stmt);
16          stmt.executeUpdate("update customer set no='005' where name='"
17              + toMySQL("반기문") +"'");
18          System.out.println(" 2. 레코드 변경");
19          printTable(stmt);
20          stmt.executeUpdate("delete from customer where name='"
21              + toMySQL("반기문") +"'");
22          System.out.println(" 3. 레코드 삭제");
23          printTable(stmt);
24      } catch (ClassNotFoundException e) {
25          System.out.println("JDBC 드라이버 로드 실패");
26      } catch (SQLException e) {
27          System.out.println("SQL 실행 오류");
28      } catch (UnsupportedEncodingException e) {
29          System.out.println("지원되지 않는 인코딩 타입");
30      }
31  }
32
33  private static String toMySQL(String str) {
34      try{
35          if (str != null)
36              return new String(str.getBytes("KSC5601"), "8859_1");
37          else
38              return null;
39      } catch (Exception e) {
40          e.printStackTrace();
41          return null;
42      }
43  }
44
45  private static void printTable(Statement stmt) throws SQLException,
46      UnsupportedEncodingException {
47      ResultSet srs = stmt.executeQuery("select * from customer");
48      while (srs.next()) {
49          System.out.print(srs.getString("no"));
50          System.out.print("\t|\t" + new
51              String(srs.getString("name").getBytes("ISO-8859-1")));
```

```
52          System.out.print("\t|\t" + new
53              String(srs.getString("addr").getBytes("ISO-8859-1")));
54          System.out.println("\t|\t" + srs.getString("tel"));
55      }
56  }
57 }
```

1-2번	• 프로그램에서 사용하는 클래스를 제공하는 패키지를 import한다.
6-7번	• 데이터베이스 연결과 sql 문을 사용하기 위한 변수를 선언한다.
9-12번	• mydb 데이터베이스에 연결하고 sql 문을 처리한 객체를 생성한다.
13번	• customer 테이블에 레코드를 추가한다.
14-15번	• 레코드를 추가 작업의 결과를 화면에 출력하는 메소드를 호출한다.
16-17번	• customer 테이블에서 레코드를 변경한다.
18-19번	• 레코드 변경 작업의 결과를 화면에 출력하는 메소드를 호출한다.
20-21번	• customer 테이블에서 레코드를 삭제한다.
22-23번	• 레코드 삭제 작업의 결과를 화면에 출력하는 메소드를 호출한다.
33-43번	• 문자열을 유니코드에서 'ISO-8859-1' 코드로 변환한다.
45-56번	• customer 테이블의 모든 레코드를 화면에 출력한다.
51, 53번	• 문자열을 MySQL의 'ISO-8859-1' 코드에서 유니코드로 변환한다.

실행 결과	Problems @ Javadoc Declaration Console
	`<terminated> MydbEx04 [Java Application] C:\Program Files\Java\jdk1.7.0_03\bin\java` 1. 레코드 추가 101 | 홍길동 | 서울시 강남구 | 010-123-0001 102 | 김철수 | 서울시 서초구 | 010-123-0002 103 | 김영희 | 서울시 관악구 | 010-123-0003 104 | 반기문 | 서울시 송파구 | 010-123-0004 2. 레코드 변경 005 | 반기문 | 서울시 송파구 | 010-123-0004 101 | 홍길동 | 서울시 강남구 | 010-123-0001 102 | 김철수 | 서울시 서초구 | 010-123-0002 103 | 김영희 | 서울시 관악구 | 010-123-0003 3. 레코드 삭제 101 | 홍길동 | 서울시 강남구 | 010-123-0001 102 | 김철수 | 서울시 서초구 | 010-123-0002 103 | 김영희 | 서울시 관악구 | 010-123-0003

••• **요약** •••

- 데이터베이스(database)는 여러 응용 프로그램에 의해 공유되어 사용될 목적으로 통합하여 관리되는 데이터의 집합이다.
- 데이터베이스 관리시스템(DBMS : database management system)은 데이터베이스를 효율적으로 정리하고 보관하기 위한 소프트웨어이다.
- SQL(Structured Query Language)은 관계형 DBMS에서 데이터베이스 생성, 자료의 검색, 추가, 변경, 삭제 그리고 데이터베이스 접근관리 등을 지원하는 언어이다.
- 현재 사용되는 대부분의 데이터베이스는 관계형 데이터베이스이며 JDBC API도 관계형 데이터베이스를 지원하는 API이다.
- 관계형 데이터베이스는 모든 정보를 테이블로 표현하며 테이블의 열을 키(key) 또는 속성(attrivute), 행을 레코드(record) 또는 튜플(tuple)이라고 한다.
- MySQL은 성능이 우수한 관계형 DBMS 중의 하나로 다양한 분야에서 많이 사용되고 있으며 무료로 사용할 수 있다.
- MySQL의 주요 명령은 다음과 같다.
  - 데이터베이스 생성: mysqladmin   - 데이터베이스 접속: mysql
  - 테이블 생성: create   - 레코드 입력: insert
  - 레코드 검색: select   - 레코드 수정: update
  - 레코드 삭제: delete
- JDBC 프로그래밍은 JDBC API를 이용하여 데이터의 추가, 삭제, 수정, 검색이 가능한 프로그램을 작성하는 것으로 JDBC 드라이버 등록, 데이터베이스 연결, 데이터베이스 처리 단계로 구분할 수 있다.
- MySQL은 'ISO-8859-1' 코드를 사용하고 자바는 유니코드(Unicode)를 사용하기 때문에 한글 처리에 주의해야 한다.

●●● 연습문제 ●●●

1. 데이터베이스와 DBMS, 관계형 데이터베이스의 개념을 기술하여라.

2. 실습에 사용한 'customer' 테이블을 그리고 관계형 DB의 구성요소를 표시하여라.

3. SQL 언어와 데이터베이스 스키마에 대하여 설명하여라.

4. 실습에 사용한 'mydb' 데이터베이스에 아래의 구조를 갖는 'car' 테이블을 생성한 후 테이블의 구조를 출력하여라.

키	고객번호(no)	제조사(company)	모델명(model)
자료형	char(3)	varchar(15)	varchar(15)

5. Statement 클래스와 ResultSet 클래스에 대해 설명하여라.

6. 'car' 테이블에 아래의 레코드를 추가하고 모든 레코드를 출력하는 JDBC 프로그램을 작성하여라.

no	company	model
101	현대	그랜저
102	쌍용	체어맨
103	쉐보레	말리부

7. 'car' 테이블에 아래의 레코드를 추가, 변경, 삭제하고 그 과정을 보여주는 JDBC 프로그램을 작성하여라.

작업구분	no	company	model
추가	104	기아	제네시스
변경	104	기아 –> 현대	–
삭제	104	–	–

8. 다음은 실습에 사용한 'mydb' 데이터베이스를 이용하는 프로그램으로 오류가 포함되어 있다. 디버깅하여 프로그램을 완성하고 오류의 이유를 설명하여라.

JDBCProgram.java

```java
import java.sql.*;

public class JDBCprogram {
    public static void main (String[] args) {
        try {
            Class.forName("com.mysql.jdbc.driver");
```

```
            Connection conn = driverManager.getConnection("jdbc:mysql
            ://localhost:3306/mydb", "root","1234");
            System.out.println("JDBC 드라이버 로드와 DB 연결 성공");
        } catch (ClassNotFoundException e) {
            System.out.println("JDBC 드라이버 로드 실패");
        } catch (SQLException e) {
            System.out.println("DB 연결 실패");
        }
    }
}
```

찾아보기
index

저자소개

권기현 강원대학교 전자정보통신공학부 교수
kweon@kangwon.ac.kr

반종오 한림성심대학교 인터넷비즈니스과 교수
banjo@hsc.ac.kr

자바프로그래밍 : Step by Step

초판 1쇄 발행 2013년 1월 31일

지은이 권기현, 반종오
펴낸이 최규학

진행 고광노
표지 김남우
본문 (주)우일미디어디지텍

발행처 도서출판 ITC
등록번호 8-399호
등록일자 2003년 4월 15일
주소 경기도 파주시 문발동 파주출판도시 535-7 307호
전화 031-955-4353(대표)
팩스 031-955-4355
이메일 itc@itcpub.co.k

용지 신승지류유통 │ **인쇄** 한승인쇄 │ **제본** 동호문화
ISBN-13 978-89-6351-045-3 93560
ISBN-10 89-6351-045-X

값 20,000원

www.itcpub.co.kr